labuladong 的
算法小抄

付东来（@labuladong） 著

GitHub 68.8k star 的硬核算法教程

電子工業出版社
Publishing House of Electronics Industry
北京·BEIJING

内 容 简 介

本书专攻算法刷题，训练算法思维，应对算法笔试。注重用套路和框架思维解决问题，以不变应万变。

第1章列举了几个最常见的算法类型及对应的解题框架思路，包括动态规划、回溯、广度优先搜索及双指针、滑动窗口等算法技巧。

第2章用动态规划的通用思路框架解决了十几道经典的动态规划问题，例如，正则表达式、背包问题，同时还介绍了如何写状态转移方程、如何进行状态压缩等技巧。

第3章介绍了数据结构相关的算法，例如，二叉树相关题目的解法，也包括LRU、LFU这种面试常考的算法原理。

第4章介绍了回溯算法、广度优先搜索算法等核心套路在算法题中的运用，巩固对算法框架的理解。

第5章讲解了一些高频题目，每道题目可能会结合多种算法思路进行讲解，也可能有多种解法，读完这一章，你就可以独自遨游题海啦！

图书在版编目（CIP）数据

labuladong的算法小抄 / 付东来著 . —北京：电子工业出版社，2021.1
ISBN 978-7-121-39933-6

Ⅰ . ①l⋯ Ⅱ . ①付⋯ Ⅲ . ①计算机算法 Ⅳ . ①TP301.6

中国版本图书馆CIP数据核字（2020）第221989号

责任编辑：张月萍
印　　刷：北京雁林吉兆印刷有限公司
装　　订：北京雁林吉兆印刷有限公司
出版发行：电子工业出版社
　　　　　北京市海淀区万寿路173信箱　　　　　邮编：100036
开　　本：720×1000　　1/16　　　　　印张：27　　　字数：588千字
版　　次：2021年1月第1版
印　　次：2022年10月第10次印刷
印　　数：60001~64000册　　定价：101.00元

凡所购买电子工业出版社图书有缺损问题，请向购买书店调换。若书店售缺，请与本社发行部联系，联系及邮购电话：（010）88254888，88258888。

质量投诉请发邮件至zlts@phei.com.cn，盗版侵权举报请发邮件至dbqq@phei.com.cn。

本书咨询联系方式：（010）51260888-819，faq@phei.com.cn。

前　言

数据结构和算法在计算机知识体系中有着举足轻重的作用，这块知识也有非常经典的教材供我们学习。但是，我们刷的算法题往往会在经典的算法思想之上套层"皮"，所以很容易让人产生一种感觉：数据结构和算法我以前学得挺好的，为啥这些算法题我完全没思路呢？

面对这种疑惑，有人可能会摆出好几本与算法相关的大部头，建议你去进修。

有些书确实很经典，但我觉得咱应该搞清楚自己的目的是什么。如果你是学生，对算法有浓厚的兴趣，甚至说以后准备搞这方面的研究，那我觉得你可以去啃一啃大部头；但事实是，大部分人（包括我）学习算法是为了应对考试，这种情况下去啃大部头显然就得不偿失了，更高效的方法是直接刷题。

但是，刷题也是有技巧的，刷题平台上动辄几千道题，难道你要全刷完吗？最高效的刷题方式是边刷边归纳总结，抽象出每种题型的套路框架，以不变应万变。

我个人还是挺喜欢刷题的，经过长时间的积累、总结，沉淀出了这本书，希望能给你带来思路上的启发和指导。

本书特色

本书会先帮你抽象总结出框架套路，然后通过题目实践，这应该是最高效的学习方式。

即学即用，立即反馈，相信本书会让你一读就停不下来。

本书定位

这不是一本数据结构和算法的入门书，而是一本刷算法题的参考书。

本书的目的是手把手带你刷题，每看完一节内容，就可以去刷几道题，知其然，也知其所以然。

勘误和支持

由于作者的水平有限，书中难免存在一些错误或者不准确的地方，恳请广大读者批评指正。

我在微信公众号"labuladong"上添加了一个新的菜单入口，专门用于展示书中的"bug"。如果读者在阅读过程中产生了疑问或者发现了"bug"，欢迎到微信公众号"labuladong"的后台留言，我尽可能一一回复。

致谢

感谢微信公众号"labuladong"的读者们，如果没有你们的关注和支持，我很难坚持整理和输出这些内容。

感谢领扣网络（上海）有限公司授权本书使用力扣（LeetCode）平台上面的题目，本书题目来自力扣（www.leetcode-cn.com）官方授权。到力扣平台练习下页列出的算法题将有助于更好地掌握书中内容。感谢成都道然科技有限责任公司的姚新军老师，他在写作方向、设计优化和稿件审核方面做出了非常大的努力，是非常可靠的合作伙伴。

力扣官网题号及名称

/

目　　录

/

本 书 约 定

/

一、本书适合谁

本书的最大功效是，手把手教你刷算法题，教你各种算法题型的套路和框架，快速掌握算法思维，应对互联网公司的各种算法题。

本书并不适合纯小白来看，如果你对基本的数据结构还一窍不通，那么你需要先花几天时间看一本基础的数据结构书，了解诸如队列、栈、数组、链表等基本数据结构。不需要多精通，只要大致了解它们的特点和用法即可，我想大学时期学过数据结构课程的读者阅读本书都没什么问题。

如果你学过数据结构，由于种种现实原因开始在刷题平台刷题，却又觉得无从下手、心乱如麻，那么本书可以解你燃眉之急。当然，如果你是单纯的算法爱好者，以刷题为乐，本书也会给你不少启发，让你的算法功力更上一层楼。

本书的很多题目都选自 LeetCode（力扣）这个刷题平台，解法的代码形式也遵循了该平台的标准，相关的解法代码都可以在该平台上提交通过。所以，如果你有在力扣平台刷算法题的经历，那么阅读本书会更游刃有余。当然，即便你没有在该平台刷过题，也无妨，因为算法套路都是通用的。

为什么我选择力扣呢？因为这个平台的判题形式对刷题者最友好，不用你动手处理输入和输出，甚至连头文件、包导入都不需要你来做，常用的头文件、包、命名空间都给你安排好了，这样就可以把精力全部投入到对算法的思考和理解上，而不需要处理过多细节问题。

你可以一边读本书一边在平台上刷题练习，书中列举的都是免费、质量高、典型的题目。纸上得来终觉浅，绝知此事要躬行。

二、代码规定

本书有一点和其他的书不太一样，我们并没有统一编程语言，而是混用了三种最常用的编程语言：Python、C++ 和 Java。

比如，一道题我们用 Python 来写解法，下一道题可能用 Java 来写解法。又或者说，对于同一道题，我们用 Python 形式的伪代码描述某个算法的框架套路，最后用 C++ 写解法实现这个算法。不用担心有的语言你不熟悉，算法根本用不到编程语言层面的技巧，本书也会有意避开所有语言特性，而且后面会统一介绍三种语言的基本操作。

为什么要这样做呢？我认为刷算法题是在养成一种思维模式，不应该局限于具体的编程语言。每一种语言都有缺点，**我到底选择用哪一种语言来解某道题目的根本依据是，解法的思路是否可以避开隐晦的语言特性，做到清晰易懂。**

比方说，我们在动态规划算法中会提到一种"自顶向下"递归形式的解法套路，有的题目可能就需要一个哈希表（字典）来存储二元组到字符串的映射。在这种情况下，使用 Java 和 C++ 可能要自己给二元组写 Hash 函数，而使用 Python 则可以将内置的元组类型直接作为哈希表的键，这样不仅代码量小，而且可以直接暴露算法思路，清晰易懂：

```python
# 备忘录
memo = dict()
def dp(i, j):
    # 如果遇到重叠子问题，直接返回
    if (i, j) in memo:
        return memo[(i, j)]
    # ...
```

那么为什么不全用 Python 语言呢？因为 Python 这种动态语言，虽然编码快，但是调试很让人恼火，而且由于没有类型约束，代码稍微复杂一点就显得不清晰；而对于 Java 语言，虽然使用的人最多，但是不得不说有时候语法比较烦琐，比如操作字符串非常不方便，而且一些包装类型进行比较的"坑"比较隐晦；对于 C++ 语言，大部分操作都比较方便，比较适合做算法题，但是有一些语言特性又太独特了，容易让人迷惑。

以上是每种语言用来刷题的一些缺点，所以我希望扬长避短，**本书会避开一切语言特性，不会"秀"什么"一行代码解决"，一切以可读性为首要目标。**也就是说，你一定不会因为语言问题而感到阅读吃力。

三、代码的默认规则

因为本书中大部分内容都是基于力扣平台的题目来写的，而且都可以在该平台上提交通过，所以会用到一些力扣的默认数据类型。为了节省篇幅，统一在这里说明这些数据类型的结构，后文不会再单独说明。

`TreeNode` 是二叉树节点类型，其结构如下：

```java
public class TreeNode {
    int val;          // 节点存储的值
    TreeNode left;   // 指向左侧子节点的指针
    TreeNode right;  // 指向右侧子节点的指针

    // 构造函数
    TreeNode(int val) {
        this.val = val;
        this.left = null;
        this.right = null;
    }
}
```

一般的使用方法是：

```java
// 新建二叉树节点
TreeNode node1 = new TreeNode(2);
TreeNode node2 = new TreeNode(4);
TreeNode node3 = new TreeNode(6);

// 修改节点的值
node1.val = 10;

// 连接节点
node1.left = node2;
node1.right = node3;
```

`ListNode` 是单链表节点类型，其结构如下：

```java
class ListNode {
    int val;          // 节点存储的值
    ListNode next;   // 指向下一个节点的指针

    ListNode(int val) {
        this.val = val;
        this.next = null;
    }
}
```

一般的使用方法是：

```java
// 新建单链表节点
ListNode node1 = new ListNode(1);
ListNode node2 = new ListNode(3);
ListNode node3 = new ListNode(5);

// 修改节点的值
node1.val = 9;

// 连接节点
node2.next = node3;
node1.next = node2;
```

另外，力扣平台一般需要你把解法代码写到一个 **Solution** 类里面，比如下面这样：

```java
// Java 语言
class Solution {
    public int solutionFunc(String text1, String text2) {
        // 把你的解法代码写在这里
    }
}
# Python 语言
class Solution:
    def solutionFunc(self, text1: str, text2: str) -> int:
        # 把你的解法代码写在这里
```

本书为了节省篇幅，便于读者理解算法逻辑，不会写 **Solution** 类，而是直接写解法函数。Java/C++ 中 `public`、`private` 之类的关键字和 Python 类方法中的 `self` 参数，在算法代码中没有什么意义，全都会被省略。本书中的代码大概是这样的：

```java
// Java 语言
int solutionFunc(String text1, String text2) {
    // 解法代码写在这里
}
# Python 语言
def solutionFunc(text1: str, text2: str) -> int:
    # 解法代码写在这里
```

读者在刷题的过程中需要按照刷题平台的代码格式要求来提交，所以可能需要对本书代码的一些语言细节略微进行修改。

语 言 基 础

/

本书中会使用到的 C++、Java、Python 3 内置数据结构非常简单，大致可以分为数组（array）、列表（list）、映射（map）、堆栈（stack）、队列（queue）这几种。

另外，本书会秉持最小化语言特性的原则，只会介绍本书中用到的数据结构和对应的 API，只要你学过任何一门编程语言，很容易就能明白。

C++

首先说一个容易忽视的问题，C++ 的函数参数默认是传值的，所以如果使用数组之类的容器作为参数，我们一般会加上 `&` 符号表示传引用。这一点要注意，如果你忘记加 `&` 符号，就是传值，会涉及数据复制，尤其是在递归函数中，每次递归都复制一遍容器，会非常耗时。

1. 动态数组类型 `vector`

所谓动态数组，就是由标准库封装的数组容器，可以自动扩容、缩容，比 C 语言中用 `int[]` 声明数组更高级。

本书建议大家都使用标准库封装的高级容器，不要使用 C 语言中的数组，也不要用 `malloc` 这类函数自己去管理内存。虽然手动分配内存会给算法的效率带来一定的提升，但是你要搞清楚自己是来干什么的，把精力更多地集中在算法思维上的性价比比较高。

初始化方法：

```
int n = 7, m = 8;

// 初始化一个 int 型的空数组 nums
```

```cpp
vector<int> nums;

// 初始化一个大小为 n 的数组 nums，数组中的值默认都为 0
vector<int> nums(n);

// 初始化一个元素为 1、3、5 的数组 nums
vector<int> nums{1, 3, 5};

// 初始化一个大小为 n 的数组 nums，其值全都为 2
vector<int> nums(n, 2);

// 初始化一个二维 int 数组 dp
vector<vector<int>> dp;

// 初始化一个大小为 m * n 的布尔数组 dp，
// 其中的值都为 true
vector<vector<bool>> dp(m, vector<bool>(n, true));
```

本书用到的成员函数：

```cpp
// 返回数组是否为空
bool empty()

// 返回数组的元素个数
size_type size();

// 返回数组最后一个元素的引用
reference back();

// 在数组尾部插入一个元素 val
void push_back (const value_type& val);

// 删除数组尾部的那个元素
void pop_back();
```

下面举几个例子：

```cpp
int n = 10;
// 数组大小为 10，元素值都为 0
vector<int> nums(n);
// 输出：false
cout << nums.empty();
```

```cpp
// 输出: 10
cout << nums.size();

// 可以通过方括号直接取值或修改值
int a = nums[4];
nums[0] = 11;

// 在数组尾部插入一个元素 20
nums.push_back(20);
// 输出: 11
cout << nums.size();

// 得到数组最后一个元素的引用
int b = nums.back();
// 输出: 20
cout << b;

// 删除数组的最后一个元素（无返回值）
nums.pop_back();
// 输出: 10
cout << nums.size();

// 交换 nums[0] 和 nums[1]
swap(nums[0], nums[1]);
```

以上就是 C++ `vector` 在本书中的常用方法，无非就是用索引来读取元素及 `push_back`、`pop_back` 方法，就刷算法题而言，这些就够了。

因为根据"数组"的特性，利用索引访问元素很高效，从尾部增删元素也很高效，而从中间或头部增删元素要涉及搬移数据，很低效，所以我们都会从算法思路层面避免那些低效的操作。

2. 字符串 `string`

初始化方法只需要记住下面两种：

```cpp
// s 是一个空字符串 ""
string s;
// s 是字符串 "abc"
string s = "abc";
```

本书用到的成员函数：

```
// 返回字符串的长度
size_t size();

// 判断字符串是否为空
bool empty();

// 在字符串尾部插入一个字符 c
void push_back(char c);

// 删除字符串尾部的那个字符
void pop_back();

// 返回从索引 pos 开始，长度为 len 的子字符串
string substr (size_t pos, size_t len);
```

下面举几个例子：

```
// s 是一个空字符串
string s;
// 给 s 赋值为 "abcd"
s = "abcd";
// 输出: c
cout << s[2];
// 在 s 尾部插入字符 'e'
s.push_back('e');
// 输出: abcde
cout << s;
// 输出: cde
cout << s.substr(2, 3);
// 在 s 尾部拼接字符串 "xyz"
s += "xyz";
// 输出: abcdexyz
cout << s;
```

字符串 string 的很多操作和动态数组 vector 比较相似。另外，在 C++ 中两个字符串的相等性可以直接用双等号判断 if (s1 == s2)。

3. 哈希表 unordered_map

初始化方法：

```
// 初始化一个 key 为 int, value 为 int 的哈希表
unordered_map<int, int> mapping;
```

```
// 初始化一个 key 为 string, value 为 int 数组的哈希表
unordered_map<string, vector<int>> mapping;
```

值得一提的是，哈希表的值可以是任意类型的，但不是任意类型都可以作为哈希表的键。在我们刷算法题时，一般都用 **int** 或 **string** 类型作为哈希表的键。

本书用到的成员函数：

```
// 返回哈希表的键值对个数
size_type size();

// 返回哈希表是否为空
bool empty();

// 返回哈希表中 key 出现的次数
// 因为哈希表不会出现重复的键，所以该函数只可能返回 0 或 1
// 可以用于判断键 key 是否存在于哈希表中
size_type count (const key_type& key);

// 通过 key 清除哈希表中的键值对
size_type erase (const key_type& key);
```

unordered_map 的常见用法：

```
vector<int> nums{1,1,3,4,5,3,6};
// 计数器
unordered_map<int, int> counter;
for (int num : nums) {
    // 可以用方括号直接访问或修改对应的键
    counter[num]++;
}

// 遍历哈希表中的键值对
for (auto& it : counter) {
    int key = it.first;
    int val = it.second;
    cout << key << ": " << val << endl;
}
```

对于 **unordered_map** 有一点需要注意，用方括号 **[]** 访问其中的键 **key** 时，如果 **key** 不存在，则会自动创建 **key**，对应的值为值类型的默认值。

比如在上面的例子中，`counter[num]++` 这句代码实际上对应如下语句：

```
for (int num : nums) {
    if (!counter.count(num)) {
        // 新增一个键值对 num -> 0
        counter[num] = 0;
    }
    counter[num]++;
}
```

在计数器这个例子中，直接使用 `counter[num]++` 是比较方便的写法，但是要注意 C++ 会自动创建不存在的键的这个特性，有的时候我们可能需要先显式使用 `count` 方法来判断键是否存在。

6. 哈希集合 `unordered_set`

初始化方法：

```
// 初始化一个存储 int 的哈希集合
unordered_set<int> visited;

// 初始化一个存储 string 的哈希集合
unordered_set<string> visited;
```

本书用到的成员函数：

```
// 返回哈希集合的键值对个数
size_type size();

// 返回哈希集合是否为空
bool empty();

// 类似哈希表，如果 key 存在则返回 1，否则返回 0
size_type count (const key_type& key);

// 向集合中插入一个元素 key
pair<iterator,bool> insert (const key_type& key);

// 删除哈希集合中的元素 key
// 如果删除成功则返回 1，如果 key 不存在则返回 0
size_type erase (const key_type& key);
```

5. 队列 queue

初始化方法：

```
// 初始化一个存储 int 的队列
queue<int> q;

// 初始化一个存储 string 的队列
queue<string> q;
```

本书用到的成员函数：

```
// 返回队列是否为空
bool empty();

// 返回队列中元素的个数
size_type size();

// 将元素加入队尾
void push (const value_type& val);

// 返回队头元素的引用
value_type& front();

// 删除队头元素
void pop();
```

队列结构比较简单，就需要注意一点，C++ 中队列的 **pop** 方法一般都是 **void** 类型的，不会像其他语言那样同时返回被删除的元素，所以一般的做法是这样的：

```
int e = q.front(); q.pop();
```

6. 堆栈 stack

初始化方法：

```
// 初始化一个存储 int 的堆栈
stack<int> stk;
// 初始化一个存储 string 的堆栈
stack<string> stk;
```

本书用到的成员函数：

```
// 返回堆栈是否为空
bool empty();

// 返回堆栈中元素的个数
size_type size();

// 在栈顶添加元素
void push (const value_type& val);

// 返回栈顶元素的引用
value_type& top();

// 删除栈顶元素
void pop();
```

Java

1. 数组

初始化方法:

```
int m = 5, n = 10;

// 初始化一个大小为 10 的 int 数组
// 其中的值默认初始化为 0
int[] nums = new int[n]

// 初始化一个 m * n 的二维布尔数组
// 其中的元素默认初始化为 false
boolean[][] visited = new boolean[m][n];
```

Java 中的这种数组类似 C 语言中的数组,在有的题目中会以函数参数的形式传入,一般来说要在函数开头做一个非空检查,然后用索引下标访问其中的元素:

```
if (nums.length == 0) {
    return;
}

for (int i = 0; i < nums.length; i++) {
    // 访问 nums[i]
}
```

2. 字符串 String

Java 的字符串处理起来很麻烦，因为它不支持用 **[]** 直接访问其中的字符，而且不能直接修改，要转化成 **char[]** 类型后才能修改。

下面主要列出在本书中会用到的 **String** 的一些特性：

```java
String s1 = "hello world";
// 获取 s1[2] 中的字符
char c = s1.charAt(2);

char[] chars = s1.toCharArray();
chars[1] = 'a';
String s2 = new String(chars);
// 输出: hallo world
System.out.println(s2);

// 注意，一定要用 equals 方法判断字符串是否相同
if (s1.equals(s2)) {
    // s1 和 s2 相同
} else {
    // s1 和 s2 不相同
}

// 字符串可以用加号进行拼接
String s3 = s1 + "!";
// 输出: hello world!
System.out.println(s3);
```

Java 的字符串不能直接修改，要用 **toCharArray** 转化成 **char[]** 类型的数组后进行修改，然后转换回 **String** 类型。

另外，虽然字符串支持用 **+** 进行拼接，但是效率并不高，不建议在 for 循环中使用。如果需要进行频繁的字符串拼接，推荐使用 **StringBuilder**：

```java
StringBuilder sb = new StringBuilder();

for (char c = 'a'; c <= 'f'; c++) {
    sb.append(c);
}

// append 方法支持拼接字符、字符串、数字等类型
sb.append('g').append("hij").append(123);
```

```
String res = sb.toString();
// 输出: abcdefghij123
System.out.println(res);
```

还有一个重要的问题，就是字符串的相等性比较，这个问题涉及语言特性，简单说就是一定要用字符串的 equals 方法比较两个字符串是否相同，不要用 == 比较，否则可能出现不易察觉的 bug。

3. 动态数组 ArrayList

类似 C++ 的 vector 容器，ArrayList 相当于把 Java 内置的数组类型做了包装，初始化方法：

```
// 初始化一个存储 String 类型数据的动态数组
ArrayList<String> nums = new ArrayList<>();

// 初始化一个存储 int 类型数据的动态数组
ArrayList<Integer> strings = new ArrayList<>();
```

常用方法（E 代表元素类型）：

```
// 判断数组是否为空
boolean isEmpty()

// 返回数组中元素的个数
int size()

// 返回索引 index 的元素
E get(int index)

// 在数组尾部添加元素 e
boolean add(E e)
```

本书只会用到这些最简单的方法，读者简单看一下就能明白。

4. 双链表 LinkedList

ArrayList 列表底层是用数组实现的，而 LinkedList 底层是用双链表实现的，初始化方法也是类似的：

```
// 初始化一个存储 int 类型数据的双链表
LinkedList<Integer> nums = new LinkedList<>();
```

```
// 初始化一个存储 String 类型数据的双链表
LinkedList<String> strings = new LinkedList<>();
```

本书用到的方法（**E** 代表元素类型）：

```
// 判断链表是否为空
boolean isEmpty()

// 返回链表中元素的个数
int size()

// 判断链表中是否存在元素 o
boolean contains(Object o)

// 在链表尾部添加元素 e
boolean add(E e)

// 在链表头部添加元素 e
void addFirst(E e)

// 删除链表头部第一个元素
E removeFirst()

// 删除链表尾部最后一个元素
E removeLast()
```

本书用到的这些方法都是最简单的，和 **ArrayList** 不同的是，我们更多地使用了 **LinkedList** 对于头部和尾部元素的操作，因为底层数据结构为链表，所以直接操作头尾部的元素效率较高。其中只有 **contains** 方法的时间复杂度是 $O(N)$，因为必须遍历整个链表才能判断元素是否存在。

另外，经常有题目要求函数的返回值是 **List** 类型的，**ArrayList** 和 **LinkedList** 都是 **List** 类型的子类，所以我们根据数据结构的特性决定使用数组还是链表，最后直接返回值就行了。

5. 哈希表 **HashMap**

初始化方法：

```
// 整数映射到字符串的哈希表
HashMap<Integer, String> map = new HashMap<>();
```

```
// 字符串映射到数组的哈希表
HashMap<String, int[]> map = new HashMap<>();
```

本书用到的方法（**K** 代表键的类型，**V** 代表值的类型）：

```
// 判断哈希表中是否存在键 key
boolean containsKey(Object key)

// 获得键 key 对应的值，若 key 不存在，则返回 null
V get(Object key)

// 将 key 和 value 键值对存入哈希表
V put(K key, V value)

// 如果 key 存在，删除 key 并返回对应的值
V remove(Object key)

// 获得 key 的值，如果 key 不存在，则返回 defaultValue
V getOrDefault(Object key, V defaultValue)

// 获得哈希表中的所有 key
Set<K> keySet()

// 如果 key 不存在，则将键值对 key 和 value 存入哈希表
// 如果 key 存在，则什么都不做
V putIfAbsent(K key, V value)
```

6. 哈希集合 HashSet

初始化方法：

```
// 新建一个存储 String 的哈希集合
Set<String> set = new HashSet<>();
```

本书用到的方法（**E** 表示元素类型）：

```
// 如果 e 不存在，则将 e 添加到哈希集合
boolean add(E e)

// 判断元素 o 是否存在于哈希集合中
boolean contains(Object o)
```

```
// 如果元素 o 存在，则删除元素 o
boolean remove(Object o)
```

7. 队列 Queue

与之前的数据结构不同，**Queue** 是一个接口（Interface），因此它的初始化方法有些特别，本书一般会用如下方式进行初始化：

```
// 新建一个存储 String 的队列
Queue<String> q = new LinkedList<>();
```

本书用到的方法（**E** 表示元素类型）：

```
// 判断队列是否为空
boolean isEmpty()
```

```
// 返回队列中元素的个数
int size()
```

```
// 返回队头的元素
E peek()
```

```
// 删除并返回队头的元素
E poll()
```

```
// 将元素 e 插入队尾
boolean offer(E e)
```

8. 堆栈 Stack

初始化方法：

```
Stack<Integer> s = new Stack<>();
```

本书用到的方法（**E** 表示元素类型）：

```
// 判断堆栈是否为空
boolean isEmpty()
```

```
// 返回堆栈中元素的个数
int size()
```

```
// 将元素压入栈顶
```

```
E push(E item)

// 返回栈顶元素
E peek()

// 删除并返回栈顶元素
E pop()
```

Python 3

本书中涉及 Python 3 的案例大多数是解析思路的伪代码，用 Python 3 写的解法并不多，因为这种弱类型语言容易出现不易察觉的 bug，而且语言本身的技巧太多，不符合本书清晰易懂的宗旨，所以下面只列出本书会用到的 Python 数据结构：列表、元组和字典（哈希表）。

列表 `list` 可以作为数组，可以作为堆栈，也可以作为队列使用：

```python
# 数组
arr = [1, 2, 3, 4]
# 输出: 3
print(arr[2])
# 在列表尾部添加元素
arr.append(5)
# -1 代表最后一个索引，输出: 5
print(arr[-1])

# 模拟堆栈
stack = []
# 把列表尾部作为栈顶
# 在栈顶添加元素
stack.append(1)
stack.append(2)
# 删除栈顶元素并返回
e1 = stack.pop()
# 查看栈顶元素
e2 = stack[-1]
```

剩下常用的数据结构就是 Python 的元组 `tuple` 和字典 `dict`，本书会经常使用这两个数据结构作为自顶向下动态规划的"备忘录"：

```python
memo = dict()
```

```python
# 二维动态规划的 dp 函数
def dp(i, j):
    # 元组 (i, j) 作为哈希表的键
    # 用 in 关键字查询该键是否存在于哈希表中
    if (i, j) in memo:
        # 返回键 (i, j) 对应的值
        return memo[(i, j)]
    # 状态转移方程
    memo[(i, j)] = ...

    return memo[(i, j)]
```

以上就是本书可能用到的编程语言基础，下面就开始我们的算法之旅吧。

第 1 章

/

核心套路篇

很多朋友害怕算法，其实大可不必，算法题无非就那几个套路，一旦掌握，就会觉得算法实在是太朴实无华且枯燥了。

本书的一贯风格是把算法问题模板化、套路化，甭管题目千变万化，都以不变应万变。

本章汇集了常考算法的核心套路，是本书的精髓所在，要仔细品读。

你自己刷题时，多往本章模板上靠，慢慢就会体会到算法套路有多重要了。

1.1 学习算法和刷题的框架思维

我们应该学会如何刷题，形成"框架思维"，也就是本书总结的各种"套路"，希望读者能跳出问题细节，把握问题的共性和本质，做到举一反三。

首先，这里讲的都是普通的数据结构，我们也不是搞算法竞赛的，因此只需要解决常规问题。另外，以下是我个人刷题的经验，没有哪本教材会写这些，所以请读者试着理解我的角度，别纠结于细节，本章就是希望读者对数据结构和算法建立起一个框架性的认识。

从整体到细节、自顶向下、从抽象到具体的框架思维是通用的，不只是学习数据结构和算法，这样学习其他任何知识都是高效的。

1.1.1 数据结构的存储方式

数据结构的底层存储方式只有两种：数组（顺序存储）和链表（链式存储）。

这句话怎么理解，不是还有哈希表、栈、队列、堆、树、图等各种数据结构吗？

我们分析问题时一定要有递归的思想，自顶向下，从抽象到具体。前面列的那么多数据结构，都属于具体的"上层建筑"，而数组和链表才是"结构基础"。因为那些多样化的数据结构，究其源头，都是在链表或者数组上的特殊操作，API 特性不同而已。

比如说，"队列""栈"这两种数据结构，既可以使用链表实现，也可以使用数组实现。用数组实现，就要处理扩容和缩容的问题；用链表实现，没有这个问题，但需要更多的内存空间存储节点指针。

"图"的两种表示方法中，邻接表就是链表，邻接矩阵就是二维数组。用邻接矩阵判断连通性很迅速，并可以进行矩阵运算解决一些问题，但是如果图比较稀疏则很耗费空间。邻接表比较节省空间，但是很多操作的效率肯定比不过邻接矩阵。

"哈希表"就是通过哈希函数把键映射到一个大数组里。对于解决哈希冲突的方法，常见的有拉链法和线性探查法。拉链法需要链表特性，操作简单，但需要额外的空间存储指针；线性探查法需要数组特性，以便连续寻址，不需要指针的存储空间，但操作稍微复杂些。

"树"，用数组实现就是"堆"，因为"堆"是一个完全二叉树，用数组存储不需要节点指针，操作也比较简单；用链表实现，就是很常见的那种"树"，因为不一定是完全二叉树，所以不适合用数组存储。为此，在这种链表"树"结构之上，又衍生出各种巧妙的设计，比如二叉搜索树、AVL 树、红黑树、区间树、B 树等，以应对不同的问题场景。

了解 Redis 数据库的朋友可能会知道，Redis 提供列表、字符串、集合等几种常用数据结构，但是对于每种数据结构，底层的存储方式都至少有两种，以便根据存储数据的实际情况使用合适的存储方式。

综上所述，数据结构种类很多，甚至你也可以发明自己的数据结构，但是底层存储方式无非是数组或者链表，**二者的优缺点如下。**

数组由于是紧凑连续存储，因此可以随机访问，通过索引快速找到对应的元素，而且相对节约存储空间。但正因为连续存储，内存空间必须一次性分配足，所以数组如果要扩容，需要先重新分配一块更大的空间，再把数据全部复制过去，时间复杂度为 $O(N)$；而且如果想在数组中间进行插入和删除操作，每次必须搬移后面的所有数据以保持连续，时间复杂度为 $O(N)$。

链表因为元素不连续，靠指针指向下一个元素的位置，所以不存在数组的扩容问题；如果知道某一元素的前驱和后驱，操作指针即可删除该元素或者插入新元素，时间复杂

度为 *O*(1)。但是正因为存储空间不连续，你无法根据一个索引算出对应元素的地址，所以不能随机访问；而且由于每个元素必须存储指向前后元素位置的指针，因此会消耗相对更多的存储空间。

1.1.2　数据结构的基本操作

对于任何数据结构，其基本操作无非遍历 + 访问，再具体一点就是：增、删、查、改。

数据结构种类很多，但它们存在的目的无非就是在不同的应用场景下尽可能高效地增、删、查、改。这不就是数据结构的使命吗？

如何对数据结构进行遍历 + 访问呢？我们仍然从抽象到具体地进行分析，各种数据结构的遍历 + 访问无非两种形式：线性和非线性。

线性形式以 for/while 迭代为代表，非线性形式以递归为代表。再具体一点，无非是以下几种框架。

数组遍历框架，是典型的线性迭代结构：

```
void traverse(int[] arr) {
    for (int i = 0; i < arr.length; i++) {
        // 迭代访问 arr[i]
    }
}
```

链表遍历框架，兼具迭代和递归结构：

```
/* 基本的单链表节点 */
class ListNode {
    int val;
    ListNode next;
}

void traverse(ListNode head) {
    for (ListNode p = head; p != null; p = p.next) {
        // 迭代遍历 p.val
    }
}

void traverse(ListNode head) {
    // 前序遍历 head.val
    traverse(head.next);
```

```
    // 后序遍历 head.val
}
```

我们知道二叉树有前、中、后序遍历，其实链表也有前序和后序遍历。比如，在前序遍历的时候打印 `head.val` 就是正序打印链表；在后序遍历的位置打印 `head.val` 就是倒序打印链表。

顺便提一句，**写过 Web 中间件的朋友应该可以发现，中间件的调用链其实就是一个递归遍历链表的过程，** 一些前置中间件（比如注入 session）在前序遍历的位置执行，一些后置中间件（比如异常捕获）在后续遍历的位置执行，而一些中间件（比如计算调用总耗时）在前序和后序遍历的位置都有代码。

二叉树遍历框架，是典型的非线性递归遍历结构：

```
/* 基本的二叉树节点 */
class TreeNode {
    int val;
    TreeNode left, right;
}

void traverse(TreeNode root) {
    // 前序遍历
    traverse(root.left);
    // 中序遍历
    traverse(root.right);
    // 后序遍历
}
```

你看二叉树的递归遍历方式和链表的递归遍历方式，相似不？再看看二叉树结构和单链表结构，相似不？如果再多几条叉，N 叉树你会不会遍历？

二叉树遍历框架可以扩展为 N 叉树的遍历框架：

```
/* 基本的 N 叉树节点 */
class TreeNode {
    int val;
    TreeNode[] children;
}

void traverse(TreeNode root) {
    for (TreeNode child : root.children)
        traverse(child);
}
```

N 叉树的遍历又可以扩展为图的遍历，因为图就是好几个 N 叉树的结合体。但图有可能出现环？这很好办，用布尔数组 visited 做标记就行了，这里就不写代码了。

所谓的框架思维，就是套路。不管增删查改，这些代码都是永远无法脱离的结构，你可以把这个结构作为大纲，根据具体问题在框架上添加代码就行了，下面会具体举例。

1.1.3 算法刷题指南

首先要明确的是，**数据结构是工具，算法是通过合适的工具解决特定问题的方法。**也就是说，学习算法之前，最起码要了解那些常用的数据结构，了解它们的特性和缺陷。

那么该如何在力扣刷题呢？很多文章都会告诉你"按标签刷""坚持下去"等。本书不想说那些不痛不痒的话，直接说具体的建议。

先刷二叉树，先刷二叉树，先刷二叉树！

这是我刷题一年的亲身体会，下图是 2019 年 10 月的提交截图：

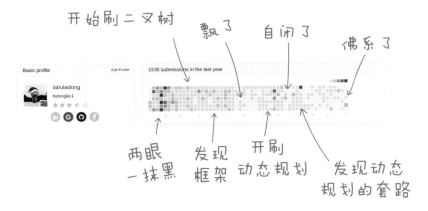

据我观察，大部分人对与数据结构相关的算法文章不感兴趣，而是更关心动态规划、回溯、分治等技巧。这是不对的，这些常考算法技巧在本书中都会有所涉及，到时候你就会发现，它们看起来高大上，但本质上就是一个多叉树遍历的问题，配合本书的算法框架，并没有多难。

为什么要先刷二叉树呢？**因为二叉树是最容易培养框架思维的，而且大部分常考算法本质上都是树的遍历问题。**

刷二叉树时看到题目没思路？其实大家不是没思路，只是没有理解本书所说的"框架"是什么。**不要小看下面这几行代码，几乎所有二叉树的题目一套用这个框架就都出来了。**

```
void traverse(TreeNode root) {
    // 前序遍历
    traverse(root.left);
    // 中序遍历
    traverse(root.right);
    // 后序遍历
}
```

比如随便拿几道题的解法代码出来，**这里不用管具体的代码逻辑，只看看框架在其中是如何发挥作用的。**

LeetCode 124 题，难度为 Hard，求二叉树中最大路径和，主要代码如下：

```
int ans = INT_MIN;
int oneSideMax(TreeNode* root) {
    if (root == nullptr) return 0;

    int left = max(0, oneSideMax(root->left));
    int right = max(0, oneSideMax(root->right));

    /**** 后序遍历 ****/
    ans = max(ans, left + right + root->val);
    return max(left, right) + root->val;
    /***************/
}
```

你看，这不就是后序遍历嘛。那为什么是后序呢？题目要求最大路径和，对于一个二叉树节点，是不是先计算左子树和右子树的最大路径和，然后加上自己的值，这样就得出新的最大路径和了？所以说这里就要使用后序遍历框架。

LeetCode 105 题，难度为 Medium，要求根据前序遍历和中序遍历的结果还原一棵二叉树，这是很经典的问题，主要代码如下：

```
TreeNode buildTree(int[] preorder, int preStart, int preEnd,
    int[] inorder, int inStart, int inEnd, Map<Integer, Integer> inMap) {

    if(preStart > preEnd || inStart > inEnd) return null;

    /**** 前序遍历 ****/
    TreeNode root = new TreeNode(preorder[preStart]);
```

```
    int inRoot = inMap.get(root.val);
    int numsLeft = inRoot - inStart;
    /***************/

    root.left = buildTree(preorder, preStart + 1, preStart + numsLeft,
                            inorder, inStart, inRoot - 1, inMap);
    root.right = buildTree(preorder, preStart + numsLeft + 1, preEnd,
                            inorder, inRoot + 1, inEnd, inMap);
    return root;
}
```

不要看这个函数的参数很多，它们只是为了控制数组索引而已，本质上该算法就是一个前序遍历算法。

LeetCode 99 题，难度为 Hard，要求恢复一棵 BST（二叉搜索树），主要代码如下：

```
void traverse(TreeNode* node) {
    if (!node) return;

    traverse(node->left);

    /**** 中序遍历 ****/
    if (node->val < prev->val) {
        s = (s == NULL) ? prev : s;
        t = node;
    }
    prev = node;
    /***************/

    traverse(node->right);
}
```

这不就是中序遍历嘛，对于一棵 BST，中序遍历意味着什么，应该不需要解释了吧。

你看，Hard 难度的题目不过如此，而且还这么有规律可循，只要把框架写出来，然后往相应的位置加内容行了，这不就是思路嘛！

对于一个理解二叉树的人来说，刷一道二叉树的题目花不了多长时间。那么如果你对刷题无从下手或者有畏惧心理，不妨从二叉树下手，前 10 道也许有点难受；结合框架再做 20 道题，也许你就有点自己的理解了；刷完整个专题，再去做什么回溯、动态规划、分治专题，**你就会发现只要涉及递归的问题，基本上都是树的问题。**

再举些例子吧，说几道本书后面会讲的问题。

在后面的"1.2 动态规划解题套路框架"中，会讲到凑零钱问题，暴力解法就是遍历一棵 N 叉树：

```python
def coinChange(coins: List[int], amount: int):

    def dp(n):
        if n == 0: return 0
        if n < 0: return -1

        res = float('INF')
        for coin in coins:
            subproblem = dp(n - coin)
            # 子问题无解，跳过
            if subproblem == -1: continue
            res = min(res, 1 + subproblem)
        return res if res != float('INF') else -1

    return dp(amount)
```

这么多代码看不懂怎么办？直接提取框架，这样就能看出核心思路了，这就是刚才说到的遍历 N 叉树的框架：

```python
def dp(n):
    for coin in coins:
        dp(n - coin)
```

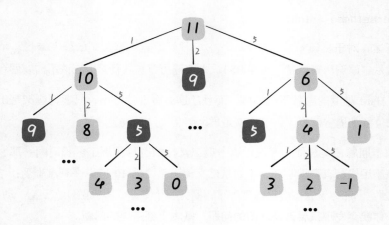

其实很多动态规划问题就是在遍历一棵树，你如果对树的遍历操作烂熟于心，那么起码知道怎么把思路转化成代码，也知道如何提取别人解法的核心思路。

再看看回溯算法，在"1.3　回溯算法解题套路框架"中会直接告诉你，回溯算法就是一个 N 叉树的前序 + 后序遍历问题，没有例外。比如，排列组合问题、经典的回溯问题，主要代码如下：

```java
void backtrack(int[] nums, LinkedList<Integer> track) {
    if (track.size() == nums.length) {
        res.add(new LinkedList(track));
        return;
    }

    for (int i = 0; i < nums.length; i++) {
        if (track.contains(nums[i]))
            continue;
        track.add(nums[i]);
        // 进入下一层决策树
        backtrack(nums, track);
        track.removeLast();
    }
}

/* 提取 N 叉树遍历框架 */
void backtrack(int[] nums, LinkedList<Integer> track) {
    for (int i = 0; i < nums.length; i++) {
        backtrack(nums, track);
    }
}
```

N 叉树的遍历框架，找出来了吧。你说，树这种结构重不重要？

综上所述，对于畏惧算法或者刷题很多但依然感觉不得要领的朋友来说，可以先刷树的相关题目，试着从框架看问题，而不要纠结于细节。

所谓纠结细节，就比如纠结 i 到底应该加到 n 还是加到 n - 1，这个数组的大小到底应该开成 n 还是 n + 1？

从框架看问题，就是像我们这样基于框架进行抽取和扩展，既可以在看别人解法时快速理解核心逻辑，也有助于我们找到自己写解法时的思路方向。

当然，如果细节出错，你将得不到正确的答案，但是只要有框架，再错也错不到哪去，因为你的方向是对的。但是，你要是心中没有框架，那么根本无法解题，给你答案，也不能意识到这就是树的遍历问题。

框架思维是很重要的，本书涉及的所有算法技巧，都会力求总结套路模板，有时候按照流程写出解法，说实话我自己都不知道为啥是对的，反正它就是对了……

这就是框架的力量，能够保证你在思路不那么清晰的时候，依然写出正确的程序。

1.1.4　最后总结

数据结构的基本存储方式就是链式和顺序两种，基本操作就是增删查改，遍历方式就是迭代和递归。刷算法题建议从"树"分类开始刷，结合框架思维，把几十道题刷完，对于树结构的理解应该就到位了。这时候去看回溯、动态规划、分治等算法专题，对思路的理解可能会更加深刻一些。

在思考问题的过程中，少纠结细节，不要热衷于炫技；希望读者多从框架看问题，多学习套路，把握各类算法问题的共性，本书会提供这方面的帮助。

1.2　动态规划解题套路框架

动态规划（Dynamic Programming）问题应该会让很多朋友头疼，不过这类问题也是最具技巧性、最有意思的。本书使用了整整一个章节来专门写这个算法，动态规划问题的重要性也可见一斑。

刷题刷多了就会发现，算法技巧就那几个套路，**后续的动态规划相关章节，都在使用本节的解题思维框架**，如果你心里有数，就会轻松很多。所以本节放在第 1 章，形成一套解决这类问题的思维框架，希望能够成为你解决动态规划问题的一套指导方针。下面就来讲解这个算法的基本套路框架。

首先，动态规划问题的一般形式就是求最值。动态规划其实是运筹学的一种最优化方法，只不过在计算机问题上应用比较多，比如求**最长**递增子序列、**最小**编辑距离等。

既然是求最值，核心问题是什么呢？**求解动态规划的核心问题是穷举**。因为要求最值，肯定要把所有可行的答案穷举出来，然后在其中找最值。记住，以后遇到求最值的问题，首先思考如何穷举所有可能结果，这要练成条件反射。

动态规划这么简单，穷举就完事了？我看到的动态规划问题都很难啊！

首先，动态规划的穷举有点特别，因为这类问题**存在"重叠子问题"**，如果暴力穷举，效率会极其低下，所以需要"备忘录"或者"DP table"来优化穷举过程，避免不必要的计算。

然后，动态规划问题一定会**具备"最优子结构"**，这样才能通过子问题的最值得到原问题的最值。

最后，虽然动态规划的核心思想就是穷举求最值，但是问题可以千变万化，穷举所有可行解其实并不是一件容易的事，只有列出**正确的"状态转移方程"**，才能正确地穷举。

以上提到的重叠子问题、最优子结构、状态转移方程就是动态规划三要素。三要素具体是什么意思下面会举例详解，但是在实际的算法问题中，**写出状态转移方程是最困难的**，这也就是为什么很多朋友觉得动态规划问题不好做的原因。那么 labuladong 告诉你，想要写出正确的状态转移方程，一定要思考以下几点：

1　这个问题的 base case（最简单情况）是什么？

2　这个问题有什么"状态"？

3 对于每个"状态"，可以做出什么"选择"使得"状态"发生改变？

4 如何定义 dp 数组 / 函数的含义来表现"状态"和"选择"？

说白了就是三点：状态、选择、dp 数组的定义。最后的代码可以套这个框架：

```
# 初始化 base case
dp[0][0][...] = base case
# 进行状态转移
for 状态1 in 状态1的所有取值:
    for 状态2 in 状态2的所有取值:
        for ...
            dp[状态1][状态2][...] = 求最值 (选择1, 选择2, ...)
```

下面通过斐波那契数列问题和凑零钱问题来详解动态规划的基本原理。前者主要是让你明白什么是重叠子问题（斐波那契数列没有求最值，所以严格来说不是动态规划问题），后者主要专注于如何列出状态转移方程。

1.2.1 斐波那契数列

大家不要嫌这个例子简单，**只有简单的例子才能让你把精力充分集中在算法背后的通用思想和技巧上**，而不会被那些隐晦的细节问题搞得莫名其妙。

1. 暴力递归

斐波那契数列的数学形式就是递归的，写成代码就是这样的：

```
int fib(int N) {
    if (N == 0) return 0;
    if (N == 1 || N == 2) return 1;
    return fib(N - 1) + fib(N - 2);
}
```

这就不用多说了，学校老师讲递归的时候似乎都是拿其举例的。我们也知道这样写代码虽然简单易懂，但十分低效，低效在哪里？假设 $n = 20$，请画出递归树：

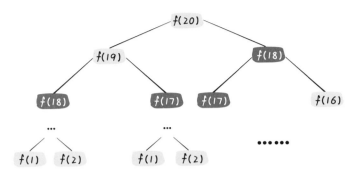

注意：但凡遇到需要递归解决的问题，最好都画出递归树，这对分析算法的复杂度、寻找算法低效的原因都有巨大帮助。

这个递归树怎么理解呢？也就是说，想要计算原问题 $f(20)$，就应先计算出子问题 $f(19)$ 和 $f(18)$，然后要计算 $f(19)$，就要先计算出子问题 $f(18)$ 和 $f(17)$，以此类推。最后当遇到 $f(1)$ 或者 $f(2)$ 的时候，结果已知，这样就能直接返回结果，递归树不再向下生长了。

递归算法的时间复杂度怎么计算？就是用子问题个数乘以解决一个子问题需要的时间。

首先计算子问题个数，即递归树中节点的总数。显然二叉树节点总数为指数级别的，所以求子问题个数的时间复杂度为 $O(2^n)$。

然后计算解决一个子问题的时间，在本算法中，没有循环，只有 $f(n-1)+f(n-2)$ 加法操作，故时间复杂度为 $O(1)$。

所以，这个算法的时间复杂度为二者相乘，即 $O(2^n)$，指数级别。

观察递归树，可以很明显地发现算法低效的原因：存在大量重复计算，比如 $f(18)$ 被计算了两次，而且你可以看到，以 $f(18)$ 为根的这个递归树体量巨大，多算一遍会耗费大量的时间。更何况还不止 $f(18)$ 这一个节点被重复计算，所以这个算法极其低效。

这就是动态规划问题的第一个性质：**重叠子问题**。下面，我们想办法解决这个问题。

2. 带备忘录的递归解法

明确了问题，其实就已经把问题解决了一半。既然耗时的原因是重复计算，那么我们可以造一个"备忘录"，每次算出某个子问题的答案后别急着返回，先将其记到"备忘录"里再返回；每次遇到一个子问题先去"备忘录"里查一查，如果发现之前已经解决过这个问题，就直接把答案拿出来用，不要再耗时去计算了。

一般使用一个数组充当"备忘录"，当然你也可以使用哈希表（字典），思想都是一样的。

```cpp
int fib(int N) {
    if (N == 0) return 0;
    // 将备忘录全初始化为 0
    vector<int> memo(N + 1, 0);
    // 进行带备忘录的递归
    return helper(memo, N);
}

int helper(vector<int>& memo, int n) {
    // base case
    if (n == 1 || n == 2) return 1;
    // 已经计算过
    if (memo[n] != 0) return memo[n];
    memo[n] = helper(memo, n - 1) + helper(memo, n - 2);
    return memo[n];
}
```

现在，画出递归树，你就知道"备忘录"到底做了什么。

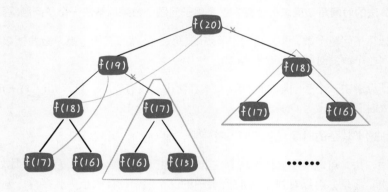

实际上，带"备忘录"的递归算法，就是把一棵存在巨量冗余的递归树通过"剪枝"，改造成了一幅不存在冗余的递归图，极大减少了子问题（即递归图中节点）的个数：

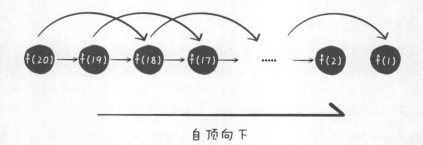

递归算法的时间复杂度怎么计算？就是用子问题个数乘以解决一个子问题需要的时间。

子问题个数，即图中节点的总数，由于本算法不存在冗余计算，子问题就是 $f(1)$, $f(2), f(3), \dots, f(20)$，数量和输入规模 $N = 20$ 成正比，所以子问题个数为 $O(N)$。

解决一个子问题的时间，同上，不涉及循环，时间复杂度为 $O(1)$。

所以，本算法的时间复杂度是 $O(N)$。比起暴力算法，这算得上是降维打击了。

至此，带"备忘录"的递归解法的效率已经和迭代的动态规划解法一样了。实际上，这种解法和迭代的动态规划已经差不多了，只不过这种解法是"自顶向下"的，动态规划是"自底向上"的。

啥叫"自顶向下"？注意我们刚才画的递归树（或者说图），是从上向下延伸的，都是从一个规模较大的原问题，比如 $f(20)$，向下逐渐分解规模，直到 $f(1)$ 和 $f(2)$ 这两个 base case，然后逐层返回答案，这就叫"自顶向下"。

啥叫"自底向上"？反过来，我们直接从最下面、最简单、问题规模最小的 $f(1)$ 和 $f(2)$ 开始往上推，直到推到我们想要的答案 $f(20)$，这就是动态规划的思路，这也是为什么动态规划一般都脱离了递归，而是由循环迭代完成计算的关键所在。

3. dp 数组的迭代解法

有了上一步"备忘录"的启发，我们可以把这个"备忘录"独立出来成为一张表，就叫作 DP table 吧，在这张表上完成"自底向上"的推算岂不美哉！

```cpp
int fib(int N) {
    if (N == 0) return 0;
    if (N == 1 || N == 2) return 1;
    vector<int> dp(N + 1, 0);
    // base case
    dp[1] = dp[2] = 1;
    for (int i = 3; i <= N; i++)
        dp[i] = dp[i - 1] + dp[i - 2];
    return dp[N];
}
```

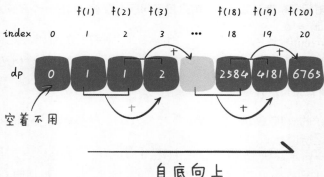

画个图就很好理解了，而且你会发现这个 DP table 特别像之前那个"剪枝"后的结果，只是反过来算而已。实际上，带备忘录的递归解法中的"备忘录"，最终就是这个 DP table，所以说这两种解法其实是差不多的，在大部分情况下，效率也基本相同。

这里引出了"状态转移方程"这个名词，实际上就是描述问题结构的数学形式：

$$f(n) = \begin{cases} 1, n = 1,2 \\ f(n-1) + f(n-2), n > 2 \end{cases}$$

为啥叫"状态转移方程"？其实就是为了听起来高端。你把 $f(n)$ 想作一个状态 n，这个状态 n 是由状态 n-1 和状态 n-2 相加转移而来，这就叫状态转移，仅此而已。

你会发现，上面的几种解法中的所有操作，例如语句 `return f(n - 1) + f(n - 2)`，`dp[i] = dp[i - 1] + dp[i - 2]`，以及对"备忘录"或 DP table 的初始化操作，都是围绕这个方程式的不同表现形式，由此可见列出"状态转移方程"的重要性，它是解决问题的核心。而且很容易发现，其实状态转移方程直接代表着暴力解法。

千万不要看不起暴力解法，动态规划问题最困难的就是写出这个暴力解法，即状态转移方程。只要写出暴力解法，优化方法无非是用"备忘录"或者 DP table，再无奥妙可言。

在这个例子的最后，讲一个细节的优化。细心的读者会发现，根据斐波那契数列的状态转移方程，当前状态只和之前的两个状态有关，其实并不需要那么长的一个 DP table 来存储所有的状态，只要想办法存储之前的两个状态就行了。所以，可以进一步优化，把空间复杂度降为 $O(1)$：

```
int fib(int N) {
    if (N == 0) return 0;
    if (N == 2 || N == 1)
        return 1;
    int prev = 1, curr = 1;
```

```
for (int i = 3; i <= N; i++) {
    int sum = prev + curr;
    prev = curr;
    curr = sum;
}
return curr;
}
```

这个技巧就是所谓的**"状态压缩"**，如果我们发现每次状态转移只需要 DP table 中的一部分，那么可以尝试用状态压缩来缩小 DP table 的大小，只记录必要的数据，上述例子就相当于把 DP table 的大小从 N 缩小到 2。在后续的动态规划章节中我们还会看到这样的例子，一般来说是把一个二维的 DP table 压缩成一维，即把空间复杂度从 $O(N^2)$ 压缩到 $O(N)$。

有人会问，怎么没有涉及动态规划的另一个重要特性"最优子结构"？下面会涉及。斐波那契数列的例子严格来说不算动态规划，因为没有涉及求最值，以上旨在说明重叠子问题的消除方法，演示为得到最优解法而逐步求精的过程。下面来看第二个例子，凑零钱问题。

1.2.2　凑零钱问题

先看下题目：给你 `k` 种面值的硬币，面值分别为 `c1, c2, ..., ck`，每种硬币的数量无限，再给一个总金额 `amount`，问你**最少**需要几枚硬币凑出这个金额，如果不可能凑出，算法返回 -1 。

算法的函数签名：

```
// coins 中是可选硬币面值，amount 是目标金额
int coinChange(int[] coins, int amount);
```

比如 `k = 3`，面值分别为 1、2、5，总金额 `amount = 11`，那么最少需要 3 枚硬币凑出，即 11 = 5 + 5 + 1。

你认为计算机应该如何解决这个问题？显然就是把所有可能的凑硬币方法穷举出来，然后找找最少需要多少枚硬币。

1. 暴力递归
首先，这个问题是动态规划问题，因为它具有"最优子结构"。**要符合"最优子结构"，**

子问题间必须互相独立。什么叫相互独立？你肯定不想看数学证明，因此我用一个直观的例子来讲解。

假设你在参加考试，每门课的成绩都是互相独立的。你的原问题是考出最高的总成绩，那么你的子问题就是要把语文考到最高分，数学考到最高分……为了每门课考到最高分，要把每门课相应的选择题拿到最高分，填空题拿到最高分…… 当然，最终就是每门课都是满分，这样就能获得最高的总成绩。

现在得到了正确的结果：最高的总成绩就是总分。因为这个过程符合最优子结构，"每门课考到最高分"这些子问题是互相独立、互不干扰的。

但是，如果加一个条件：你的语文成绩和数学成绩会互相制约，数学成绩高，语文成绩就会降低，反之亦然。这样的话，显然你能考到的最高总成绩达不到总分，按刚才那个思路就会得到错误的结果。因为子问题并不独立，语文、数学成绩无法同时最优，所以最优子结构被破坏。

回到凑零钱问题，为什么说它符合最优子结构呢？比如你想求 `amount = 11` 时的最少硬币数（原问题），如果你知道凑出 `amount = 10` 的最少硬币数（子问题），只需要把子问题的答案加 1（再选 1 枚面值为 1 的硬币）就是原问题的答案。因为硬币的数量是没有限制的，所以子问题之间没有相互制约，而是互相独立的。

注意：关于最优子结构的问题，在"2.4 动态规划答疑：最优子结构及 dp 遍历方向"中还会再举例探讨。

那么，既然知道了这是一个动态规划问题，就要思考**如何列出正确的状态转移方程**。

1 **确定 base case**，这个很简单，显然目标金额 `amount` 为 0 时算法返回 0，因为不需要任何硬币就已经凑出目标金额了。

2 **确定"状态"，也就是原问题和子问题中的变量。**由于硬币数量无限，硬币的面额也是题目给定的，只有目标金额会不断地向 base case 靠近，所以唯一的"状态"就是目标金额 `amount`。

3 **确定"选择"，也就是导致"状态"产生变化的行为。**目标金额为什么变化呢？因为你在选择硬币，每选择 1 枚硬币，就相当于减少了目标金额，所以说所有硬币的面值就是你的"选择"。

4 **明确 dp 函数 / 数组的定义。**我们这里讲的是自顶向下的解法，所以会有一个递归的 dp 函数，一般来说函数的参数就是状态转移中的变量，也就是上面说到的"状态"；函数的返回值就是题目要求我们计算的量。就本题来说，状态只有一个，即"目标金额"，题目要求我们计算凑出目标金额所需的最少硬币数量，所以我们可以如下这样定义 dp 函数：

dp(n) 的定义：输入一个目标金额 n，返回凑出目标金额 n 的最少硬币数量。

搞清楚上面这几个关键点，解法的伪码就可以写出来了：

```
# 伪码框架
def coinChange(coins: List[int], amount: int):

    # 定义：要凑出金额 n，至少要 dp(n) 枚硬币
    def dp(n):
        # 做选择，选择需要硬币最少的那个结果
        for coin in coins:
            res = min(res, 1 + dp(n - coin))
        return res

    # 题目要求的最终结果是 dp(amount)
    return dp(amount)
```

根据伪码，我们加上 base case，即可得到最终的答案。显然目标金额为 0 时，所需硬币数量为 0；当目标金额小于 0 时，无解，返回 -1：

```
def coinChange(coins: List[int], amount: int):

    def dp(n):
        # base case
        if n == 0: return 0
        if n < 0: return -1
        # 求最小值，所以初始化为正无穷
        res = float('INF')
        for coin in coins:
            subproblem = dp(n - coin)
            # 子问题无解，跳过
            if subproblem == -1: continue
            res = min(res, 1 + subproblem)

        return res if res != float('INF') else -1

    return dp(amount)
```

至此，状态转移方程其实已经完成了。以上算法已经是暴力解法了，以上代码的数

学形式就是状态转移方程：

$$dp(n) = \begin{cases} 0, n = 0 \\ \text{INF}, n < 0 \\ \min\{dp(n - coin) + 1 \mid coin \in coins\}, n > 0 \end{cases}$$

方程中的 INF 代表正无穷，这样该值在求最小值的时候永远不可能被取到，代码中用 -1 代表这种情况，表示子问题无解。

至此，这个问题其实就解决了，不过还需要消除一下重叠子问题，比如画出 `amount = 11, coins = {1,2,5}` 时的递归树看看：

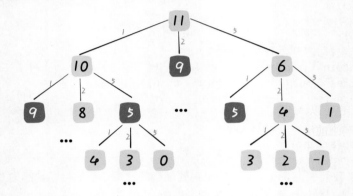

递归算法的时间复杂度 = 子问题总数 x 每个子问题的时间复杂度

子问题总数为递归树节点个数，这个比较难看出来，时间复杂度为 $O(n^k)$，总之是指数级别的。每个子问题中含有一个 for 循环，时间复杂度为 $O(k)$。所以总时间复杂度为 $O(kn^k)$，指数级别。

2. 带"备忘录"的递归

类似之前斐波那契数列的例子，只需要稍加修改，就可以通过"备忘录"消除子问题：

```python
def coinChange(coins: List[int], amount: int):
    # "备忘录"
    memo = dict()
    def dp(n):
        # 查"备忘录"，避免重复计算
        if n in memo: return memo[n]
        # base case
        if n == 0: return 0
        if n < 0: return -1
        res = float('INF')
```

```
    for coin in coins:
        subproblem = dp(n - coin)
        if subproblem == -1: continue
        res = min(res, 1 + subproblem)

    # 记入备忘录
    memo[n] = res if res != float('INF') else -1
    return memo[n]

return dp(amount)
```

此处就不画图了,很显然"备忘录"大大减少了子问题数目,完全消除了子问题的冗余,所以子问题总数不会超过金额 n,即求子问题数目为 $O(n)$。处理一个子问题的时间不变,仍是 $O(k)$,所以总的时间复杂度是 $O(kn)$。

3. dp 数组的迭代解法

当然,我们也可以自底向上使用 DP table 来消除重叠子问题,关于"状态"、"选择"和 "base case"与之前没有区别,dp 数组的定义和前面的 dp 函数的定义类似,也是把"状态",也就是目标金额作为变量。不过 dp 函数的"状态"体现在函数参数,而 dp 数组的"状态"体现在数组索引。

dp 数组的定义:当目标金额为 i 时,至少需要 dp[i] 枚硬币凑出。

根据前面给出的动态规划代码框架可以写出如下解法:

```cpp
int coinChange(vector<int>& coins, int amount) {
    // 数组大小为 amount + 1, 初始值也为 amount + 1
    vector<int> dp(amount + 1, amount + 1);
    // base case
    dp[0] = 0;
    // 外层 for 循环遍历所有状态的所有取值
    for (int i = 0; i < dp.size(); i++) {
        // 内层 for 循环求所有选择的最小值
        for (int coin : coins) {
            // 子问题无解,跳过
            if (i - coin < 0) continue;
            dp[i] = min(dp[i], 1 + dp[i - coin]);
        }
    }
    return (dp[amount] == amount + 1) ? -1 : dp[amount];
}
```

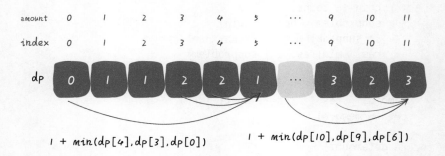

注意：为什么 `dp` 数组初始化为 `amount + 1` 呢？因为凑成 `amount` 金额的硬币数最多只可能等于 `amount`（全用 1 元面值的硬币），所以初始化为 `amount + 1` 就相当于初始化为正无穷，便于后续取最小值。

1.2.3　最后总结

第一个斐波那契数列问题，解释了如何通过"备忘录"或者"DP table"的方法来优化递归树，并且明确了这两种方法本质上是一样的，只是自顶向下和自底向上的不同而已。

第二个凑零钱问题，展示了如何流程化确定"状态转移方程"，只要通过状态转移方程写出暴力递归解，剩下的也就是优化递归树，消除重叠子问题而已。

如果你不太了解动态规划，还能看到这里，真得给你鼓掌，相信你已经掌握了这个算法的设计技巧。

计算机解决问题其实没有任何特殊技巧，它唯一的解决办法就是穷举，穷举所有可能性。算法设计无非就是先思考"如何穷举"，然后再追求"聪明地穷举"。

列出状态转移方程，就是在解决"如何穷举"的问题。之所以说它难，一是因为很多穷举需要递归实现，二是因为有的问题本身的解空间复杂，不那么容易完整穷举。

"备忘录"、DP table 就是在追求"聪明地穷举"。用空间换时间是降低时间复杂度的不二法门，除此之外，试问还能玩出啥花样？

之后我们会有一章专门讲解动态规划问题，如果遇到任何问题都可以随时回来重读本节，希望读者在阅读每个题目和解法时，多往"状态"和"选择"上靠，才能对这套框架产生自己的理解，运用自如。

1.3　回溯算法解题套路框架

首先介绍一下回溯算法，这个名字听起来很高端，但这个算法做的事情很基础，就是**穷举**。动态规划问题还得找到状态转移方程，然后再穷举"状态"，而回溯算法非常简单直接。

本节就把回溯算法的框架讲清楚，你会发现回溯算法类的问题都是一个套路，以后直接套用就能解题了。

废话不多说，直接上回溯算法框架。**解决一个回溯问题，实际上就是一个决策树的遍历过程。**你只需要思考如下 3 个问题：

1　路径：也就是已经做出的选择。

2　选择列表：也就是你当前可以做的选择。

3　结束条件：也就是到达决策树底层，无法再做选择的条件。

如果你不理解这 3 个词语的解释，没关系，后面会用"全排列"和"N 皇后问题"这两个经典的回溯算法问题来帮你理解这些词语是什么意思，现在先有些印象即可。

代码方面，回溯算法的框架如下：

```
result = []
def backtrack( 路径 , 选择列表 ):
    if 满足结束条件 :
        result.add( 路径 )
        return

    for 选择 in 选择列表 :
        做选择
        backtrack( 路径 , 选择列表 )
        撤销选择
```

其核心就是 for 循环里面的递归，在递归调用之前"**做选择**"，在递归调用之后"**撤销选择**"，特别简单。

什么叫作选择和撤销选择呢？这个框架的底层原理是什么呢？下面我们就通过全排列问题来解开之前的疑惑，详细探究其中的奥妙！

1.3.1　全排列问题

我们在高中的时候就做过排列组合的数学题，我们也知道 n 个不重复的数的全排列

共有 $n!$ 个。

注意：为了简单清晰，我们这次讨论的全排列问题不包含重复的数字。

那么我们当时是怎么穷举全排列的呢？比如给你 3 个数 `[1,2,3]`，你肯定不会无规律地乱穷举，一般会这样做：

先固定第一位为 1，然后第二位可以是 2，那么第三位只能是 3；然后可以把第二位变成 3，第三位就只能是 2 了；现在就只能变化第一位，变成 2，然后再穷举后两位……

其实这就是回溯算法，我们高中无师自通就会用，或者有的同学直接画出如下这棵回溯树：

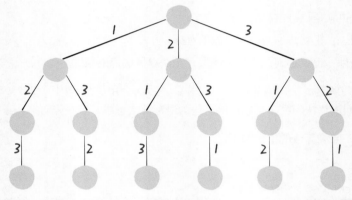

只要从根节点遍历这棵树，记录路径上的数字，走到叶子节点就得到了一个排列；遍历整棵树之后就得到了所有的全排列。**我们不妨把这棵树称为回溯算法的"决策树"。**

为什么说这是决策树呢？ 因为你在每个节点上其实都在做决策。比如，你站在下图的深色节点上：

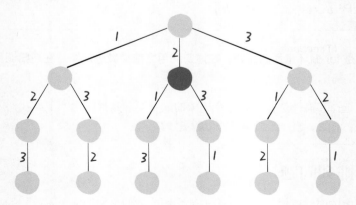

你现在就是在做决策，可以选择 1 那条树枝，也可以选择 3 那条树枝。为什么只能在 1 和 3 之中选择呢？因为 2 这条树枝在你身后，这个选择你之前做过了，而全排列是不允许重复使用数字的。

现在可以解答开头的几个名词：**[2]** 就是"路径"，记录已经做过的选择；**[1,3]** 就是"选择列表"，表示当前可以做出的选择；"结束条件"就是遍历到树的底层（叶子节点），在这里就是选择列表为空的时候。

如果明白了这几个名词，就**可以把"路径"和"选择"视为决策树上每个节点的属性**，比如下图列出了几个节点的属性：

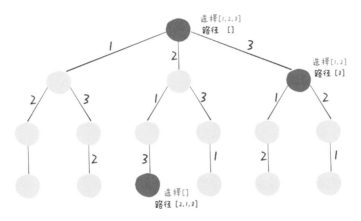

我们定义的 `backtrack` 函数其实就像一个指针，在这棵树上遍历，同时要正确维护每个节点的属性，每当走到树的底层，其"路径"就是一个全排列。

再进一步，如何遍历一棵树呢？这个应该不难吧。回忆一下前面在"1.1　学习算法和刷题的框架思维"里介绍过，各种搜索问题其实都是树的遍历问题，而多叉树的遍历框架就是这样的：

```
void traverse(TreeNode root) {
    for (TreeNode child : root.childern)
        // 前序遍历需要的操作
        traverse(child);
        // 后序遍历需要的操作
}
```

所谓的前序遍历和后序遍历，它们只是两个很有用的时间点，给你画张图就明白了：

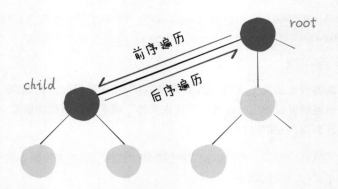

前序遍历的代码在进入某一个节点之前的那个时间点执行，后序遍历的代码在离开某个节点之后的那个时间点执行。

回想我们刚才说的，"路径"和"选择"是每个节点的属性，函数在树上游走要正确维护节点的属性，就要在这两个特殊时间点搞点动作：

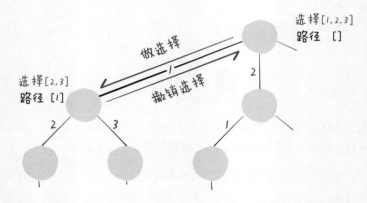

你看，我们说的"做选择"其实就是：从"选择列表"中拿出一个"选择"，并将它放入"路径"。我们说的"撤销选择"其实就是：从"路径"中拿出一个"选择"，将它恢复到"选择列表"中。

现在，你是否理解了回溯算法的这段核心框架？

```
for 选择 in 选择列表:
    # 做选择
    将该选择从选择列表中移除
    路径.add(选择)
    backtrack(路径, 选择列表)
    # 撤销选择
```

路径 .remove(选择)
将该选择恢复到选择列表

我们只要在递归之前做出选择，在递归之后撤销刚才的选择，就能正确维护每个节点的选择列表和路径。

下面，直接看全排列代码：

```java
List<List<Integer>> res = new LinkedList<>();

/* 主函数，输入一组不重复的数字，返回它们的全排列 */
List<List<Integer>> permute(int[] nums) {
    // 记录"路径"
    LinkedList<Integer> track = new LinkedList<>();
    backtrack(nums, track);
    return res;
}

// 路径：记录在 track 中
// 选择列表：nums 中不存在于 track 的那些元素
// 结束条件：nums 中的元素全都在 track 中出现
void backtrack(int[] nums, LinkedList<Integer> track) {
    // 触发结束条件
    if (track.size() == nums.length) {
        res.add(new LinkedList(track));
        return;
    }

    for (int i = 0; i < nums.length; i++) {
        // 排除不合法的选择
        if (track.contains(nums[i]))
            continue;
        // 做选择
        track.add(nums[i]);
        // 进入下一层决策树
        backtrack(nums, track);
        // 取消选择
        track.removeLast();
    }
}
```

我们这里稍微做了些变通，没有显式记录选择列表，而是通过 **nums** 和 **track** 推导

出当前的选择列表:

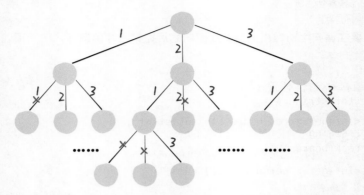

至此,我们就通过全排列问题详解了回溯算法的底层原理。当然,这个算法解决全排列问题不是很高效,因为对链表使用 `contains` 方法需要 $O(N)$ 的时间复杂度。有更好的方法,即通过交换元素达到目的,但是难理解一些,这里就不讲解了,有兴趣的读者可自行搜索。

但是必须说明的是,不管怎么优化,都符合回溯框架,而且时间复杂度都不可能低于 $O(N!)$,因为穷举整棵决策树是无法避免的。**这也是回溯算法的一个特点,不像动态规划存在重叠子问题可以优化,回溯算法就是纯暴力穷举,复杂度一般都很高。**

明白了全排列问题,就可以直接套回溯算法框架了,下面来看 N 皇后问题。

1.3.2 N 皇后问题

N 皇后问题是经典算法,简单解释一下题目:

棋盘中皇后可以攻击同一行、同一列,或者左上、左下、右上、右下四个方向的任意单位。现在给你一个 $N \times N$ 的棋盘,让你放置 N 个皇后,使得它们不能互相攻击,返回所有合法的结果。

函数签名如下:

```
vector<vector<string>> solveNQueens(int n);
```

棋盘中用字符 `'.'` 代表空,用 `'Q'` 代表皇后,所以一个 `vector<string>` 就是一个棋盘。

这个问题本质上和全排列问题差不多,决策树的每一层表示棋盘上的每一行;每个节点可以做出的选择是，在该行的任意一列放置一个皇后。

直接套用框架：

```cpp
vector<vector<string>> res;

/* 输入棋盘边长 n，返回所有合法的放置方法 */
vector<vector<string>> solveNQueens(int n) {
    // '.' 表示空，'Q' 表示皇后，初始化空棋盘
    vector<string> board(n, string(n, '.'));
    backtrack(board, 0);
    return res;
}

// 路径：board 中小于 row 的那些行都已经成功放置了皇后
// 选择列表：第 row 行的所有列都是放置皇后的选择
// 结束条件：row 超过 board 的最后一行，说明棋盘放满了
void backtrack(vector<string>& board, int row) {
    // 触发结束条件
    if (row == board.size()) {
        res.push_back(board);
        return;
    }
    int n = board[row].size();
    for (int col = 0; col < n; col++) {
        // 排除不合法选择
        if (!isValid(board, row, col))
            continue;
        // 做选择
        board[row][col] = 'Q';
        // 进入下一行决策
        backtrack(board, row + 1);
        // 撤销选择
        board[row][col] = '.';
    }
}
```

这部分主要代码其实和全排列问题的差不多，**isValid** 函数的实现也很简单：

```cpp
/* 是否可以在 board[row][col] 放置皇后？*/
bool isValid(vector<string>& board, int row, int col) {
    int n = board.size();
    // 检查列中是否有皇后互相冲突
    for (int i = 0; i < row; i++) {
```

```
            if (board[i][col] == 'Q')
                return false;
        }
        // 检查右上方是否有皇后互相冲突
        for (int i = row - 1, j = col + 1;
                i >= 0 && j < n; i--, j++) {
            if (board[i][j] == 'Q')
                return false;
        }
        // 检查左上方是否有皇后互相冲突
        for (int i = row - 1, j = col - 1;
                i >= 0 && j >= 0; i--, j--) {
            if (board[i][j] == 'Q')
                return false;
        }
        return true;
    }
```

代码中关于 `isValid` 函数在检查冲突时有一些小优化，因为皇后是从上往下一行一行放置的，所以只用检查正上方、左上方、右上方三个方向，而不用检查当前行和下面的三个方向。

函数 `backtrack` 依然像一个在决策树上游走的指针，通过 `row` 和 `col` 就可以表示函数遍历到的位置，通过 `isValid` 函数可以将不符合条件的情况剪枝。

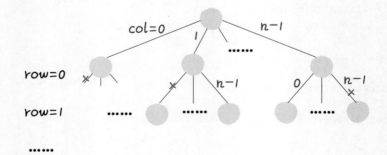

如果直接给你这么一大段解法代码，你可能是懵的，但是现在明白了回溯算法的框架套路，还有啥难理解的呢？无非是改改做选择的方式，排除不合法选择的方式而已，只要框架存于心，你面对的只剩下细节问题了。

当 `n = 8` 时，就是八皇后问题，数学大佬高斯穷尽一生都没有数清楚八皇后问题到底有几种可能的放置方法，但是我们的算法不到一秒就可以算出所有可能的结果。

不过真的不怪高斯，这个问题的复杂度确实非常高，看看我们的决策树，虽然有 `isValid` 函数剪枝，但是最坏时间复杂度仍然是 $O(n^{n+1})$，而且无法优化。当 `n = 10` 的时候，计算就已经很耗时了。

有的时候，我们并不想得到所有合法的答案，只想要一个答案，这时该怎么办呢? 比如解数独的算法，找所有解法复杂度太高，但只要找到一种解法就可以。

其实特别简单，只要稍微修改一下回溯算法的代码即可:

```cpp
// 函数找到一个答案后就返回 true
bool backtrack(vector<string>& board, int row) {
    if (row == board.size()) {
        res.push_back(board);
        return true;
    }
    int n = board[row].size();
    for (int col = 0; col < n; col++) {
        if (!isValid(board, row, col))
            continue;
        // 做选择
        board[row][col] = 'Q';
        // 进入下一行决策
        if (backtrack(board, row + 1))
            return true;
        // 撤销选择
        board[row][col] = '.';
    }
    return false;
}
```

这样修改代码后，只要找到一个答案，函数就会立即返回，for 循环的后续递归穷举都会被阻断，时间复杂度就会大幅降低。在 "4.2　**回溯算法最佳实践: 解数独**" 中就会使用这个技巧，快速得到一个可行的数独答案。

1.3.3　最后总结

回溯算法就是一个多叉树的遍历问题，关键就是在前序遍历和后序遍历的位置做一些操作，算法框架如下:

```
def backtrack(...):
    for 选择 in 选择列表:
        做选择
        backtrack(...)
        撤销选择
```

写 **backtrack** 函数时，需要维护走过的"**路径**"和当前可以做的"**选择列表**"，当触发"**结束条件**"时，将"**路径**"记入结果集。

其实想想看，回溯算法和动态规划是不是有点像呢？动态规划的三个需要明确的点是"状态"、"选择"和"base case"，是不是就对应着走过的"路径"、当前的"选择列表"和"结束条件"？

从某种程度上说，动态规划的暴力求解阶段就是回溯算法。只是有的问题可以通过巧妙的定义，构造出最优子结构，找到重叠子问题，可以用 DP table 或者"备忘录"优化，将递归树大幅剪枝，这就是动态规划解法。而本节的两个问题，都没有重叠子问题，也就是回溯算法问题了，复杂度高是不可避免的。

另外，如果遇到某些比较困难的动态规划问题，难以想到状态转移方程，可以尝试用回溯算法来解。虽然说复杂度会很高，肯定过不了所有测试用例，但在实际面试中，有一个思路总归比束手无策要好些嘛。本书第 3 章还会有很多回溯算法相关的内容，到时候可以进一步实践本节所讲的算法框架了。

1.4　BFS 算法套路框架

BFS（Broad First Search，广度优先搜索）和 DFS（Depth First Search，深度优先搜索）算法是特别常用的两种算法，其中 DFS 算法可以被认为是回溯算法，这在"1.3　回溯算法解题套路框架"里就讲过了，建议好好复习。

本节就来写 BFS 算法的框架套路。BFS 算法的核心思想应该不难理解，就是把一些问题抽象成图，从一个点开始，向四周扩散。一般来说，我们写 BFS 算法都是用"队列"这种数据结构，每次将一个节点周围的所有节点加入队列。

BFS 相对 DFS 的最主要区别是：**BFS 找到的路径一定是最短的，但代价是空间复杂度比 DFS 大很多**，至于为什么，看过后面介绍的框架就很容易理解了。

本节就由浅入深写两道 BFS 的典型题目，分别是"二叉树的最小高度"和"打开密码锁的最少步数"，手把手教你写 BFS 算法。

1.4.1　算法框架

要说框架的话，我们先列举一下 BFS 常见的出现场景吧。**问题的本质就是让你在一幅"图"中找到从起点 `start` 到终点 `target` 的最近距离，这个例子听起来很枯燥，但是 BFS 算法问题其实就是在干这件事**，把枯燥的本质搞清楚了，再去欣赏各种问题的包装，才能胸有成竹嘛。

这个广义的描述可以有各种变体，比如走迷宫，有的格子是围墙不能走，从起点到终点的最短距离是多少？如果这个迷宫带"传送门"可以瞬间传送呢？

再比如有两个单词，要求通过替换某些字母，把其中一个变成另一个，每次只能替换一个字母，最少要替换几次？

再比如连连看游戏，消除两个方块的条件不仅是图案相同，还要保证两个方块之间的最短连线不能多于两个拐点。你玩连连看，点击两个坐标，游戏程序是如何找到最短连线的？如何判断最短连线有几个拐点？

再比如……

其实，这些问题都没啥神奇的，本质上就是一幅"图"，让你从起点走到终点，问最短路径，这就是 BFS 的本质。

框架搞清楚了直接默写就好，记住下面这段代码就行了：

```
// 计算从起点 start 到终点 target 的最短距离
int BFS(Node start, Node target) {
    Queue<Node> q; // 核心数据结构
    Set<Node> visited; // 避免走回头路

    q.offer(start); // 将起点加入队列
    visited.add(start);
    int step = 0; // 记录扩散的步数

    while (q not empty) {
        int sz = q.size();
        /* 将当前队列中的所有节点向四周扩散 */
        for (int i = 0; i < sz; i++) {
            Node cur = q.poll();
            /* 划重点：这里判断是否到达终点 */
            if (cur is target)
                return step;
            /* 将 cur 的相邻节点加入队列 */
            for (Node x : cur.adj())
                if (x not in visited) {
                    q.offer(x);
                    visited.add(x);
                }
        }
        /* 划重点：在这里更新步数 */
        step++;
    }
}
```

队列 q 就不说了，是 BFS 的核心数据结构；`cur.adj()` 泛指与 `cur` 相邻的节点，比如在二维数组中，`cur` 上下左右四面的位置就是相邻节点；`visited` 的主要作用是防止走回头路，大部分时候都是必需的，但是像一般的二叉树结构，没有子节点到父节点的指针，不会走回头路就不需要 `visited`。

1.4.2　二叉树的最小高度

先来一个简单的问题实践一下 BFS 框架吧。我们都做过计算二叉树最大深度的算法题，**现在让你计算一棵二叉树的最小高度：**

输入一棵二叉树，请计算它的最小高度，也就是根节点到叶子节点的最短距离。

怎么套到 BFS 框架里呢？首先明确起点 start 和终点 target 是什么，以及怎么判断到达了终点。

显然起点就是 root 根节点，终点就是最靠近根节点的那个"叶子节点"， 叶子节点就是两个子节点都是 null 的节点：

```
if (cur.left == null && cur.right == null)
    // 到达叶子节点
```

那么，按照上述框架稍加改造来写解法即可：

```
int minDepth(TreeNode root) {
    if (root == null) return 0;
    Queue<TreeNode> q = new LinkedList<>();
    q.offer(root);
    // root 本身就是一层，将 depth 初始化为 1
    int depth = 1;

    while (!q.isEmpty()) {
        int sz = q.size();
        /* 将当前队列中的所有节点向四周扩散 */
        for (int i = 0; i < sz; i++) {
            TreeNode cur = q.poll();
            /* 判断是否到达终点 */
            if (cur.left == null && cur.right == null)
                return depth;
            /* 将 cur 的相邻节点加入队列 */
            if (cur.left != null)
                q.offer(cur.left);
            if (cur.right != null)
                q.offer(cur.right);
        }
        /* 在这里增加步数 */
        depth++;
    }
    return depth;
}
```

二叉树是很简单的数据结构，上述代码应该可以理解吧，其实其他复杂问题都是这个框架的变形，在探讨复杂问题之前，先解答两个问题。

1. 为什么 BFS 可以找到最短距离，DFS 不行吗？

首先，你看 BFS 的逻辑，`depth` 每增加一次，队列中的所有节点都向前迈一步，这个逻辑保证了一旦找到一个终点，走的步数是最少的。BFS 算法的时间复杂度最坏情况下是 $O(N)$。

DFS 不能找到最短路径吗？其实也是可以的，时间复杂度也是 $O(N)$，但是实际上比 BFS 低效很多。你想啊，DFS 实际上是靠递归的堆栈记录走过的路径的，你要找到最短路径，肯定要把二叉树中所有树权都探索完，然后才能对比出最短路径有多长对不对？而 BFS 借助队列做到一步一步"齐头并进"，是可以在还没遍历完整棵树的时候就找到最短距离的。所以说虽然二者在 Big O 衡量标准下，最坏时间复杂度相同，但实际上 BFS 肯定是更高效的。

形象点说，DFS 是线，BFS 是面；DFS 是单打独斗，BFS 是集体行动。这下应该比较容易理解吧。

2. 既然 BFS 那么好，为啥 DFS 还要存在？

BFS 可以找到最短距离，但是空间复杂度高，而 DFS 的空间复杂度较低。

还看刚才我们处理二叉树问题的例子，假设给你的这棵二叉树是满二叉树，节点数为 N，对于 DFS 算法来说，空间复杂度无非就是递归堆栈，在最坏情况下顶多就是树的高度，也就是 $O(\log N)$。但是对于 BFS 算法，队列中每次都会存储二叉树一层的节点，这样在最坏情况下空间复杂度应该是树的最下层节点的数量，也就是 $N/2$，用 Big O 表示的话就是 $O(N)$。

由此观之，BFS 还是有代价的，一般来说在找最短路径的时候使用 BFS，其他时候还是 DFS 用得多一些（主要是递归代码好写）。

好了，现在你对 BFS 了解得足够多了，下面来一道难一点的题目，深化对框架的理解吧。

1.4.3 解开密码锁的最少次数

"打开转盘锁"这个题目比较有意思：

你有一个带有四个圆形拨轮的转盘锁。每个拨轮都有 0~9 共 10 个数字。每个拨轮可以上下旋转：例如把 `"9"` 变为 `"0"`，`"0"` 变为 `"9"`，每次旋转只能将一个拨轮旋转一下。

转盘锁的四个拨轮初始都是 0，用字符串 `"0000"` 表示。现在给你输入一个列表 `deadends` 和一个字符串 `target`，其中 `target` 代表可以打开密码锁的数字，而 `deadends`

中包含了一组"死亡数字",你要避免拨出其中的任何一个密码。

请你写一个算法,计算从初始状态 `"0000"` 拨出 `target` 的最少次数,如果永远无法拨出 `target`,则返回 -1。

函数签名如下:

```
int openLock(String[] deadends, String target);
```

比如,输入 `deadends = ["1234", "5678"]`, `target = "0009"`,算法应该返回 1,因为只要把最后一个转轮拨一下就能得到了 `target`。

再比如,输入 `deadends = ["8887","8889","8878","8898","8788","8988","7888","9888"]`, `target = "8888"`,算法应该返回 -1。因为能够拨到 `"8888"` 的所有数字都在 `deadends` 中,所以不可能拨到 `target`。

题目中描述的就是生活中常见的那种密码锁,如果没有任何约束,最少的拨动次数很好算,就像我们平时开密码锁那样直奔密码拨就行了。

但现在的难点在于,不能出现 `deadends` 中的数字,应该如何计算最少的转动次数呢?

第一步,我们不管所有的限制条件,不管 `deadends` 和 `target` 的限制,就思考一个问题:如果让你设计一个算法,穷举所有可能的密码组合,你将怎么做?

穷举呗,再简单一点,如果你只转一下锁,有几种可能?总共有 4 个位置,每个位置可以向上转,也可以向下转,也就是有 8 种可能。

比如,从 `"0000"` 开始,转一次,可以穷举出 `"1000"`, `"9000"`, `"0100"`, `"0900"`……共 8 种密码。然后,再以这 8 种密码作为基础,对每种密码再转一下,穷举出所有可能……

仔细想想,这就可以抽象成一幅图,每个节点有 8 个相邻的节点,又让你求最短距离,这不就是典型的 BFS 嘛,这时框架就可以派上用场了,先写出一个"简陋"的 BFS 框架代码:

```java
// 将 s[j] 向上拨动一次
String plusOne(String s, int j) {
    char[] ch = s.toCharArray();
    if (ch[j] == '9')
        ch[j] = '0';
    else
        ch[j] += 1;
```

```java
        return new String(ch);
}
// 将 s[i] 向下拨动一次
String minusOne(String s, int j) {
    char[] ch = s.toCharArray();
    if (ch[j] == '0')
        ch[j] = '9';
    else
        ch[j] -= 1;
    return new String(ch);
}

// BFS 框架伪码，打印出所有可能的密码
void BFS(String target) {
    Queue<String> q = new LinkedList<>();
    q.offer("0000");

    while (!q.isEmpty()) {
        int sz = q.size();
        /* 将当前队列中的所有节点向周围扩散 */
        for (int i = 0; i < sz; i++) {
            String cur = q.poll();
            /* 判断是否到达终点 */
            System.out.println(cur);

            /* 将一个节点的相邻节点加入队列 */
            for (int j = 0; j < 4; j++) {
                String up = plusOne(cur, j);
                String down = minusOne(cur, j);
                q.offer(up);
                q.offer(down);
            }
        }
        /* 在这里增加步数 */
    }
    return;
}
```

注意：这段代码当然有很多问题，但是我们做算法题肯定不是一蹴而就的，而是从简陋到完美的。不要完美主义，咱要慢慢来。

这段 BFS 代码已经能够穷举所有可能的密码组合了，但是显然不能完成题目，还有如下问题需要解决：

1　会走回头路。比如，从 `"0000"` 拨到 `"1000"`，但是等从队列中拿出 `"1000"` 时，还会拨出一个 `"0000"`，这样会产生死循环。

2　没有终止条件，按照题目要求，我们找到 `target` 就应该结束并返回拨动的次数。

3　没有对 `deadends` 的处理，按道理这些"死亡密码"是不能出现的，也就是说你遇到这些密码的时候需要跳过，不能进行任何操作。

如果你能看懂上面那段代码，真得给你鼓掌，只要按照 BFS 框架在对应的位置稍做修改即可修复这些问题：

```java
int openLock(String[] deadends, String target) {
    // 记录需要跳过的死亡密码
    Set<String> deads = new HashSet<>();
    for (String s : deadends) deads.add(s);
    // 记录已经穷举过的密码，防止走回头路
    Set<String> visited = new HashSet<>();
    Queue<String> q = new LinkedList<>();
    // 从起点开始启动广度优先搜索
    int step = 0;
    q.offer("0000");
    visited.add("0000");

    while (!q.isEmpty()) {
        int sz = q.size();
        /* 将当前队列中的所有节点向周围扩散 */
        for (int i = 0; i < sz; i++) {
            String cur = q.poll();

            /* 判断密码是否合法，是否到达终点 */
            if (deads.contains(cur))
                continue;
            if (cur.equals(target))
                return step;

            /* 将一个节点的未遍历相邻节点加入队列 */
            for (int j = 0; j < 4; j++) {
                String up = plusOne(cur, j);
                if (!visited.contains(up)) {
                    q.offer(up);
                    visited.add(up);
```

```
            }
            String down = minusOne(cur, j);
            if (!visited.contains(down)) {
                q.offer(down);
                visited.add(down);
            }
        }
    }
    /* 在这里增加步数 */
    step++;
    }
    // 如果穷举完都没找到目标密码，那就是找不到了
    return -1;
}
```

至此，我们就解决这道题目了。**还有一个比较小的优化：`deads` 集合和 `visited` 集合都是记录不合法访问的集合，所以可以不需要 `visited` 这个哈希集合，直接将遍历过的元素加到 `deads` 集合中**，这样可能更加优雅一些，但从 Big O 表示法来看，空间复杂度是一样的。这个优化可以留给读者来做。

你以为到这里 BFS 算法就结束了？恰恰相反，BFS 算法还有一种稍微高级一点的优化思路：**双向 BFS**，可以进一步提高算法的效率。

篇幅所限，这里仅提一下区别：**传统的 BFS 框架是从起点开始向四周扩散，遇到终点时停止；而双向 BFS 则是从起点和终点同时开始扩散，当两边有交集的时候停止。**

为什么这样能够提升效率呢？其实从 Big O 表示法分析算法复杂度的话，它俩的最坏复杂度都是 $O(N)$，但是实际上双向 BFS 确实会快一些，我给你画两张图看一眼就明白了：

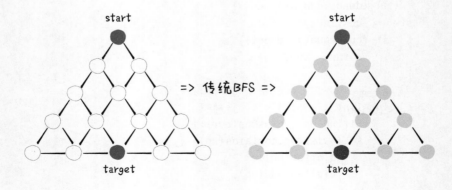

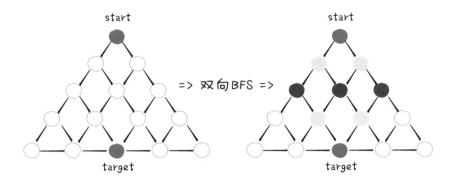

对于图中的树形结构，如果终点在底部，按照传统 BFS 算法的策略，会把整棵树的节点都搜索一遍，最后找到 `target`；而双向 BFS 其实只遍历了半棵树就出现了交集，也就是找到了最短距离。从这个例子可以直观地感受到，双向 BFS 是要比传统 BFS 高效的。

不过，双向 BFS 也有局限，因为你必须知道终点在哪里。比如前面讨论的二叉树最小高度的问题，你一开始根本就不知道终点在哪里，也就无法使用双向 BFS；但是第二个密码锁的问题是可以使用双向 BFS 算法来提高效率的，对代码稍加修改即可：

```java
int openLock(String[] deadends, String target) {
    Set<String> deads = new HashSet<>();
    for (String s : deadends) deads.add(s);
    // 用集合不用队列，可以快速判断元素是否存在
    Set<String> q1 = new HashSet<>();
    Set<String> q2 = new HashSet<>();
    Set<String> visited = new HashSet<>();
    // 初始化起点和终点
    q1.add("0000");
    q2.add(target);
    int step = 0;

    while (!q1.isEmpty() && !q2.isEmpty()) {
        // 在遍历的过程中不能修改哈希集合，
        // 用 temp 存储 q1 的扩散结果
        Set<String> temp = new HashSet<>();

        /* 将 q1 中的所有节点向周围扩散 */
        for (String cur : q1) {
```

```
        /* 判断是否到达终点 */
        if (deads.contains(cur))
            continue;
        if (q2.contains(cur))
            return step;
        visited.add(cur);

        /* 将一个节点的未遍历相邻节点加入集合 */
        for (int j = 0; j < 4; j++) {
            String up = plusOne(cur, j);
            if (!visited.contains(up))
                temp.add(up);
            String down = minusOne(cur, j);
            if (!visited.contains(down))
                temp.add(down);
        }
    }
    /* 在这里增加步数 */
    step++;
    // temp 相当于 q1
    // 在这里交换 q1 和 q2，下一轮 while 会扩散 q2
    q1 = q2;
    q2 = temp;
    }
    return -1;
}
```

双向 BFS 还是会遵循标准 BFS 算法框架的，只是**不再使用队列，而是使用 HashSet 方便、快速地判断两个集合是否有交集**。

另一个技巧点就是在 while 循环的最后交换 q1 和 q2 的内容，所以只要默认扩散 q1 就相当于轮流扩散 q1 和 q2。

其实双向 BFS 还有一个优化，那就是在 while 循环开始时做了一个判断：

```
// ...
while (!q1.isEmpty() && !q2.isEmpty()) {
    if (q1.size() > q2.size()) {
        // 交换 q1 和 q2
```

```
    Set<String> tempForSwap = q1;
    q1 = q2;
    q2 = tempForSwap;
}
// ...
```

为什么这是一个优化呢？

因为按照 BFS 的逻辑，队列（集合）中的元素越多，扩散之后新的队列（集合）中的元素就越多；在双向 BFS 算法中，如果每次都选择一个较小的集合进行扩散，那么占用的空间增长速度就会慢一些，尽可能以最小的空间代价产生 **q1** 和 **q2** 的交集，这样效率就会高一些。

不过话说回来，**无论传统 BFS 还是双向 BFS，无论做不做优化，从 Big O 的衡量标准来看，空间复杂度都是一样的**。双向 BFS 应该是一种技巧，把它作为提高能力的技巧吧。关键是把 BFS 通用框架记下来，反正所有 BFS 算法都可以用它套出解法，以不变应万变。

1.5 双指针技巧套路框架

我把双指针技巧分为两类，一类是"快、慢指针"，一类是"左、右指针"。前者主要解决链表中的问题，比如典型的判定链表中是否包含环；后者主要解决数组（或者字符串）中的问题，比如二分搜索。

1.5.1 快、慢指针的常用算法

快、慢指针一般会初始化指向链表的头节点 `head`，前进时快指针 `fast` 在前，慢指针 `slow` 在后，巧妙解决一些链表中的问题。

1. 判定链表中是否含有环

这应该属于链表的基础问题了，链表的特点是每个节点只知道下一个节点，所以一个指针是无法判断链表中是否含有环的。

如果链表中不含环，那么这个指针最终会遇到空指针 `null`，表示链表到头了，这还好说，可以判断该链表不含环：

```
boolean hasCycle(ListNode head) {
    while (head != null)
        head = head.next;
    return false;
}
```

但是如果链表中含有环，上面这段代码就会陷入死循环，因为环形链表中没有 `null` 指针作为尾部节点，比如下面这种情况：

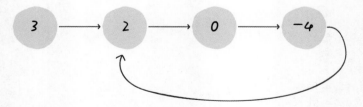

判断单链表是否包含环，经典解法就是用双指针，一个跑得快，一个跑得慢。**如果不含有环，跑得快的那个指针最终会遇到 `null`，说明链表不含环；如果含有环，快指针最终会超慢指针 1 圈，和慢指针相遇，说明链表含有环。**

```
boolean hasCycle(ListNode head) {
    ListNode fast, slow;
    // 初始化快、慢指针指向头节点
    fast = slow = head;
    while (fast != null && fast.next != null) {
        // 快指针每次前进两步
        fast = fast.next.next;
        // 慢指针每次前进一步
        slow = slow.next;
        // 如果存在环，快、慢指针必然相遇
        if (fast == slow) return true;
    }
    return false;
}
```

2. 已知链表中含有环，返回这个环的起始位置

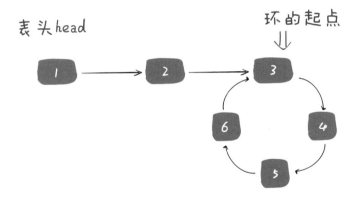

其实这个问题一点都不困难，有点类似脑筋急转弯，先直接看代码：

```
ListNode detectCycle(ListNode head) {
    ListNode fast, slow;
    fast = slow = head;
    while (fast != null && fast.next != null) {
        fast = fast.next.next;
        slow = slow.next;
        if (fast == slow) break;
    }
    // 上面的代码类似 hasCycle 函数
    // 先把一个指针重新指向 head
```

```
    slow = head;
    while (slow != fast) {
        // 两个指针以相同的速度前进
        fast = fast.next;
        slow = slow.next;
    }
    // 两个指针相遇的那个单链表节点就是环的起点
    return slow;
}
```

可以看到，当快、慢指针相遇时，让其中任何一个指针指向头节点，然后让两个指针以相同速度前进，再次相遇时所在的节点位置就是环开始的位置。这是为什么呢?

第一次相遇时，假设慢指针 slow 走了 k 步，那么快指针 fast 一定走了 2k 步，也就是说比 slow 多走了 k 步 (环长度的整数倍)。

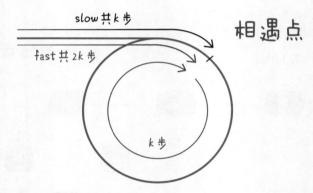

设相遇点与环的起点的距离为 m，那么环的起点与头节点 head 的距离为 k-m，也就是说从 head 前进 k-m 步就能到达环起点。

巧的是，如果从相遇点继续前进 k-m 步，也恰好到达环起点。

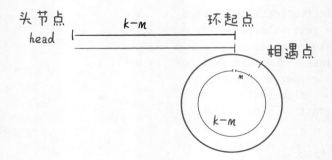

所以，只要我们把快、慢指针中的任意一个重新指向 `head`，然后两个指针同速前进，`k - m` 步后就会相遇，相遇之处就是环的起点。

3. 寻找无环单链表的中点

一个直接的想法是：先遍历一遍链表，算出链表的长度 `n`，然后再一次遍历链表，走 `n/2` 步，这样就得到了链表的中点。

这个思路当然没毛病，但是有点不优雅。比较漂亮的解法是利用双指针技巧，我们还可以让快指针一次前进两步，慢指针一次前进一步，当快指针到达链表尽头时，慢指针就处于链表的中间位置。

```
while (fast != null && fast.next != null) {
    fast = fast.next.next;
    slow = slow.next;
}
// slow 就在中间位置了
return slow;
```

当链表的长度是奇数时，`slow` 恰巧停在中点位置；当链表的长度是偶数时，`slow` 最终的位置是中间偏右：

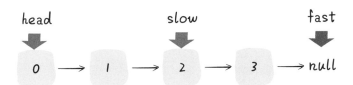

寻找链表中点的一个重要作用是对链表进行归并排序。

回想数组的归并排序：递归地把数组平分成两部分，然后对两部分进行排序，最后合并两个有序数组。对于链表，合并两个有序链表是很简单的，难点就在于二分，学会了快、慢指针找链表中点的技巧，相信你是可以参考数组的归并排序算法写出链表的排序算法的。

4. 寻找单链表的倒数第 `k` 个元素

类似找单链表的中点，我们的思路还是使用快慢指针，让快指针先走 `k` 步，然后快、慢指针开始同速前进。这样当快指针走到链表末尾 `null` 时，慢指针所在的位置就是倒数第 `k` 个链表节点（为了简化，假设 `k` 不会超过链表长度）：

```
ListNode slow, fast;
slow = fast = head;
while (k-- > 0)
    fast = fast.next;

while (fast != null) {
    slow = slow.next;
    fast = fast.next;
}
return slow;
```

1.5.2 左、右指针的常用算法

左、右指针一般运用在数组问题中，实际是指两个索引值，一般初始化为 `left = 0`, `right = len(nums) - 1`。

1. 二分搜索

在"1.6.1 二分搜索框架"中会对二分搜索的细节进行详细讲解，并提供一套二分搜索算法的框架。这里只写最简单的二分查找算法，旨在突出它的双指针特性：

```
int binarySearch(int[] nums, int target) {
    // 左、右指针在数组的两端初始化
    int left = 0;
    int right = nums.length - 1;
    while(left <= right) {
        int mid = (right + left) / 2;
        if(nums[mid] == target)
            return mid;
        else if (nums[mid] < target)
            left = mid + 1;
        else if (nums[mid] > target)
            right = mid - 1;
    }
    return -1;
}
```

2. 两数之和

直接看一个算法题吧：

输入一个**已按照升序排列**的有序数组 `nums` 和一个目标值 `target`，在 `nums` 中找到两个数使得它们相加之和等于 `target`，请返回这两个数的索引（可以假设这两个数一定存在，索引从 1 开始算）。

函数签名如下：

```
int[] twoSum(int[] nums, int target);
```

比如输入 `nums = [2,7,11,15]`, `target = 13`，算法返回 `[1,3]`。

只要数组有序，就应该想到双指针技巧。这道题的解法有点类似二分搜索，通过 `sum` 的大小来调节 `left` 和 `right` 的移动：

```java
int[] twoSum(int[] nums, int target) {
    // 左、右指针在数组的两端初始化
    int left = 0, right = nums.length - 1;
    while (left < right) {
        int sum = nums[left] + nums[right];
        if (sum == target) {
            // 题目要求的索引是从 1 开始的
            return new int[]{left + 1, right + 1};
        } else if (sum < target) {
            left++; // 让 sum 大一点
        } else if (sum > target) {
            right--; // 让 sum 小一点
        }
    }
    return new int[]{-1, -1};
}
```

3. 反转数组

一般的编程语言都会提供反转数组的函数，不过我们还是要了解一下这个简单的功能是怎么实现的：

```java
void reverse(int[] nums) {
    int left = 0;
    int right = nums.length - 1;
    while (left < right) {
        // 交换 nums[left] 和 nums[right]
        int temp = nums[left];
        nums[left] = nums[right];
```

```
        nums[right] = temp;
        left++; right--;
    }
}
```

4. 滑动窗口算法

这也许是双指针技巧的最高境界了，严格来说，它是快、慢指针在数组（字符串）上的应用。如果掌握了滑动窗口算法，就可以解决一大类字符串匹配的问题，不过该算法比前面介绍的算法稍微复杂一些。

幸运的是，这类算法是有框架模板的，值得拿出一定的篇幅来介绍滑动窗口算法技巧。下一节将讲解滑动窗口算法模板，帮助大家快速解决子串匹配的问题。

1.6 　我写了首诗，保你闭着眼睛都能写出二分搜索算法

先给大家讲个笑话开心一下：

有一天阿东到图书馆借了 N 本书，出图书馆的时候，警报响了，于是保安把阿东拦下，要检查哪本书没有登记出借。阿东正准备把每一本书放在报警器下过一下，以找出引发警报的书，但是保安露出不屑的眼神：你连二分搜索都不会吗？

于是保安把书分成两堆，让第一堆过一下报警器，报警器响；于是再把这堆书分成两堆…… 最终，检测了 logN 次之后，保安成功地找到了那本引起警报的书，露出了得意和嘲讽的笑容。于是阿东背着剩下的书走了。

从此，图书馆丢了 N-1 本书。

二分搜索并不简单，Knuth "大佬"（发明 KMP 算法的那位）是这么评价二分搜索的：

Although the basic idea of binary search is comparatively straightforward, the details can be surprisingly tricky ......

翻译过来意思就是：**思路很简单，细节是魔鬼**。很多人喜欢拿整型溢出的 bug 说事，但是二分搜索真正的 "坑" 根本就不是那个细节问题，而是在于到底要给 `mid` 加一还是减一，while 里到底用 `<=` 还是 `<`。

你要是没有正确理解这些细节，写二分查找算法肯定就是玄学编程，有没有 bug 只能靠菩萨保佑。**我特意写了一首诗来歌颂该算法，建议朗诵：**

二分搜索套路歌

二分搜索不好记，左右边界让人迷。小于等于变小于，mid 加一又减一。

就算这样还没完，return 应否再减一？信心满满刷力扣，通过比率二十一。

我本将心向明月，奈何明月照沟渠！ labuladong 从天降，一同手撕算法题。

管它左侧还右侧，搜索区间定乾坤。搜索一个元素时，搜索区间两端闭。

while 条件带等号，否则需要打补丁。if 相等就返回，其他的事甭操心。

mid 必须加减一，因为区间两端闭。while 结束就凉了，凄凄惨惨返 -1。

搜索左右边界时，搜索区间要阐明。左闭右开最常见，其余逻辑便自明：

while 要用小于号，这样才能不漏掉。if相等别返回，利用 mid 锁边界。

mid 加一或减一？要看区间开或闭。while 结束不算完，因为你还没返回。

索引可能出边界，if检查保平安。左闭右开最常见，难道常见就合理？

labuladong 不信邪，偏要改成两端闭。搜索区间记于心，或开或闭有何异？

二分搜索三变体，逻辑统一容易记。一套框架改两行，胜过千言和万语。

本节就来探究几个最常用的二分搜索场景：寻找一个数，寻找左侧边界，寻找右侧边界。而且，我们就是要深入细节，比如不等号是否应该带等号，mid 是否应该加一，等等。分析这些细节的差异及出现这些差异的原因，有助于你灵活准确地写出正确的二分搜索算法。

1.6.1 二分搜索框架

先写一下二分搜索的框架，后面的几种二分搜索的变形都是基于这个代码框架的：

```
int binarySearch(int[] nums, int target) {
    int left = 0, right = ...;
    while(...) {
        int mid = left + (right - left) / 2;
        if (nums[mid] == target) {
            ...
        } else if (nums[mid] < target) {
            left = ...
        } else if (nums[mid] > target) {
            right = ...
        }
    }
    return ...;
}
```

分析二分搜索的一个技巧是：不要出现 else，而是把所有情况用 else if 写清楚，这样可以清楚地展现所有细节。本节都会使用 else if，旨在讲清楚，读者理解后可自行修改简化。

其中由 ⬜ 标记的部分，就是可能出现细节问题的地方，当你见到一个二分搜索的代码时，首先注意这几个地方。后面用实例分析这些地方能有什么样的变化。

另外声明一下，计算 mid 时需要防止溢出。代码中 `left + (right - left) / 2` 和 `(left + right) / 2` 的结果相同，但如果 `left` 和 `right` 太大，直接相加会导致整型溢出，而改写成 `left + (right - left) / 2` 则不会出现溢出。

1.6.2　寻找一个数（基本的二分搜索）

这个场景是最简单的，可能也是大家最熟悉的，即搜索一个数，如果存在，则返回其索引，否则返回 -1：

```
int binarySearch(int[] nums, int target) {
    int left = 0;
    int right = nums.length - 1; // 注意

    while(left <= right) {
        int mid = left + (right - left) / 2;
        if(nums[mid] == target)
            return mid;
        else if (nums[mid] < target)
            left = mid + 1; // 注意
        else if (nums[mid] > target)
            right = mid - 1; // 注意
    }
    return -1;
}
```

1. 为什么 while 循环的条件中是 <=，而不是 <？

答：因为初始化 `right` 的赋值是 `nums.length - 1`，即最后一个元素的索引，而不是 `nums.length`。

这二者可能出现在不同功能的二分搜索中，区别是：前者相当于两端都闭区间 `[left, right]`，后者相当于左闭右开区间 `[left, right)`，因为索引大小为 `nums.length` 是越界的。

我们这个算法中使用的是前者 `[left, right]`，两端都闭的区间。**这个区间其实就是每次进行搜索的区间。**

什么时候应该停止搜索呢？当然，找到了目标值的时候可以停止：

```
if(nums[mid] == target)
    return mid;
```

但如果没找到，就需要 while 循环终止，然后返回 -1。那 while 循环应该什么时候终止？**应该在搜索区间为空的时候终止**，意味着你没得找了，就等于没找到嘛。

`while(left <= right)` 的终止条件是 `left == right + 1`，写成区间的形式就是 `[right + 1, right]`，我们带个具体的数字进去，即 `[3, 2]`，可见**这时候区间为空**，因为没有数字既大于或等于 3 又小于或等于 2。所以这时候终止 while 循环是正确的，直接返回 -1 即可。

`while(left < right)` 的终止条件是 `left == right`，写成区间的形式就是 `[left, right]`，带个具体的数字进去，即 `[2, 2]`，**这时候区间非空**，还有一个数 2，但此时 while 循环终止了。也就是说，区间 `[2, 2]` 被漏掉了，索引 2 没有被搜索，如果这时候直接返回 -1，可能是错误的。

当然，如果你非要用 `while(left < right)` 也可以，我们已经知道了出错的原因就是少检查了一个元素，那么就在最后打个补丁，单独检查一下这个元素就好了：

```
int binarySearch(int[] nums, int target) {
    int left = 0;
    int right = nums.length - 1;
    while(left < right) {
        // ...
    }
    // while 循环的终止条件是 left == right
    return nums[left] == target ? left : -1;
}
```

2. 为什么 `left = mid + 1` 和 `right = mid - 1`？我看有的代码是 `right = mid` 或者 `left = mid`，没有这些加加减减，到底是怎么回事，怎么判断？

答：这也是二分搜索的一个难点，不过只要你能理解前面的内容，就很容易判断。

刚才明确了"搜索区间"这个概念，而且该算法的搜索区间是两端都闭的，即 `[left, right]`。那么当我们发现索引 `mid` 不是要找的 `target` 时，下一步应该去搜索哪里呢？

当然是去搜索 `[left, mid-1]` 或 `[mid+1, right]` 对不对？**因为 `mid` 已经搜索过，应该从搜索区间去除。**

3. 该算法有什么缺陷？

答：至此，你应该已经掌握了该算法的所有细节，以及这样处理的原因。但是，这个算法存在局限性，你也应该知道。

比如，提供给你有序数组 `nums = [1,3,3,3,4]`，`target` 为 3，此算法返回的是正中间的索引 2，没错。但是如果我想得到 `target` 的左侧边界，即索引 1，或者想得到 `target` 的右侧边界，即索引 3，则算法是无法处理的。

这样的需求很常见，**你也许会说，找到一个 `target`，然后向左或向右线性搜索不行吗？可以，但是不好，因为这样难以保证二分搜索对数级的复杂度了。**

我们后续就来讨论这两种二分搜索算法的变体。

1.6.3 寻找左侧边界的二分搜索

以下是最常见的代码形式，其中的标记是需要注意的细节：

```
int left_bound(int[] nums, int target) {
    if (nums.length == 0) return -1;
    int left = 0;
    int right = nums.length; // 注意

    while (left < right) { // 注意
        int mid = (left + right) / 2;
        if (nums[mid] == target) {
            right = mid;
        } else if (nums[mid] < target) {
            left = mid + 1;
        } else if (nums[mid] > target) {
            right = mid; // 注意
        }
    }
    return left;
}
```

1. 为什么 while 中是 < 而不是 <= ？

答：类似基本的二分搜索，因为 `right = nums.length` 而不是 `right = nums.length - 1`。因此每次循环的"搜索区间"是 `[left, right)`，左闭右开。

`while(left < right)` 的终止条件是 `left == right`，此时搜索区间 `[left, left)` 为空，所以可以正确终止。

注意：这里先要说一个搜索左、右边界的二分搜索算法和常规二分搜索算法的区别。**刚才的 `right` 不是初始化为 `nums.length - 1` 了嘛，为什么这里非要初始化成 `nums.`**

`length`，使得"搜索区间"变成左闭右开呢？

因为对于搜索左右侧边界的二分搜索，这种写法比较普遍，我就拿这种写法举例了，保证你以后遇到这类代码时可以理解。你非要两端都闭当然没问题，写法反而更简单，我会在后面写相关的代码，把三种二分搜索都用一种两端都闭的写法统一起来，耐心往后看就行了。

2. 为什么没有返回 −1 的操作？如果 `nums` 中不存在 `target` 这个值该怎么办？

答：其实对于寻找边界的二分搜索，一般来说是不用返回 -1 的，`target` 是否存在，需要算法的调用者得到结果后自己对比判断。但是如果你想实现返回 -1 的功能也不难，一步一步来，先理解这个"左侧边界"有什么特殊含义：

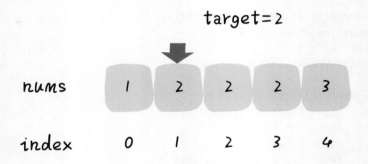

对于这个数组，算法会返回 1。这个 1 的含义可以这样解读：`nums` 中小于 2 的元素有 1 个。

比如，对于有序数组 `nums = [2,3,5,7]`，`target = 1`，算法会返回 0，含义是：`nums` 中小于 1 的元素有 0 个。

再比如，`nums = [2,3,5,7]`，`target = 8`，算法会返回 4，含义是：`nums` 中小于 8 的元素有 4 个。

综上可知，函数的返回值（即 `left` 变量的值）取值区间是闭区间 `[0, nums.length]`，所以我们简单添加两行代码就能在正确的时候返回 -1：

```
while (left < right) {
    //...
}
// target 比所有数都大，显然不存在
if (left == nums.length) return -1;
```

```
// 类似之前算法的处理方式
return nums[left] == target ? left : -1;
```

3. 为什么 `left = mid + 1`, `right = mid`？和之前的算法不一样？

答：依然是"搜索区间"的问题，因为我们的"搜索区间"是 `[left, right)` 左闭右开的，所以在 `nums[mid]` 被检测之后，下一步的搜索区间应该去掉 `mid` 分割成两个区间，即 `[left, mid)` 或 `[mid + 1, right)`。

4. 为什么该算法能够搜索左侧边界？

答：关键在于对 `nums[mid] == target` 这种情况的处理：

```
if (nums[mid] == target)
    right = mid;
```

可见，找到 target 时不要立即返回，而是缩小"搜索区间"的上界 `right`，在区间 `[left, mid)` 中继续搜索，即不断向左收缩，达到锁定左侧边界的目的。

5. 为什么返回 `left` 而不是 `right`？

答：都是一样的，因为 while 的终止条件是 `left == right`。

6. 能不能想办法把 `right` 变成 `nums.length - 1`，也就是继续使用两边都闭的"搜索区间"？这样就可以和第一种二分搜索在逻辑上统一起来了。

答：当然可以，只要你明白了"搜索区间"这个概念，就能有效避免漏掉元素，随便你怎么改都行。下面严格地根据逻辑来修改。

因为你非要让搜索区间两端都闭，所以应该初始化 `right` 为 `nums.length - 1`，while 的终止条件应该是 `left == right + 1`，也就是其中应该用 `<=`：

```
int left_bound(int[] nums, int target) {
    // 搜索区间为 [left, right]
    int left = 0, right = nums.length - 1;
    while (left <= right) {
        int mid = left + (right - left) / 2;
        // if else ...
    }
```

因为搜索区间是两端都闭的，且现在搜索左侧边界，所以 `left` 和 `right` 的更新逻辑如下：

```
if (nums[mid] < target) {
    // 搜索区间变为 [mid+1, right]
    left = mid + 1;
} else if (nums[mid] > target) {
    // 搜索区间变为 [left, mid-1]
    right = mid - 1;
} else if (nums[mid] == target) {
    // 收缩右侧边界，锁定左侧边界
    right = mid - 1;
}
```

由于 while 的退出条件是 left == right + 1，所以当 target 比 nums 中所有元素都大时，会存在以下情况使得索引越界：

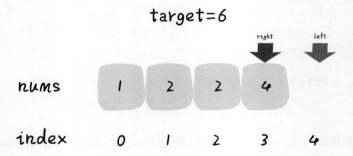

因此，最后返回结果的代码应该检查越界情况：

```
if (left >= nums.length || nums[left] != target)
    return -1;
return left;
```

至此，整个算法就写完了，完整代码如下：

```
int left_bound(int[] nums, int target) {
    int left = 0, right = nums.length - 1;
    // 搜索区间为 [left, right]
    while (left <= right) {
        int mid = left + (right - left) / 2;
        if (nums[mid] < target) {
            // 搜索区间变为 [mid+1, right]
            left = mid + 1;
        } else if (nums[mid] > target) {
```

```
            // 搜索区间变为 [left, mid-1]
            right = mid - 1;
        } else if (nums[mid] == target) {
            // 收缩右侧边界
            right = mid - 1;
        }
    }
    // 检查出界情况
    if (left >= nums.length || nums[left] != target)
        return -1;
    return left;
}
```

这样就和第一种二分搜索算法统一了，都是两端都闭的"搜索区间"，而且最后返回的也是 left 变量的值。只要深入理解"搜索区间"的更新逻辑，两种写法大家看自己喜欢哪种就记哪种吧。

1.6.4　寻找右侧边界的二分搜索

类似寻找左侧边界的算法，这里也会提供两种写法。依然先写比较常见的左闭右开的写法，只有两处和搜索左侧边界不同，已标注：

```
int right_bound(int[] nums, int target) {
    if (nums.length == 0) return -1;
    int left = 0, right = nums.length;

    while (left < right) {
        int mid = (left + right) / 2;
        if (nums[mid] == target) {
            left = mid + 1; // 注意
        } else if (nums[mid] < target) {
            left = mid + 1;
        } else if (nums[mid] > target) {
            right = mid;
        }
    }
    return left - 1; // 注意
}
```

1. 为什么这个算法能够找到右侧边界？

答：类似地，关键点还是这里：

```
if (nums[mid] == target) {
    left = mid + 1;
```

当 `nums[mid] == target` 时，不要立即返回，而是增大"搜索区间"的下界 `left`，使得区间不断向右收缩，达到锁定右侧边界的目的。

2. 为什么最后返回 `left - 1` 而不像左侧边界的函数那样返回 `left`？而且我觉得这里既然是搜索右侧边界，应该返回 `right` 才对吧？

答：首先，while 循环的终止条件是 `left == right`，所以 `left` 和 `right` 是一样的，你非要体现右侧的特点，返回 `right - 1` 好了。

至于为什么要减1，这是搜索右侧边界的一个特殊点，关键在这个条件判断语句：

```
if (nums[mid] == target) {
    left = mid + 1;
    // 这样想：mid = left - 1
```

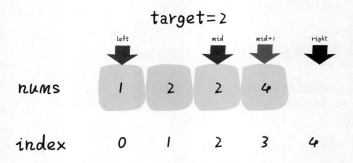

因为我们对 `left` 的更新必须是 `left = mid + 1`，也就是说 while 循环终止时，`nums[left]` 一定不等于 `target` 了，而 `nums[left-1]` 可能等于 `target`。

至于为什么 `left` 的更新必须是 `left = mid + 1`，与寻找左侧边界的二分搜索一样，主要在于"搜索区间"的更新，这里不再赘述。

3. 为什么没有返回 −1 的操作？如果 `nums` 中不存在 `target` 这个值，怎么办？

答：类似之前的左侧边界搜索，因为 while 的终止条件是 `left == right`，也就是说 `left` 的取值范围是 `[0, nums.length]`，当 `left` 取到 0 时，`left - 1` 显然索引越界了，所以可以添加两行代码，正确地返回 -1：

```
while (left < right) {
```

```
    // ...
}
if (left == 0) return -1;
return nums[left-1] == target ? (left-1) : -1;
```

4. 是否也可以把这个算法的"搜索区间"统一成两端都闭的形式呢？这样这些写法就完全统一了，以后就可以闭着眼睛写出来了。

答：当然可以，类似搜索左侧边界的统一写法，其实只要改两个地方就行了：

```
int right_bound(int[] nums, int target) {
    int left = 0, right = nums.length - 1;
    while (left <= right) {
        int mid = left + (right - left) / 2;
        if (nums[mid] < target) {
            left = mid + 1;
        } else if (nums[mid] > target) {
            right = mid - 1;
        } else if (nums[mid] == target) {
            // 这里改成收缩左侧边界即可
            left = mid + 1;
        }
    }
    // 这里改为检查 right 越界的情况，见下图
    if (right < 0 || nums[right] != target)
        return -1;
    return right;
}
```

当 target 比所有元素都小时，right 会被减到 -1，所以需要在最后防止越界：

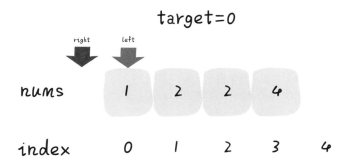

至此，搜索右侧边界的二分搜索的两种写法也完成了，其实将"搜索区间"统一成两端都闭反而更容易记忆，是吧？

1.6.5 逻辑统一

下面梳理一下这些细节差异的因果逻辑。

第一个，最基本的二分搜索算法：

因为我们初始化 `right = nums.length - 1`
所以决定了我们的"搜索区间"是 [left, right]
所以决定了 `while (left <= right)`
同时也决定了 `left = mid+1` 和 `right = mid-1`

因为我们只需找到一个 `target` 的索引即可
所以当 `nums[mid] == target` 时可以立即返回

第二个，寻找左侧边界的二分搜索：

因为我们初始化 `right = nums.length`
所以决定了我们的"搜索区间"是 [left, right)
所以决定了 `while (left < right)`
同时也决定了 `left = mid + 1` 和 `right = mid`

因为我们需要找到 `target` 的最左侧索引
所以当 `nums[mid] == target` 时不要立即返回
而要收缩右侧边界以锁定左侧边界

第三个，寻找右侧边界的二分搜索：

因为我们初始化 `right = nums.length`
所以决定了我们的"搜索区间"是 [left, right)
所以决定了 `while (left < right)`
同时也决定了 `left = mid + 1` 和 `right = mid`

因为我们需要找到 `target` 的最右侧索引
所以当 `nums[mid] == target` 时不要立即返回
而要收缩左侧边界以锁定右侧边界

又因为收缩左侧边界时必须 `left = mid + 1`
所以最后无论返回 left 还是 right，必须减 1

对于寻找左右边界的二分搜索，常见的方式是使用左闭右开的"搜索区间"，**我们还根据逻辑将"搜索区间"全都统一成了两端都闭，便于记忆，只要修改两处即可变化出三种写法：**

```java
int binary_search(int[] nums, int target) {
    int left = 0, right = nums.length - 1;
    while(left <= right) {
        int mid = left + (right - left) / 2;
        if (nums[mid] < target) {
            left = mid + 1;
        } else if (nums[mid] > target) {
            right = mid - 1;
        } else if(nums[mid] == target) {
            // 直接返回
            return mid;
        }
    }
    // 直接返回
    return -1;
}

int left_bound(int[] nums, int target) {
    int left = 0, right = nums.length - 1;
    while (left <= right) {
        int mid = left + (right - left) / 2;
        if (nums[mid] < target) {
            left = mid + 1;
        } else if (nums[mid] > target) {
            right = mid - 1;
        } else if (nums[mid] == target) {
            // 别返回，收缩右边界，锁定左侧边界
            right = mid - 1;
        }
    }
    // 最后要检查 left 越界的情况
    if (left >= nums.length || nums[left] != target)
        return -1;
    return left;
}


int right_bound(int[] nums, int target) {
```

```
    int left = 0, right = nums.length - 1;
    while (left <= right) {
        int mid = left + (right - left) / 2;
        if (nums[mid] < target) {
            left = mid + 1;
        } else if (nums[mid] > target) {
            right = mid - 1;
        } else if (nums[mid] == target) {
            // 别返回，收缩左侧边界，锁定右侧边界
            left = mid + 1;
        }
    }
    // 最后要检查 right 越界的情况
    if (right < 0 || nums[right] != target)
        return -1;
    return right;
}
```

如果以上内容你都能理解，那么恭喜你，二分搜索算法的细节不过如此。

通过本节内容，你学会了：

1　分析二分搜索代码时，不要出现 else，全部展开成 else if，方便理解。

2　注意"搜索区间"和 while 的终止条件，搞清楚"搜索区间"的开闭情况非常重要，left 和 right 的更新完全取决于"搜索区间"，如果存在漏掉的元素，记得在最后检查。

3　若需要定义左闭右开的"搜索区间"搜索左、右边界，只要在 nums[mid] == target 时做修改即可，搜索右侧边界时需要减 1。

4　如果将"搜索区间"全都统一成两端都闭，好记，只要稍改 nums[mid] == target 条件处的代码和函数返回的代码逻辑即可，**推荐拿小本子记下这些内容，作为二分搜索模板**。

1.7 我写了一个模板，把滑动窗口算法变成了默写题

鉴于"1.6 我写了首诗，保你闭着眼睛都能写二分搜索算法"的那首《二分搜索套路歌》很受好评，并在网上广为流传，成为安睡助眠的一剂良方，今天在滑动窗口算法框架中，我再次编写一首小诗来歌颂滑动窗口算法的伟大：

滑动窗口防滑记

链表子串数组题，用双指针别犹豫。双指针家三兄弟，各个都是万人迷。

快慢指针最神奇，链表操作无压力。归并排序找中点，链表成环搞判定。

左右指针最常见，左右两端相向行。反转数组要靠它，二分搜索是弟弟。

滑动窗口最困难，子串问题全靠它。左右指针滑窗口，一前一后齐头进。

labuladong 稳若"狗"，一套框架不翻车。一路漂移带闪电，算法变成默写题。

关于双指针的快慢指针和左右指针的用法，可以参见"1.5 双指针技巧套路框架"，本节就解决一类最难掌握的双指针技巧：滑动窗口技巧。总结出一套框架，可以帮你轻松写出正确的解法。

说起滑动窗口算法，很多读者都会头疼。这个算法技巧的思路非常简单，就是维护一个窗口，不断滑动，然后更新答案。LeetCode 上有起码 10 道运用滑动窗口算法的题目，难度都是中等和困难。该算法的大致逻辑如下：

```
int left = 0, right = 0;

while (right < s.size()) {
    // 增大窗口
    window.add(s[right]);
    right++;

    while (window needs shrink) {
        // 缩小窗口
        window.remove(s[left]);
        left++;
    }
}
```

这个算法技巧的时间复杂度是 $O(N)$，比字符串暴力算法要高效得多。

其实困扰大家的，不是算法的思路，而是各种细节问题。比如如何向窗口中添加新元素，如何缩小窗口，在窗口滑动的哪个阶段更新结果。即便你明白了这些细节，也容易出 bug，找 bug 还不知道怎么找，真的挺让人心烦的。

所以现在我就写一套滑动窗口算法的代码框架，我连在哪里做输出 debug 都写好了，以后遇到相关的问题，你就默写出来如下框架然后改两个地方就行，还不会出 bug：

```
/* 滑动窗口算法框架 */
void slidingWindow(string s, string t) {
    unordered_map<char, int> need, window;
    for (char c : t) need[c]++;

    int left = 0, right = 0;
    int valid = 0;
    while (right < s.size()) {
        // c 是将移入窗口的字符
        char c = s[right];
        // 右移窗口
        right++;
        // 进行窗口内数据的一系列更新
        ...

        /*** debug 输出的位置 ***/
        printf("window: [%d, %d)\n", left, right);
        /**********************/

        // 判断左侧窗口是否要收缩
        while (window needs shrink) {
            // d 是将移出窗口的字符
            char d = s[left];
            // 左移窗口
            left++;
            // 进行窗口内数据的一系列更新
            ...
        }
    }
}
```

其中两处 ... 表示更新窗口数据的地方，到时候你直接往里面填具体逻辑就行了。 而且，这两处 ... 的操作分别是右移和左移窗口更新操作，稍后你会发现它们的操作是完全对称的。

说句题外话，希望读者多去探求问题的本质，而不要执着于表象。比如网上有很多人评论 labuladong 这个框架，说什么哈希表速度慢，不如用数组代替哈希表；还有很多人喜欢把代码写得特别短小，说我这样写的代码太多余，影响编译速度，在某些平台上提交的运行速度不够快……

算法看的是时间复杂度，你能确保自己的时间复杂度最优就行了。至于某些平台所谓的运行速度，那个很难评说，只要不是慢得离谱就没啥问题，根本不值得从编译层面优化，不要舍本逐末。

本书的重点在于算法思想，你把框架思维了然于心即可。

言归正传，下面就直接上**四道**力扣原题来套这个框架，其中第一道题会详细说明滑动窗口算法的原理，后面三道就直接闭眼睛搞定了。

这里提醒一下，C++ 中可以使用方括号 `map[key]` 访问哈希表中键对应的值。需要注意的是，如果该 `key` 不存在，C++ 会自动创建这个 `key`，并把 `map[key]` 赋值为 0。

所以代码中多次出现的 `map[key]++` 相当于 Java 的 `map.put(key, map.getOrDefault(key, 0) + 1)`。

1.7.1 最小覆盖子串

"最小覆盖子串"问题，难度为 Hard，题目如下：

给你两个字符串 S 和 T，**请你在 S 中找到包含 T 中全部字母的最短子串**。如果 S 中没有这样一个子串，则算法返回空串，如果存在这样一个子串，则可以认为答案是唯一的。

比如输入 S = `"ADBECFEBANC"`, T = `"ABC"`，算法应该返回 `"BANC"`。

如果我们使用暴力解法，代码大概是这样的：

```
for (int i = 0; i < s.size(); i++)
    for (int j = i + 1; j < s.size(); j++)
        if s[i:j] 包含 t 的所有字母：
            更新答案
```

思路很简单直接，但是显然这个算法的复杂度肯定大于 $O(N^2)$ 了，不好。

滑动窗口算法的思路是这样的：

1 我们在字符串 S 中使用双指针中的左、右指针技巧，初始化 `left = right = 0`,

把索引**左闭右开**区间 `[left, right)` 称为一个"窗口"。

2 我们先不断地增加 `right` 指针扩大窗口 `[left, right)`，直到窗口中的字符串符合要求（包含了 **T** 中的所有字符）。

3 此时，我们停止增加 `right`，转而不断增加 `left` 指针缩小窗口 `[left, right)`，直到窗口中的字符串不再符合要求（不包含 **T** 中的所有字符了）。同时，每次增加 `left`，我们都要更新一轮结果。

4 重复第 2 和第 3 步，直到 `right` 到达字符串 **S** 的尽头。

这个思路其实也不难，**第 2 步相当于在寻找一个"可行解"，然后第 3 步在优化这个"可行解"，最终找到最优解**，也就是最短的覆盖子串。左、右指针轮流前进，窗口大小增增减减，窗口不断向右滑动，这就是"滑动窗口"这个名字的来历。

下面画图理解一下这个思路。`needs` 和 `window` 相当于计数器，分别记录 **T** 中字符出现次数和"窗口"中的相应字符的出现次数。

初始状态：

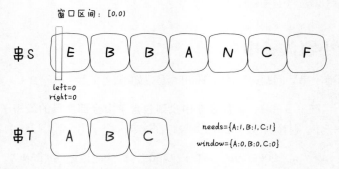

增加 `right`，直到窗口 `[left, right)` 包含了 **T** 中所有字符：

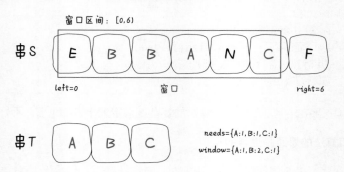

现在开始增加 `left`，缩小窗口 `[left, right)`：

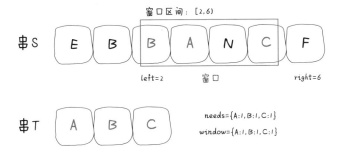

直到窗口中的字符串不再符合要求，`left` 不再继续移动：

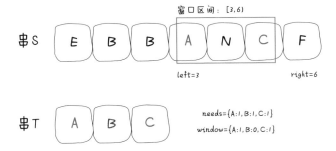

之后重复上述过程，先移动 **right**，再移动 **left**…… 直到 **right** 指针到达字符串 S 的末端，算法结束。

如果你能够理解上述过程，恭喜，你已经完全掌握了滑动窗口算法思想。现在我们来看看这个滑动窗口代码框架怎么用。

首先，初始化 **window** 和 **need** 两个哈希表，记录窗口中的字符和需要凑齐的字符：

```cpp
unordered_map<char, int> need, window;
for (char c : t) need[c]++;
```

然后，使用 **left** 和 **right** 变量初始化窗口的两端，不要忘了，区间 **[left,** **right)** 是左闭右开的，所以初始情况下窗口没有包含任何元素：

```cpp
int left = 0, right = 0;
int valid = 0;
while (right < s.size()) {
    // 开始滑动
}
```

其中 `valid` 变量表示窗口中满足 `need` 条件的字符个数，如果 `valid` 和 `need.size` 的大小相同，则说明窗口已满足条件，已经完全覆盖了串 `T`。

现在开始套模板，只需要思考以下 4 个问题：

1　当移动 `right` 扩大窗口，即加入字符时，应该更新哪些数据？

2　什么条件下，窗口应该暂停扩大，开始移动 `left` 缩小窗口？

3　当移动 `left` 缩小窗口，即移出字符时，应该更新哪些数据？

4　我们要的结果应该在扩大窗口时还是缩小窗口时进行更新？

一般来说，如果一个字符进入窗口，应该增加 `window` 计数器；如果一个字符将移出窗口，应该减少 `window` 计数器；当 `valid` 满足 `need` 时应该收缩窗口；收缩窗口的时候应该更新最终结果。

下面是完整代码：

```cpp
string minWindow(string s, string t) {
    unordered_map<char, int> need, window;
    for (char c : t) need[c]++;

    int left = 0, right = 0;
    int valid = 0;
    // 记录最小覆盖子串的起始索引及长度
    int start = 0, len = INT_MAX;
    while (right < s.size()) {
        // c 是将移入窗口的字符
        char c = s[right];
        // 右移窗口
        right++;
        // 进行窗口内数据的一系列更新
        if (need.count(c)) {
            window[c]++;
            if (window[c] == need[c])
                valid++;
        }

        // 判断左侧窗口是否要收缩
        while (valid == need.size()) {
            // 在这里更新最小覆盖子串
            if (right - left < len) {
```

```
            start = left;
            len = right - left;
        }
        // d 是将移出窗口的字符
        char d = s[left];
        // 左移窗口
        left++;
        // 进行窗口内数据的一系列更新
        if (need.count(d)) {
            if (window[d] == need[d])
                valid--;
            window[d]--;
        }
    }
}
// 返回最小覆盖子串
return len == INT_MAX ?
    "" : s.substr(start, len);
}
```

需要注意的是，当我们发现某个字符在 `window` 里的数量满足了 `need` 的需要，就要更新 `valid`，表示有一个字符已经满足要求。而且，你能发现，两次对窗口内数据的更新操作是完全对称的。

当 `valid == need.size()` 时，说明 `T` 中所有字符已经被覆盖，已经得到一个可行的覆盖子串，现在应该开始收缩窗口了，以便得到"最小覆盖子串"。

移动 `left` 收缩窗口时，窗口内的字符都是可行解，所以应该在收缩窗口的阶段进行最小覆盖子串的更新，以便从可行解中找到长度最短的最终结果。

至此，应该可以完全理解这套框架了，滑动窗口算法又不难，就是细节问题让人烦得很。**以后遇到滑动窗口算法，你就按照这个框架写代码，保准没 bug，还省事。**

下面就直接利用这套框架解决几道题吧，你基本上一眼就能看出思路了。

1.7.2　字符串排列

"字符串的排列"难度为 Medium：

输入两个字符串 `S` 和 `T`，请你用算法判断 `S` 是否包含 `T` 的排列，也就是要判断 `S` 中是否存在一个子串是 `T` 的一种全排列。

比如输入 S = "helloworld"，T = "oow"，算法返回 True，因为 S 包含一个子串 "owo" 是 T 的排列。

我们肯定不可能把所有 T 的排列穷举出来然后去 S 中找，因为计算全排列需要阶乘级别的时间复杂度，实在太慢了。

这明显是关于滑动窗口算法的题目，**假设给你一个 S 和一个 T，请问 S 中是否存在一个子串，包含 T 中所有字符且不包含其他字符？**

首先，复制粘贴之前的算法框架代码，然后明确刚才提出的 4 个问题，即可写出这道题的答案：

```cpp
/* 判断 s 中是否存在 t 的排列 */
bool checkInclusion(string t, string s) {
    unordered_map<char, int> need, window;
    for (char c : t) need[c]++;

    int left = 0, right = 0;
    int valid = 0;
    while (right < s.size()) {
        char c = s[right];
        right++;
        // 进行窗口内数据的一系列更新
        if (need.count(c)) {
            window[c]++;
            if (window[c] == need[c])
                valid++;
        }

        // 判断左侧窗口是否要收缩
        while (right - left >= t.size()) {
            // 在这里判断是否找到了合法的子串
            if (valid == need.size())
                return true;
            char d = s[left];
            left++;
            // 进行窗口内数据的一系列更新
            if (need.count(d)) {
                if (window[d] == need[d])
                    valid--;
                window[d]--;
            }
        }
```

```
        }
    }
    // 未找到符合条件的子串
    return false;
}
```

这道题的解法代码基本上和最小覆盖子串的一样，只是基于之前的代码改变了两个地方：

1 本题移动 `left` 缩小窗口的时机是窗口大小大于 `t.size()` 时，因为各种排列的长度显然应该是一样的。

2 当发现 `valid == need.size()` 时，说明窗口中的数据是一个合法的排列，所以立即返回 `true`。

至于如何处理窗口的扩大和缩小，和最小覆盖子串的相关处理方式完全相同。

1.7.3　找所有字母异位词

"找到字符串中所有字母异位词"的难度为 Medium，看一下题目：

给定一个字符串 S 和一个非空字符串 T，找到 S 中所有是 T 的字母异位词的子串，返回这些子串的起始索引。

所谓的字母异位词，其实就是全排列，原题目相当于让你找 S 中所有 T 的排列，并返回它们的起始索引。

比如输入 S = "cbaebabacd"，T = "abc"，算法返回 [0, 6]，因为 S 中有两个子串 "cba" 和 "bac" 是 T 的排列，它们的起始索引是 0 和 6。

直接套一下框架，明确刚才讲的 4 个问题，即可搞定这道题：

```
vector<int> findAnagrams(string s, string t) {
    unordered_map<char, int> need, window;
    for (char c : t) need[c]++;

    int left = 0, right = 0;
    int valid = 0;
    vector<int> res; // 记录结果
    while (right < s.size()) {
        char c = s[right];
        right++;
```

```
        // 进行窗口内数据的一系列更新
        if (need.count(c)) {
            window[c]++;
            if (window[c] == need[c])
                valid++;
        }
        // 判断左侧窗口是否要收缩
        while (right - left >= t.size()) {
            // 当窗口符合条件时，把起始索引加入 res
            if (valid == need.size())
                res.push_back(left);
            char d = s[left];
            left++;
            // 进行窗口内数据的一系列更新
            if (need.count(d)) {
                if (window[d] == need[d])
                    valid--;
                window[d]--;
            }
        }
    }
    return res;
}
```

和寻找字符串的排列一样，只是找到一个合法异位词（排列）之后将起始索引加入 `res` 即可。

1.7.4 最长无重复子串

"无重复字符的最长子串"，难度为 Medium，看下题目：

输入一个字符串 `s`，请计算 `s` 中不包含重复字符的最长子串长度。

比如，输入 `s = "aabab"`，算法返回 2，因为无重复的最长子串是 `"ab"` 或者 `"ba"`，长度为 2。

这道题终于有了点新意，不是一套框架就出答案，不过反而更简单了，稍微改一改框架就行了：

```
int lengthOfLongestSubstring(string s) {
    unordered_map<char, int> window;
    int left = 0, right = 0;
```

```
    int res = 0; // 记录结果
    while (right < s.size()) {
        char c = s[right];
        right++;
        // 进行窗口内数据的一系列更新
        window[c]++;
        // 判断左侧窗口是否要收缩
        while (window[c] > 1) {
            char d = s[left];
            left++;
            // 进行窗口内数据的一系列更新
            window[d]--;
        }
        // 在这里更新答案
        res = max(res, right - left);
    }
    return res;
}
```

这就是变简单了，连 **need** 和 **valid** 都不需要，而且更新窗口内数据也只需要简单更新计数器 **window** 即可。

当 **window[c]** 值大于 1 时，说明窗口中存在重复字符，不符合条件，就该移动 **left** 缩小窗口了嘛。

唯一需要注意的是，在哪里更新结果 **res** 呢？我们要的是最长无重复子串，哪一个阶段可以保证窗口中的字符串是没有重复的呢？这里和之前不一样，要在收缩窗口完成后更新 **res**，因为窗口收缩的 while 条件是存在重复元素，换句话说收缩完成后一定保证窗口中没有重复嘛。

建议背诵并默写这套框架，顺便背诵一下本节开头的那首诗。以后就再也不怕子串、子数组问题了。

第 2 章
/
动态规划系列

动态规划问题有难度而且有意思，也许因为它是面试常考题型。不管你之前是否害怕动态规划，这一章的内容都可以让你爱上动态规划问题。

动态规划无非分为以下几步：**找到"状态"和"选择" –> 明确 dp 数组 / 函数的定义 –> 寻找"状态"之间的关系**。

这就是思维模式的框架，**本章都会按照以上的模式来解决问题，辅助读者养成这种模式思维**，有了方向遇到问题就不会抓瞎，解决大部分的动态规划问题也就不成问题了。

2.1　动态规划设计：最长递增子序列

也许有读者看了"1.2　动态规划解题套路框架"，学会了动态规划的套路：找到了问题的"状态"，明确了 dp 数组 / 函数的含义，定义了 base case；但是不知道如何确定"选择"，也就是不知道状态转移的关系，依然写不出动态规划解法，怎么办？

不要担心，动态规划的难点本来就在于寻找正确的状态转移方程，本节就借助经典的"最长递增子序列问题"来讲一讲设计动态规划的通用技巧：**数学归纳思想**。

最长递增子序列（Longest Increasing Subsequence，简写 LIS）是非常经典的一个算法问题，比较容易想到的是动态规划解法，时间复杂度为 $O(n^2)$，我们借这个问题来由浅入深讲解如何寻找状态转移方程，如何写出动态规划解法。比较难想到的是利用二分搜索，时间复杂度是 $O(n\log n)$，我们通过一种简单的纸牌游戏来辅助理解这种巧妙的解法。

题目很容易理解，输入一个无序的整数数组，请你找到其中最长递增子序列的长度。函数签名如下：

```
int lengthOfLIS(int[] nums);
```

例如，输入 `nums=[10,9,2,5,3,7,101,18]`，其中最长的递增子序列是 `[2,3,7,101]`，所以算法的输出应该是 4。

注意"子序列"和"子串"这两个名词的区别，子串一定是连续的，而子序列不一定是连续的。下面先来设计动态规划算法解决这个问题。

2.1.1 动态规划解法

动态规划的核心设计思想是数学归纳法。

相信大家对数学归纳法都不陌生，高中就学过，而且思路很简单。假如我们想证明一个数学结论，那么**先假设这个结论在 k<n 时成立，然后根据这个假设，想办法推导证明出 k=n 的时候此结论也成立**。如果能够证明出来，那么就说明这个结论对于 k 等于任何数都成立。

类似的，我们设计动态规划算法，不是需要一个 dp 数组嘛，可以假设 `dp[0...i-1]` 都已经被算出来了，然后问自己：怎么通过这些结果算出 `dp[i]`？

直接拿最长递增子序列这个问题举例你就明白了。不过，首先要定义清楚 `dp` 数组的含义，即 `dp[i]` 的值到底代表什么？

我们的定义是这样的：`dp[i]` 表示以 `nums[i]` 这个数结尾的最长递增子序列的长度。

注意：为什么这样定义呢？这是解决子序列问题的一个套路，在"2.7 子序列问题解题模板：最长回文子序列"总结了几种常见套路。读完本章所有的动态规划问题，就会发现 `dp` 数组的定义方法也就那几种。

根据这个定义，可以推出 base case：`dp[i]` 初始值为 1，因为以 `nums[i]` 结尾的最长递增子序列起码要包含它自己。

举两个例子：

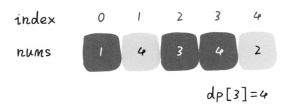

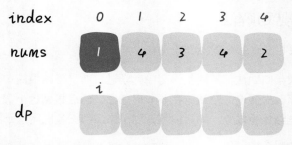

算法演进的过程就是从 `i = 0` 开始遍历 dp 数组，通过 `dp[0..i-1]` 来推导 `dp[i]`：

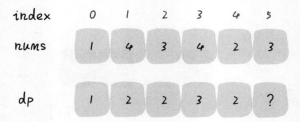

根据这个定义，我们的最终结果（子序列的最大长度）应该是 dp 数组中的最大值。

```
int res = 0;
for (int i = 0; i < dp.size(); i++) {
    res = Math.max(res, dp[i]);
}
return res;
```

读者也许会问，刚才的算法演进过程中每个 `dp[i]` 的结果是我们肉眼看出来的，我们应该怎么设计算法逻辑来正确计算每个 `dp[i]` 呢？

这就是动态规划的重头戏了，要思考如何设计算法逻辑进行状态转移，才能正确运行呢？这里可以使用数学归纳的思想。

假设已经知道了 `dp[0..4]` 的所有结果，如何通过这些已知结果推出 `dp[5]` 呢？

根据刚才我们对 dp 数组的定义，现在想求 dp[5] 的值，也就是想求以 nums[5] 为结尾的最长递增子序列。

nums[5] = 3，既然是递增子序列，只要找到前面那些结尾比 3 小的子序列，然后把 3 接到最后，就可以形成一个新的递增子序列，而且这个新的子序列长度加一。

显然，可能形成很多种新的子序列，但是只选最长的那一个，把最长子序列的长度作为 dp[5] 的值即可。

```java
for (int j = 0; j < i; j++) {
    if (nums[i] > nums[j])
        dp[i] = Math.max(dp[i], dp[j] + 1);
}
```

当 i = 5 时，这段代码的逻辑就可以算出 dp[5]。其实到这里，这道算法题我们就基本做完了。

读者也许会问，刚才只是算了 dp[5] 呀，dp[4], dp[3] 这些怎么算呢？类似数学归纳法，你已经可以算出 dp[5] 了，其他的就都可以算出来：

```java
for (int i = 0; i < nums.length; i++) {
    for (int j = 0; j < i; j++) {
        if (nums[i] > nums[j])
            dp[i] = Math.max(dp[i], dp[j] + 1);
    }
}
```

结合刚才说的 base case，下面看看完整代码：

```java
int lengthOfLIS(int[] nums) {
    int[] dp = new int[nums.length];
    // base case: dp 数组全都初始化为 1
    Arrays.fill(dp, 1);
    for (int i = 0; i < nums.length; i++) {
        for (int j = 0; j < i; j++) {
            if (nums[i] > nums[j])
                dp[i] = Math.max(dp[i], dp[j] + 1);
        }
    }

    int res = 0;
    // 要重新遍历一遍数组，找到最长的递增子序列长度
```

```
for (int i = 0; i < dp.length; i++) {
    res = Math.max(res, dp[i]);
}
return res;
}
```

至此，这道题就解决了，时间复杂度为 $O(n^2)$。下面总结一下如何找到动态规划的状态转移关系：

1　明确 `dp` 数组所存数据的含义。这一步对于任何动态规划问题都很重要，如果不得当或者不够清晰，会阻碍之后的步骤。

2　根据 `dp` 数组的定义，运用数学归纳法的思想，假设 `dp[0..i-1]` 都已知，想办法求出 `dp[i]`，一旦这一步完成，整个题目基本就解决了。

但如果无法完成这一步，很可能就是 `dp` 数组的定义不够恰当，需要重新定义 `dp` 数组的含义；或者可能是 `dp` 数组存储的信息还不够，不足以推出下一步的答案，需要把 `dp` 数组扩大成二维数组甚至三维数组。

2.1.2　二分搜索解法

这个解法的时间复杂度为 $O(n\log n)$，但是说实话，正常人基本想不到这种解法（也许玩过某些纸牌游戏的人可以想出来）。所以大家了解一下就好，正常情况下能够给出动态规划解法就已经很不错了。

根据本节题目的意思，我都很难想象最长递增子序列问题竟然能和二分搜索扯上关系。其实最长递增子序列和一种叫作 patience game 的纸牌游戏有关，甚至有一种排序方法就叫作 patience sorting（耐心排序）。

为了简单起见，这里跳过所有数学证明，通过一个简化的例子来理解算法思路。

首先，给你一排扑克牌，我们像遍历数组那样从左到右一张一张处理这些扑克牌，最终要把这些牌分成若干堆。

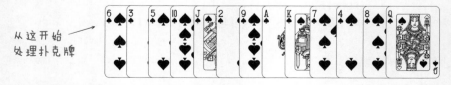

处理这些扑克牌要遵循以下规则：

只能把点数小的牌压到点数比它大或者和它相等的牌上；如果当前牌点数较大没有可以放置的堆，则新建一个堆，把这张牌放进去；如果当前牌有多个堆可供选择，则选择最左边的那一堆放置。

例如，上述的扑克牌最终会被分成这样 5 堆（我们认为纸牌 A 的牌面是最大的，纸牌 2 的牌面是最小的）。

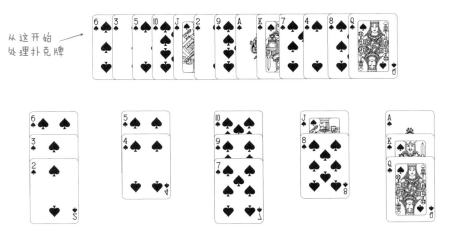

为什么遇到多个可选择堆的时候要放到最左边的堆上呢？因为这样可以保证牌堆顶的牌有序（2, 4, 7, 8, Q），证明略。

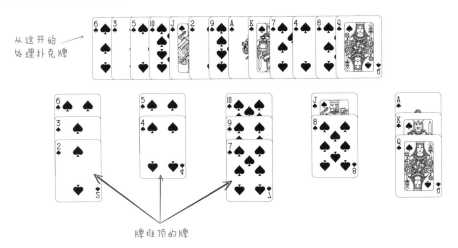

按照上述规则执行，可以算出最长递增子序列，牌的堆数就是最长递增子序列的长度，证明略。

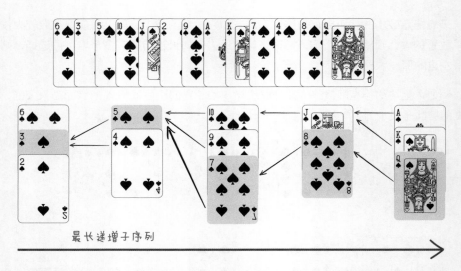

最长递增子序列

我们只要把处理扑克牌的过程编程写出来即可。每次处理一张扑克牌不是要找一个合适的牌堆顶来放嘛，牌堆顶的牌不是**有序**嘛，这就能用到二分搜索了：用二分搜索来搜索当前牌应放置的位置。

注意：在"1.6　我写了首诗，保你闭着眼睛都能写出二分搜索算法"详细介绍了二分搜索的细节及变体，这里就完美应用上了。

```java
int lengthOfLIS(int[] nums) {
    int[] top = new int[nums.length];
    // 牌堆数初始化为 0
    int piles = 0;
    for (int i = 0; i < nums.length; i++) {
        // 要处理的扑克牌
        int poker = nums[i];

        /***** 搜索左侧边界的二分搜索 *****/
        int left = 0, right = piles;
        while (left < right) {
            int mid = (left + right) / 2;
            if (top[mid] > poker) {
                right = mid;
            } else if (top[mid] < poker) {
                left = mid + 1;
            } else {
                right = mid;
```

```
            }
        }
        /****************************/

        // 没找到合适的牌堆，新建一堆
        if (left == piles) piles++;
        // 把这张牌放到牌堆顶
        top[left] = poker;
    }
    // 牌堆数就是 LIS 长度
    return piles;
}
```

至此，二分搜索的解法讲解完毕。

这个解法确实很难想到。首先涉及数学证明，谁能想到按照这些规则执行，就能得到最长递增子序列呢？其次还有二分搜索的运用，要是对二分搜索的细节不清楚，给了思路也很难写对。

所以，这个方法作为思维拓展好了。但动态规划的设计方法应该完全理解：假设之前的答案已知，利用数学归纳的思想正确进行状态的推演转移，最终得到答案。

2.2 二维递增子序列：信封嵌套问题

很多算法问题都需要排序技巧，其难点不在于排序本身，而是需要巧妙地进行预处理，将算法问题进行转换，为之后的操作打下基础。

信封嵌套问题实际上是最长递增子序列问题上升到二维，其解法就需要先按特定的规则排序，之后转换为一个一维的最长递增子序列问题，最后用"1.6.1 二分搜索框架"中的技巧来解决。

2.2.1 题目概述

"俄罗斯套娃信封"就是一个信封嵌套问题，先看看题目：

给出一些信封，每个信封用宽度和高度的整数对形式 (w, h) 表示。当一个信封 A 的宽度和高度都比另一个信封 B 大的时候，则 B 就可以放进 A 里，如同"俄罗斯套娃"一样。请计算最多有多少个信封能组成一组"俄罗斯套娃"信封（即最多能套几层）。

函数签名如下：

```
int maxEnvelopes(int[][] envelopes);
```

比如输入 envelopes = [[5,4],[6,4],[6,7],[2,3]]，算法返回 3，因为最多有 3个信封能够套起来，它们是 [2,3] => [5,4] => [6,7]。

这道题目其实是最长递增子序列（Longest Increasing Subsequence，简写为 LIS）的一个变种。很显然，**每次合法的嵌套是大的套小的，相当于找一个最长递增的子序列，其长度就是最多能嵌套的信封个数**。

但是标准的 LIS 算法只能在一维数组中寻找最长子序列，而我们的信封是由 (w, h) 这样的二维数对形式表示的，如何把 LIS 算法运用过来呢？

一个直接的想法就是，通过 `w × h` 计算面积，然后对面积进行标准的 LIS 算法。但是稍加思考就会发现这样不行，比如 `1 × 10` 大于 `3 × 3`，但是显然这样的两个信封是无法互相嵌套的。

2.2.2 思路分析

这道题的解法是比较巧妙的：

先对宽度 w 进行升序排序，如果遇到 w 相同的情况，则按照高度 h 降序排序。之后把所有的 h 作为一个数组，在这个数组上计算出的 LIS 的长度就是答案。

仔细想一想其实不难理解，画个图理解一下，先对这些二维数对进行排序：

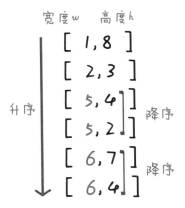

然后在 h 上寻找最长递增子序列：

$$
\begin{array}{c}
\text{宽度}w \quad \text{高度}h \\
[\ 1,8\ ] \\
[\ 2,3\ ] \\
[\ 5,4\ ] \\
[\ 5,2\ ] \\
[\ 6,7\ ] \\
[\ 6,4\ ]
\end{array}
$$

这个子序列就是最优的嵌套方案，关键在于，对于宽度 w 相同的数对，要对其高度 h 进行降序排序。

因为两个 w 相同的信封不能相互包含，w 相同时将 h 逆序排序，则这些逆序 h 中最多只会有一个被选入递增子序列，保证了最终的信封序列中不会出现 w 相同的情况。

当然，反过来也可以，对高度 h 排序，h 相同时按宽度 w 逆序排列，最后在 w 上找递增子序列，这和之前的思路是一样的。

下面看代码：

```java
// envelopes = [[w1, h1], [w2, h2]...]
int maxEnvelopes(int[][] envelopes) {
    int n = envelopes.length;
    Arrays.sort(envelopes, new Comparator<int[]>()
    {
        // 按宽度升序排列，如果宽度一样，则按高度降序排列
        public int compare(int[] a, int[] b) {
            return a[0] == b[0] ?
                b[1] - a[1] : a[0] - b[0];
        }
    });
    // 对高度数组寻找 LIS
    int[] height = new int[n];
    for (int i = 0; i < n; i++)
        height[i] = envelopes[i][1];

    return lengthOfLIS(height);
}
```

关于 `lengthOfLIS` 函数寻找最长递增子序列的过程，在"**2.1 动态规划设计：最长递增子序列**"中详细介绍了动态规划解法和二分搜索解法，这里就不展开了。

为了清晰，我将代码分为了两个函数，你也可以合并，这样可以节省下 `height` 数组的空间。

此算法的时间复杂度为 $O(n\log n)$，因为排序和计算 LIS 各需要 $O(n\log n)$ 的时间。空间复杂度为 $O(n)$，因为计算 LIS 的函数中需要一个 `top` 数组。

2.2.3 最后总结

这个问题是个 Hard 级别的题目，难就难在排序，正确地排序后此问题就被转化成了一个标准的 LIS 问题，容易解决一些。

其实这种问题还可以拓展到三维，比如说现在不是让你嵌套信封，而是嵌套箱子，每个箱子有长、宽、高三个维度，请你算算最多能嵌套几个箱子？

我们可能会这样想，先把前两个维度（长和宽）按信封嵌套的思路求一个嵌套序列，最后在这个序列的第三个维度（高度）找一下 LIS，应该能算出答案。

实际上，这个思路是错误的。这类问题叫作"偏序问题"，上升到三维会使难度巨幅提升，需要借助一种高级数据结构"树状数组"，有兴趣的读者可以自行了解。

有很多算法问题都需要排序后进行处理，当你对问题无从下手的时候，不妨试一试对数组进行排序，说不定就会"柳暗花明又一村"。

2.3 最大子数组问题

最大子数组问题和"2.1 动态规划设计：最长递增子序列"中讲过的套路非常相似，代表着一类比较特殊的动态规划问题的思路。

题目很简单：

输入一个整数数组 `nums`，请你在其中找一个和最大的子数组，返回这个子数组的和。

函数签名如下：

```
int maxSubArray(int[] nums);
```

例如输入 `nums = [-3,1,3,-1,2,-4,2]`，算法返回 5，因为最大子数组 `[1,3,-1,2]` 的和为 5。

2.3.1 思路分析

其实第一次看到这道题，我首先想到的是 1.7 节介绍过的**滑动窗口算法**，因为前文说过，滑动窗口算法就是专门处理子串 / 子数组问题的，这里不就是子数组问题吗？

但是，稍加分析就会发现，**这道题还不能用滑动窗口算法，因为数组中的数字可以是负数**。

滑动窗口算法无非就是双指针形成的窗口扫描整个数组 / 子串，但关键是，你得清楚地知道应该什么时候移动右侧指针来扩大窗口，什么时候移动左侧指针来缩小窗口。

而对于这道题目，你想想，当窗口扩大的时候可能遇到负数，窗口中的值既可能增加也可能减少，这种情况下不知道什么时机去收缩左侧窗口，也就无法求出"最大子数组和"。

解决这个问题需要动态规划技巧，但是 `dp` 数组的定义比较特殊。按照我们常规的动态规划思路，一般这样定义 `dp` 数组：

`nums[0..i]` 中的**"最大子数组和"**为 `dp[i]`。

如果这样定义，整个 `nums` 数组的"最大子数组和"就是 `dp[n-1]`。如何找状态转移方程呢？按照数学归纳法，假设知道了 `dp[i-1]`，如何推导出 `dp[i]` 呢？

如下图，按照刚才对 `dp` 数组的定义，`dp[i] = 5`，也就是等于 `nums[0..i]` 中的最大子数组和：

$$dp[i] = 5$$

那么在上图这种情况中，利用数学归纳法，你能用 `dp[i]` 推出 `dp[i+1]` 吗？

实际上是不行的，因为子数组一定是连续的，按照当前 dp 数组的定义，并不能保证 nums[0..i] 中的最大子数组与 nums[i+1] 是相邻的，也就没办法从 `dp[i]` 推导出 `dp[i+1]`。

所以说我们这样定义 `dp` 数组是不正确的，无法得到合适的状态转移方程。对于这类子数组问题，要重新定义 `dp` 数组：

以 nums[i] 为结尾的"最大子数组和"为 dp[i]。

在这种定义之下，想得到整个 `nums` 数组的"最大子数组和"，不能直接返回 `dp[n-1]`，而需要遍历整个 `dp` 数组：

```
int res = Integer.MIN_VALUE;
for (int i = 0; i < n; i++) {
    res = Math.max(res, dp[i]);
}
return res;
```

依然使用数学归纳法来找状态转移关系：假设已经算出了 `dp[i-1]`，如何推导出 `dp[i]` 呢？

`dp[i]` 有两种"选择"，要么与前面的相邻子数组连接，形成一个和更大的子数组；要么不与前面的子数组连接，自成一派，自己作为一个子数组。

该如何选择呢？既然要求"最大子数组和"，当然选择结果更大的那个啦：

```
// 要么自成一派，要么和前面的子数组合并
dp[i] = Math.max(nums[i], nums[i] + dp[i - 1]);
```

综上所述，我们已经写出了状态转移方程，下面可以直接写出解法了：

```
int maxSubArray(int[] nums) {
    int n = nums.length;
    if (n == 0) return 0;
    int[] dp = new int[n];
    // base case
```

```
    // 第一个元素前面没有子数组
    dp[0] = nums[0];
    // 状态转移方程
    for (int i = 1; i < n; i++) {
        dp[i] = Math.max(nums[i], nums[i] + dp[i - 1]);
    }
    // 得到 nums 的最大子数组
    int res = Integer.MIN_VALUE;
    for (int i = 0; i < n; i++) {
        res = Math.max(res, dp[i]);
    }
    return res;
}
```

以上解法的时间复杂度是 $O(n)$，空间复杂度也是 $O(n)$，较暴力解法已经很优秀了，不过**不难发现 `dp[i]` 仅仅和 `dp[i-1]` 的状态有关**，那么可以进行"状态压缩"，将空间复杂度降低：

```
int maxSubArray(int[] nums) {
    int n = nums.length;
    if (n == 0) return 0;
    // base case
    int dp_0 = nums[0];
    int dp_1 = 0, res = dp_0;

    for (int i = 1; i < n; i++) {
        // dp[i] = max(nums[i], nums[i] + dp[i-1])
        dp_1 = Math.max(nums[i], nums[i] + dp_0);
        dp_0 = dp_1;
        // 顺便计算最大的结果
        res = Math.max(res, dp_1);
    }

    return res;
}
```

2.3.2 最后总结

虽然说动态规划推状态转移方程确实比较有技巧性，但大部分还是有规律可循的。

本节这道"最大子数组和"就和"最长递增子序列"非常类似，**dp** 数组的定义是"以 `nums[i]` 为结尾的最大子数组和 / 最长递增子序列为 `dp[i]`"。因为只有这样定义才能将 `dp[i+1]` 和 `dp[i]` 建立起联系，利用数学归纳法写出状态转移方程。

2.4　动态规划答疑：最优子结构及 dp 遍历方向

本节主要讲明白两个问题：

1　到底什么才叫"最优子结构"，和动态规划是什么关系？

2　为什么动态规划遍历 **dp** 数组的方式五花八门，有的正着遍历，有的倒着遍历，有的斜着遍历？

2.4.1　最优子结构详解

"最优子结构"是某些问题的一种特定性质，并不是动态规划问题专有的。也就是说，很多问题其实都有最优子结构，只是其中大部分不具有重叠子问题，所以我们不把它们归为动态规划系列问题。

先举个很容易理解的例子：假设你们学校有 10 个班，你已经计算出了每个班的最高考试成绩。那么现在要求计算全校最高的成绩，你会不会算？当然会，而且你不用重新遍历全校学生的分数进行比较，而是只在这 10 个最高成绩中取最大的就是全校的最高成绩。

以上提出的这个问题就**符合最优子结构**：可以从子问题的最优结果推出更大规模问题的最优结果。让你算**每个班**的最优成绩就是子问题，你知道所有子问题的答案后，就可以借此推出**全校**学生的最优成绩这个规模更大的问题的答案。

你看，这么简单的问题都有最优子结构性质，只是因为显然没有重叠子问题，所以我们简单地求最值肯定用不着动态规划。

再举个例子：假设你们学校有 10 个班，已知每个班的最大分数差（最高分和最低分的差值）。那么现在让你计算全校学生中的最大分数差，你会不会算？可以想办法算，但是肯定不能通过已知的这 10 个班的最大分数差推导出来。因为这 10 个班的最大分数差不一定包含全校学生的最大分数差，比如全校的最大分数差可能是 3 班的最高分和 6 班的最低分之差。

这次我提出的问题就**不符合最优子结构**，因为没办法通过每个班的最优值推出全校的最优值，没办法通过子问题的最优值推出规模更大的问题的最优值。前面**动态规划解题套路框架**讲过，想满足最优子结构，子问题之间必须互相独立。全校的最大分数差可能出现在两个班之间，显然子问题不独立，所以这个问题本身不符合最优子结构。

那么遇到这种**最优子结构失效情况，该怎么办呢？策略是：改造问题**。对于最大分数差这个问题，不是没办法利用已知的每个班的分数差嘛，那只能这样写一段暴力代码：

```
int result = 0;
for (Student a : school) {
    for (Student b : school) {
        if (a is b) continue;
        result = max(result, |a.score - b.score|);
    }
}
return result;
```

改造问题，也就是把问题等价转化：最大分数差，不就等价于最高分数和最低分数的差嘛，那不就是要求最高和最低分数嘛，不就是我们讨论的第一个问题嘛，不就具有最优子结构了吗？那现在改变思路，借助最优子结构解决最值问题，再回过头解决最大分数差问题，是不是就高效多了？

当然，上面这个例子太简单了，不过请读者回顾一下，我们做动态规划问题，是不是一直在求各种最值，本质和这里举的例子没什么区别，无非需要处理一下重叠子问题。

后面的不同的定义产生不同的解法和经典动态规划：高楼扔鸡蛋就展示了如何改造问题，不同的最优子结构，可能导致不同的解法和效率。

再举个常见但也十分简单的例子，求一棵二叉树的最大值，不难吧（简单起见，假设节点中的值都是非负数）：

```
int maxVal(TreeNode root) {
    if (root == null)
        return -1;
    int left = maxVal(root.left);
    int right = maxVal(root.right);
    return max(root.val, left, right);
}
```

你看这个问题也符合最优子结构，以 root 为根的树的最大值，可以通过两边子树（子问题）的最大值推导出来，结合刚才学校和班级的例子，很容易理解吧。

当然这也不是动态规划问题，以上内容旨在说明，最优子结构并不是动态规划独有的一种性质，能求最值的问题大部分都具有这个性质；**但反过来，最优子结构性质作为**

动态规划问题的必要条件，一定是让你求最值的，以后碰到最值题，先思考一下暴力穷举的复杂度，如果复杂度"爆炸"的话，思路往动态规划想就对了，这就是套路。

动态规划不就是从最简单的 base case 往后推导嘛，可以想象成一个链式反应，以小博大。但只有符合最优子结构的问题，才有发生这种链式反应的性质。

找最优子结构的过程，其实就是证明状态转移方程正确性的过程，方程符合最优子结构就可以写暴力解了，写出暴力解就可以看出有没有重叠子问题了，有则优化。这也是套路，经常刷题的朋友应该能体会。

这里就不举那些正宗动态规划的例子了，读者可以翻翻之后的章节，看看状态转移是如何遵循最优子结构的。这个话题就聊到这，下面再来看一个动态规划方面的内容。

2.4.2　dp 数组的遍历方向

我相信读者做动态规划问题时，会对 dp 数组的遍历顺序有些头疼。我们拿二维 dp 数组来举例，有时候是正向遍历：

```
int[][] dp = new int[m][n];
for (int i = 0; i < m; i++)
    for (int j = 0; j < n; j++)
        dp[i][j] = ...
```

有时候是反向遍历：

```
for (int i = m - 1; i >= 0; i--)
    for (int j = n - 1; j >= 0; j--)
        dp[i][j] = ...
```

有时候可能会斜向遍历：

```
// 斜着遍历数组
for (int l = 2; l <= n; l++) {
    for (int i = 0; i <= n - l; i++) {
        int j = l + i - 1;
        dp[i][j] = ...
    }
}
```

其至更让人迷惑的是，有时候发现正向反向遍历都可以得到正确答案。那么，如果仔细观察是可以发现其中的原因的。你只要把握住两点就行了：

1 遍历的过程中，所需的状态必须是已经计算出来的。

2 遍历的终点必须是存储结果的那个位置。

下面来具体解释这两个原则是什么意思。

比如编辑距离这个经典的问题，详解见后文编辑距离详解，我们通过对 **dp** 数组的定义，确定了 base case 是 **dp[..][0]** 和 **dp[0][..]**，最终答案是 **dp[m][n]**；而且我们通过状态转移方程知道 **dp[i][j]** 需要从 **dp[i-1][j]**, **dp[i][j-1]**, **dp[i-1][j-1]** 转移而来，如下图：

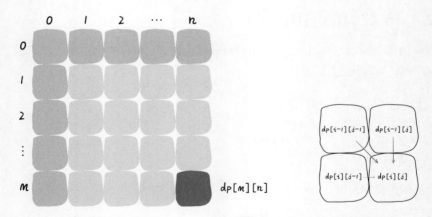

那么，参考刚才说的两条原则，该怎么遍历 **dp** 数组呢？肯定是正向遍历：

```
for (int i = 1; i < m; i++)
    for (int j = 1; j < n; j++)
        // 通过 dp[i-1][j], dp[i][j-1], dp[i-1][j-1]
        // 计算 dp[i][j]
```

因为，这样每一步迭代的左边、上边、左上边的位置都是 base case 或者之前计算过的，而且最终结束在我们想要的答案 **dp[m][n]**。

再举一例，回文子序列问题，详见 "2.7 子序列问题解题模板：最长回文子序列"，我们通过对 **dp** 数组的定义，确定了 base case 处在中间的对角线，**dp[i][j]** 需要从 **dp[i+1][j]**, **dp[i][j-1]**, **dp[i+1][j-1]** 转移而来，想要求的最终答案是 **dp[0][n-1]**，如下图：

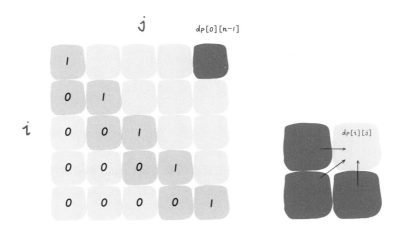

这种情况根据刚才的两个原则，就可以有两种正确的遍历方式：

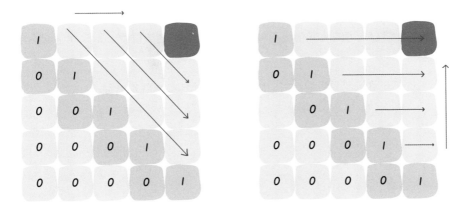

要么从左至右斜着遍历，要么从下向上从左到右遍历，这样才能保证每次 **dp[i][j]** 的左边、下边、左下边已经计算完毕，得到正确结果。

比如倒着遍历的代码类似下面这样：

```
for (int i = n - 2; i >= 0; i--)
    for (int j = i + 1; j < n; j++)
        // 通过 dp[i+1][j], dp[i][j-1], dp[i+1][j-1]
        // 计算 dp[i][j]
```

如果希望斜着遍历数组，那么代码应该类似下面这样：

```
// 变量 l 用来辅助斜向遍历
for (int l = 2; l <= n; l++) {
    for (int i = 0; i <= n - l; i++) {
        int j = l + i - 1;
        // 通过 dp[i+1][j], dp[i][j-1], dp[i+1][j-1]
        // 计算 dp[i][j]
    }
}
```

现在，你应该理解了这两个原则，**主要就是看 base case 和最终结果的存储位置，保证遍历过程中使用的数据都是计算完毕的就行**。有时候确实存在多种方法可以得到正确答案，可根据个人喜好自行选择。

动态规划问题最困难的就是推导状态转移方程，base case 和最终状态的位置都比较容易看出来。那我们也可以反过来思考，对于比较困难的问题，如果暂时想不到状态转移方程，可以先确定 base case 和最终状态，然后通过它们的相对位置，来猜测状态转移方程，猜测 dp[i][j] 可能从哪些状态转移而来，思路往这方面靠，很大概率就能发现状态转移关系。

总之，对于套路一定要活学活用，黑猫白猫，逮住老鼠就是好猫。

2.5 经典动态规划：最长公共子序列

最长公共子序列（Longest Common Subsequence，简称 LCS）是一道非常经典的面试题目，因为它的解法是典型的二维动态规划，大部分比较困难的字符串问题都和这个问题一个套路，比如说编辑距离。而且，这个算法稍加改造就可以用于解决其他问题，所以说 LCS 算法是值得掌握的。

"最长公共子序列" 问题就是让我们求两个字符串的 LCS 长度。

比如输入 `str1 = "abcde"`, `str2 = "aceb"`，算法应该输出 3，因为 `str1` 和 `str2` 的最长公共子序列是 `"ace"`，它的长度是 3。

有读者会问，为什么这个问题就是用动态规划来解决呢？因为子序列类型的问题，穷举出所有可能的结果都不容易，而动态规划算法做的就是穷举 + 剪枝，它俩天生一对。所以可以说只要涉及子序列问题，十有八九需要动态规划来解决，往这方面考虑就对了。

动态规划思路

第一步，一定要明确 `dp` 数组的含义。

对于两个字符串的动态规划问题，套路是通用的，一般都需要一个二维 `dp` 数组。

比如对于字符串 `s1` 和 `s2`，一般来说要构造一个这样的 DP table：

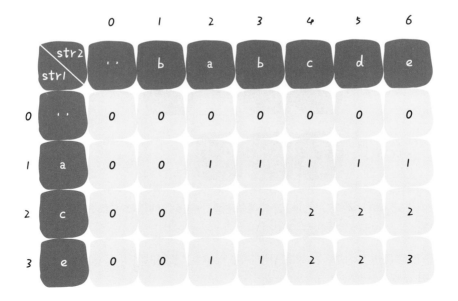

其中，`dp[i][j]` 的含义是：对于 `s1[0..i-1]` 和 `s2[0..j-1]`，它们的 LCS 长度是 `dp[i][j]`。

比如上图这个例子，`dp[2][4] = 2` 的含义就是：对于 `"ac"` 和 `"babc"`，它们的 LCS 长度是 2。根据这个定义，最终想得到的答案应该是 `dp[3][6]`。

第二步，定义 base case。

专门让索引为 0 的行和列表示空串，`dp[0][..]` 和 `dp[..][0]` 都应该初始化为 0，这就是 base case。

比如按照刚才 `dp` 数组的定义，`dp[0][3]=0` 的含义是：对于空字符串 `""` 和 `"bab"`，其 LCS 的长度为 0。因为有一个字符串是空串，它们的最长公共子序列的长度显然应该是 0。

第三步，找状态转移方程。

这其实就是之前在动态规划套路中说的做"选择"。具体到这个问题，是求 `s1` 和 `s2` 的最长公共子序列，不妨称这个子序列为 `lcs`。那么对于 `s1` 和 `s2` 中的每个字符，有什么选择？

很简单，**两种选择，要么在 lcs 中，要么不在。**

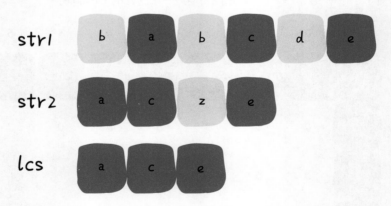

这个"在"和"不在"就是选择，关键是，应该如何选择？换句话说，对于 `s1[i]` 和 `s2[j]`，怎么知道它们到底在不在 `lcs` 中？

可以很容易想到的是，如果某个字符在 `lcs` 中，那么这个字符肯定同时存在于 `s1` 和 `s2` 中，因为 `lcs` 是最长**公共**子序列嘛。

可以先写一个递归解法，参考前文定义的 **dp** 数组来定义 **dp** 函数。

dp(i, j) 表示 s1[0..i] 和 s2[0..j] 中最长公共子序列的长度，这样就可以找到状态转移关系：

如果 **s1[i] == s2[j]**，说明这个公共字符一定在 **lcs** 中，如果知道了 **s1[0..i-1]** 和 **s2[0..j-1]** 中的 **lcs** 长度，再加 1 就是 **s1[0..i]** 和 **s2[0..j]** 中 **lcs** 的长度。根据 **dp** 函数的定义，就是以下逻辑：

```
if str1[i] == str2[j]:
    dp(i, j) = dp(i - 1, j - 1) + 1
```

如果 **s1[i] != s2[j]**，说明 **s1[i]** 和 **s2[j]** 这两个字符**至少有一个不在 lcs 中**，那到底是哪个字符不在 **lcs** 中呢？我们都试一下呗，根据 **dp** 函数的定义，就是以下逻辑：

```
if str1[i] != str2[j]:
    dp(i, j) = max(dp(i - 1, j), dp(i, j -1))
```

明白了状态转移方程，可以直接写出解法：

```python
def longestCommonSubsequence(str1, str2) -> int:
    def dp(i, j):
        # 空串的 base case
        if i == -1 or j == -1:
            return 0

        if str1[i] == str2[j]:
            #这边找到一个 lcs 中的元素
            return dp(i - 1, j - 1) + 1
        else:
            # 至少有一个字符不在 lcs 中
            # 都试一下，谁能让 lcs 最长，就听谁的
            return max(dp(i-1, j), dp(i, j-1))

    # 想计算 str1[0..end] 和 str2[0..end] 中的 lcs 长度
    return dp(len(str1)-1, len(str2)-1)
```

这段代码就是暴力解法，可以通过备忘录或者 DP table 来优化时间复杂度，比如通过前文描述的 DP table 来解决：

```
int longestCommonSubsequence(string str1, string str2) {
    int m = str1.size(), n = str2.size();
    // 定义：对于 s1[0..i-1] 和 s2[0..j-1]，它们的 lcs 长度是 dp[i][j]
    vector<vector<int>> dp(m + 1, vector<int>(n + 1, 0));
    // base case: dp[0][..] = dp[..][0] = 0，已初始化

    for (int i = 1; i <= m; i++) {
        for (int j = 1; j <= n; j++) {
            // 状态转移逻辑
            if (str1[i - 1] == str2[j - 1]) {
                dp[i][j] = dp[i - 1][j - 1] + 1;
            } else {
                dp[i][j] = max(dp[i][j - 1], dp[i - 1][j]);
            }
        }
    }
    return dp[m][n];
}
```

由于数组索引从 0 开始，所以 dp 数组的定义和 dp 函数略有区别，不过状态转移思路完全一样。

可能会有读者问：对于 s1[i] 和 s2[j] 不相等的情况，至少有一个字符不在 lcs 中，但会不会两个字符都不在呢？比如下面这种情况：

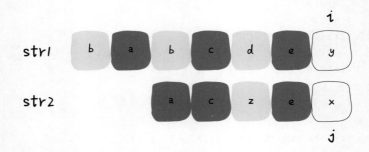

所以状态转移代码是不是应该考虑这种情况，改成这样：

```
if str1[i - 1] == str2[j - 1]:
    dp[i][j] = 1 + dp[i-1][j-1]
else:
    dp[i][j] = max(
```

```
        dp[i-1][j], # s1[i] 不在 lcs 中
        dp[i][j-1], # s2[j] 不在 lcs 中
        dp[i-1][j-1] # 都不在 lcs 中
    )
```

完全可以这样改，改完也能得到正确答案，但其实多此一举，因为 `dp[i-1][j-1]` 永远是三者中最小的，max 根本不可能取到它。

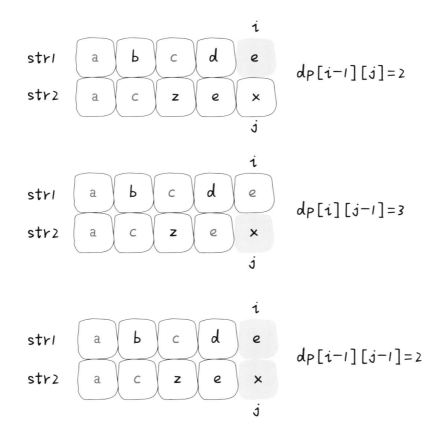

这样一看，`dp[i-1][j-1]` 对应的 `s1` 和 `s2` 是最短的，那么这种情况下 `lcs` 的长度就不可能比前两种情况大，所以取最大值就没有必要参与比较。

对于两个字符串的动态规划问题，一般来说都是像本节一样定义 DP table，`dp[i][j]` 的状态可以通过之前的状态推导出来：

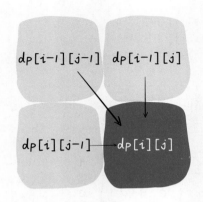

对于这种状态转移情况，其实可以把二维 dp 数组进行状态压缩优化成一维，后面会讲状态压缩的技巧。

找状态转移方程的方法是思考每个状态有哪些"选择"，只要我们能用正确的逻辑做出正确的选择，算法就能够正确运行。

2.6 经典动态规划：编辑距离

我之前看了一份某大厂的面试题，算法部分一大半是动态规划，最后一题就是写一个计算编辑距离的函数，本节专门探讨一下这个问题。

我个人很喜欢编辑距离这个问题，因为它看起来十分困难，解法却出奇的简单漂亮，而且它是少有的比较实用的算法（是的，我承认很多算法问题都不太实用）。

"编辑距离"问题在刷题平台上的难度是 Hard，下面来看下题目：

可以对一个字符串进行三种操作：**插入**一个字符，**删除**一个字符，**替换**一个字符。

现在给你两个字符串 **s1** 和 **s2**，请计算将 **s1** 转换成 **s2** **最少**需要多少次操作，函数签名如下：

```
def minDistance(s1: str, s2: str) -> int:
```

比如输入 `s1 = "intention"`, `s2 = "execution"`，那么算法应该返回 5，因为**最少**需要 5 步可以将 **s1** 替换成 **s2**：

第一步删除 't'，intention -> inention

第二步将 'i' 替换为 'e'，inention -> enention

第三步将 'n' 替换为 'x'，enention -> exention

第四步将 'n' 替换为 'c'，exention -> exection

第五步插入 'u'，exection -> execution

这样 **s1** 就变成了 **s2**。

如果对动态规划不熟悉，这个题目确实让人手足无措，望而生畏。

但为什么说它实用呢？因为前几天我就在日常生活中用到了这个算法。之前我有一篇公众号文章由于疏忽，写错位了一段内容，我决定修改这部分内容让逻辑通顺。但是已发送的推文最多只能修改 20 个字，且只支持插入、删除、替换操作（跟编辑距离问题一模一样），于是我就用算法求出了一个最优方案，只用了 16 步就完成了修改。

再如"高大上"一点的应用，DNA 序列是由 `A,G,C,T` 组成的碱基序列，可以类比成字符串。编辑距离可以衡量两个 DNA 序列的相似度，编辑距离越小，说明这两段 DNA 越相似，说不定这两个 DNA 的主人是远古近亲之类的。

下面言归正传，详细讲解编辑距离该怎么算，相信会让你有收获。

2.6.1　思路分析

编辑距离问题就是给定两个字符串 `s1` 和 `s2`，只能用三种操作把 `s1` 变成 `s2`，求最少的操作数。需要明确的是，不管是把 `s1` 变成 `s2` 还是反过来，结果都是一样的，所以下面就以 `s1` 变成 `s2` 举例。

解决两个字符串的动态规划问题，一般都是用两个指针 `i,j` 分别指向两个字符串的最后，然后一步步往前走，缩小问题的规模。

设两个字符串分别为 "rad" 和 "apple"，为了把 `s1` 变成 `s2`，算法会这样进行：

请记住这个过程，这样就能算出编辑距离。关键在于如何做出正确的操作，稍后会讲。

根据上面的步骤，可以发现操作不只有三个，其实还有第四个操作，就是什么都不要做（skip）。比如这种情况：

因为这两个字符本来就相同，为了使编辑距离最小，显然不应该对它们有任何操作，直接往前移动 `i,j` 即可。

还有一个很容易处理的情况，就是 **j** 走完 **s2** 时，如果 **i** 还没走完 **s1**，那么只能用删除操作把 **s1** 缩短为 **s2**。比如这个情况：

类似的，如果 **i** 走完 **s1** 时 **j** 还没走完了 **s2**，那就只能用插入操作把 **s2** 剩下的字符全部插入 **s1**。下面会看到，这两种情况就是算法的 base case。

下面详解如何将思路转换成代码，坐稳，要发车了。

2.6.2　代码详解

先梳理一下之前的思路：

base case 是 **i** 走完 **s1** 或 **j** 走完 **s2**，可以直接返回另一个字符串剩下的长度。

对于每对字符 **s1[i]** 和 **s2[j]**，可以有 4 种操作：

```
if s1[i] == s2[j]:
    啥都别做（skip）
    i, j 同时向前移动
else:
    三选一：
        插入（insert）
        删除（delete）
        替换（replace）
```

有了这个框架，问题就已经解决了。根据前面介绍过的动态规划的套路，动态规划问题不就是找"状态"和"选择"吗？

"状态"就是算法在推进过程中会变化的变量，显然这里就是指针 **i** 和 **j** 的位置。

"选择"就是对于每一个状态，可以做出的选择，刚才已经分析得很清楚了，也就是 skip, insert, delete, replace 这 4 种操作。

直接看代码吧，解法需要递归，后面会详细解释：

```python
def minDistance(s1, s2) -> int:
    # dp 函数的定义：
    # s1[0..i] 和 s2[0..j] 的最小编辑距离是 dp(i, j)
    def dp(i, j) -> int:
        # base case
        if i == -1: return j + 1
        if j == -1: return i + 1
        # 做选择
        if s1[i] == s2[j]:
            return dp(i - 1, j - 1)  # 什么都不做
        else:
            return min(
                dp(i, j - 1) + 1,      # 插入
                dp(i - 1, j) + 1,      # 删除
                dp(i - 1, j - 1) + 1 # 替换
            )

    # i, j 初始化指向最后一个索引
    return dp(len(s1) - 1, len(s2) - 1)
```

下面来详细解释这段递归代码，base case 应该不用解释了，主要解释一下递归部分。

都说递归代码的可解释性很好，这是有道理的，只要理解函数的定义，就能很清楚地理解算法的逻辑。这里 dp(i, j) 函数的定义是这样的：

dp(i, j) 的返回值就是 s1[0..i] 和 s2[0..j] 的最小编辑距离。

记住这个定义之后，先来看这段代码：

```python
if s1[i] == s2[j]:
    return dp(i - 1, j - 1)  # 什么都不做
# 解释：
# 本来就相等，不需要任何操作
# s1[0..i] 和 s2[0..j] 的最小编辑距离等于
# s1[0..i-1] 和 s2[0..j-1] 的最小编辑距离
# 也就是说 dp(i, j) 等于 dp(i-1, j-1)
```

如果 s1[i]!=s2[j]，就要对三个操作递归了，稍微需要一些思考：

```
dp(i, j - 1) + 1,      # 插入
# 解释:
# 直接在 s1[i] 中插入一个和 s2[j] 一样的字符
# 那么 s2[j] 就被匹配了，前移 j，继续和 i 对比
# 别忘了操作数加一
```

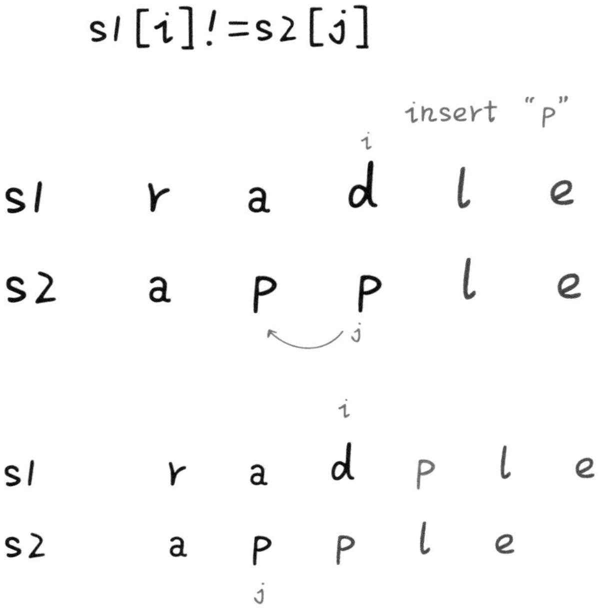

s1[i]!=s2[j]

insert "p"

s1   r   a   d   l   e

s2   a   p   p   l   e

s1   r   a   d   p   l   e

s2   a   p   p   l   e

```
dp(i - 1, j) + 1,      # 删除
# 解释:
# 直接把 s[i] 这个字符删掉
# 前移 i，继续和 j 对比
# 操作数加一
```

s2走完了

delete

s1   r   a   p   p   l   e

s2   a   p   p   l   e

```
dp(i - 1, j - 1) + 1 # 替换
# 解释：
# 直接把 s1[i] 替换成 s2[j]，这样它俩就匹配了
# 同时前移 i, j 继续对比
# 操作数加一
```

现在读者能完全理解这段短小精悍的代码了吧。还有点小问题，这个解法是暴力解法，存在重叠子问题，需要用动态规划技巧来优化。

怎么能一眼看出存在重叠子问题呢？ 需要抽象出本节算法的递归框架：

```
def dp(i, j):
    dp(i - 1, j - 1)  #1
    dp(i, j - 1)      #2
    dp(i - 1, j)      #3
```

对于子问题 dp(i-1, j-1)，如何通过原问题 dp(i, j) 得到呢？有不止一条路径，比如 dp(i, j) -> #1 和 dp(i, j) -> #2 -> #3。只要你发现存在一条重复路径，就说明一定存在巨量重复路径，也就是存在重叠子问题。

2.6.3　动态规划优化

对于重叠子问题呢，前面的"动态规划详解"也详细介绍过，优化方法无非是备忘录或者 DP table。

备忘录很好加，原来的代码稍加修改即可：

```python
def minDistance(s1, s2) -> int:

    memo = dict() # 备忘录
    def dp(i, j):
        # 先查备忘录，避免重复计算
        if (i, j) in memo:
            return memo[(i, j)]
        # base case
        if i == -1: return j + 1
        if j == -1: return i + 1

        if s1[i] == s2[j]:
            memo[(i, j)] = dp(i - 1, j - 1)
        else:
            memo[(i, j)] = min(
                dp(i, j - 1) + 1,      # 插入
                dp(i - 1, j) + 1,      # 删除
                dp(i - 1, j - 1) + 1 # 替换
            )
        return memo[(i, j)]

    return dp(len(s1) - 1, len(s2) - 1)
```

下面主要说说 DP table 的解法。

首先明确 dp 数组的含义，dp 数组是一个二维数组，长这样：

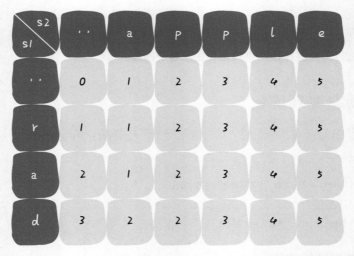

有了之前递归解法的铺垫，应该很容易理解上述内容。`dp[..][0]` 和 `dp[0][..]` 对应 base case，`dp[i][j]` 的含义和之前的 dp 函数类似：

```
def dp(i, j) -> int
# 返回 s1[0..i] 和 s2[0..j] 的最小编辑距离

dp[i][j]
# 存储 s1[0..i-1] 和 s2[0..j-1] 的最小编辑距离
```

`dp` 函数的 base case 是 `i,j` 等于 -1，而数组索引至少是 0，所以 `dp` 数组会偏移一位。

既然 `dp` 数组和递归 `dp` 函数含义一样，也就可以直接套用之前的思路写代码，**唯一不同的是，DP table 是自底向上求解，递归解法是自顶向下求解**：

```
int minDistance(String s1, String s2) {
    int m = s1.length(), n = s2.length();
    int[][] dp = new int[m + 1][n + 1];
    // base case
    for (int i = 1; i <= m; i++)
        dp[i][0] = i;
    for (int j = 1; j <= n; j++)
        dp[0][j] = j;
    // 自底向上求解
    for (int i = 1; i <= m; i++)
        for (int j = 1; j <= n; j++)
            if (s1.charAt(i-1) == s2.charAt(j-1))
                dp[i][j] = dp[i - 1][j - 1];
```

```
        else
            dp[i][j] = min(
                dp[i - 1][j] + 1,
                dp[i][j - 1] + 1,
                dp[i-1][j-1] + 1
            );
    // 存储着整个 s1 和 s2 的最小编辑距离
    return dp[m][n];
}

int min(int a, int b, int c) {
    return Math.min(a, Math.min(b, c));
}
```

2.6.4　扩展延伸

一般来说，处理两个字符串的动态规划问题，都是按本节的思路处理，建立 DP table。这是为什么呢？因为这样易于找出状态转移的关系，比如编辑距离的 DP table：

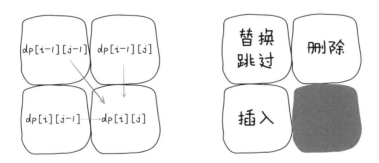

还有一个细节，既然每个 `dp[i][j]` 只和它左侧、上面、左上的三个状态有关，空间复杂度是可以压缩成 $O(\min(M, N))$ 的（M，N 是两个字符串的长度），但是可解释性降低，读者可以自己尝试优化。

你可能还会问，**这里只求出了最小的编辑距离，那具体的操作是什么**？只有一个最小编辑距离肯定不够，还需知道具体怎么修改才行。

这个其实很简单，代码稍加修改，给 dp 数组增加额外的信息即可：

```
// int[][] dp;
Node[][] dp;

class Node {
```

```
    int val;
    int choice;
    // 0 代表啥都不做
    // 1 代表插入
    // 2 代表删除
    // 3 代表替换
}
```

val 属性就是之前的 dp 数组的数值，choice 属性代表操作。在做最优选择时，顺便把操作记录下来，然后就从结果反推具体操作。

我们的最终结果不是 dp[m][n] 吗？这里的 val 存储着最小编辑距离，choice 存储着最后一个操作，比如插入操作，那么就可以左移一格：

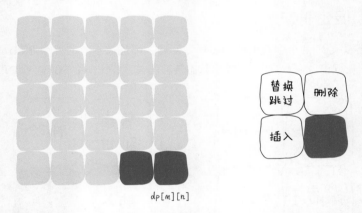

$dp[m][n]$

重复此过程，可以一步步回到起点 dp[0][0]，形成一条路径，按这条路径上的操作进行编辑，就是最佳方案。

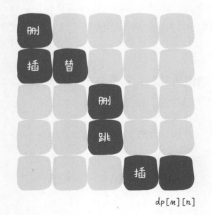

$dp[m][n]$

明白了这个思路，可以来具体看一下代码，首先不能简单地定义 int 型的 dp 数组，新建一个 Node 结构，用于记录到 dp[i][j] 的最小编辑距离和当前的选择：

```
/*
val 记录到当前的操作次数；
choice 记录这一次的选择是什么，其中：
    0 代表什么都不做
    1 代表插入
    2 代表删除
    3 代表替换
*/
class Node {
    int val;
    int choice;
    Node(int val, int choice) {
        this.val = val;
        this.choice = choice;
    }
}
```

然后，稍微修改前面的解法代码，将 int[][] dp 升级成 Node[][] dp：

```
int minDistance(String s1, String s2) {
    int m = s1.length(), n = s2.length();
    Node[][] dp = new Node[m + 1][n + 1];
    // base case
    for (int i = 0; i <= m; i++) {
        // s1 转化成 s2 只需要删除一个字符
        dp[i][0] = new Node(i, 2);
    }
    for (int j = 1; j <= n; j++) {
        // s1 转化成 s2 只需要插入一个字符
        dp[0][j] = new Node(j, 1);
    }
    // 状态转移方程
    for (int i = 1; i <= m; i++)
        for (int j = 1; j <= n; j++)
            if (s1.charAt(i-1) == s2.charAt(j-1)){
                // 如果两个字符相同，则什么都不需要做
                Node node = dp[i - 1][j - 1];
                dp[i][j] = new Node(node.val, 0);
            } else {
                // 否则，记录代价最小的操作
```

```
                dp[i][j] = minNode(
                    dp[i - 1][j],
                    dp[i][j - 1],
                    dp[i-1][j-1]
                );
                // 并且将编辑距离加一
                dp[i][j].val++;
        }
    // 根据 dp table 反推具体操作过程并打印
    printResult(dp, s1, s2);
    return dp[m][n].val;
}
```

其中，**minNode** 方法是自己写的，返回三个 **Node** 中 **val** 最小的那个，并记录其 **choice**：

```
// 计算 delete, insert, replace 中代价最小的操作
Node minNode(Node a, Node b, Node c) {
    Node res = new Node(a.val, 2);

    if (res.val > b.val) {
        res.val = b.val;
        res.choice = 1;
    }
    if (res.val > c.val) {
        res.val = c.val;
        res.choice = 3;
    }
    return res;
}
```

最后，**printResult** 函数反推结果并把具体的操作打印出来：

```
void printResult(Node[][] dp, String s1, String s2) {
    int rows = dp.length;
    int cols = dp[0].length;
    int i = rows - 1, j = cols - 1;
    System.out.println("Change s1=" + s1 + " to s2=" + s2 + ":\n");
    while (i != 0 && j != 0) {
        char c1 = s1.charAt(i - 1);
        char c2 = s2.charAt(j - 1);
        int choice = dp[i][j].choice;
        System.out.print("s1[" + (i - 1) + "]:");
```

```java
            switch (choice) {
                case 0:
                    // 跳过，则两个指针同时前进
                    System.out.println("skip '" + c1 + "'");
                    i--; j--;
                    break;
                case 1:
                    // 将 s2[j] 插入 s1[i]，则 s2 指针前进
                    System.out.println("insert '" + c2 + "'");
                    j--;
                    break;
                case 2:
                    // 将 s1[i] 删除，则 s1 指针前进
                    System.out.println("delete '" + c1 + "'");
                    i--;
                    break;
                case 3:
                    // 将 s1[i] 替换成 s2[j]，则两个指针同时前进
                    System.out.println(
                        "replace '" + c1 + "'" + " with '" + c2 + "'");
                    i--; j--;
                    break;
            }
        }
        // 如果 s1 还没有走完，则剩下的都是需要删除的
        while (i > 0) {
            System.out.print("s1[" + (i - 1) + "]:");
            System.out.println("delete '" + s1.charAt(i - 1) + "'");
            i--;
        }
        // 如果 s2 还没有走完，则剩下的都是需要插入 s1 的
        while (j > 0) {
            System.out.print("s1[0]:");
            System.out.println("insert '" + s2.charAt(j - 1) + "'");
            j--;
        }
    }
```

　　至此，编辑距离的全部问题都解决了，读者不妨思考，如果每个操作有不同的编辑距离权重，比如删除和插入的操作权重为 2，替换操作的权重为 1，应如何计算编辑距离？如果新增一些操作，比如允许交换两个相邻字符，那么应如何计算编辑距离？

2.7 子序列问题解题模板：最长回文子序列

子序列问题是常见的算法问题，而且并不好解决。

首先，子序列问题本身就相对子串、子数组更困难一些，因为前者是不连续的序列，而后两者是连续的，就算穷举你都不一定会，更别说求解相关的算法问题了。

而且，子序列问题很可能涉及两个字符串，比如前文最长公共子序列，如果没有一定的处理经验，真的不容易想出来。所以本节就来讲一讲子序列问题的套路，其实就有两种模板，相关问题只要往这两种思路上想，十拿九稳。

一般来说，这类问题都是求一个**最长子序列**，因为最短子序列就是一个字符嘛，没什么可问的。一旦涉及子序列和最值，那几乎可以肯定，**考察的是动态规划技巧，时间复杂度一般都是** $O(n^2)$。

原因很简单，你想想一个字符串，它的子序列有多少种可能？起码是指数级的吧，这种情况下，不用动态规划技巧，还想怎么着？

既然要用动态规划，那就要定义 dp 数组，寻找状态转移关系。我们说的两种思路模板，就是 dp 数组的定义思路。不同的问题可能需要不同的 dp 数组定义来解决。

2.7.1 两种思路

1 **第一种思路模板是一个一维的 dp 数组：**

```java
int n = array.length;
int[] dp = new int[n];

for (int i = 1; i < n; i++) {
    for (int j = 0; j < i; j++) {
        dp[i] = 最值(dp[i], dp[j] + ...)
    }
}
```

举个写过的例子"最长递增子序列"，在这个思路中 dp 数组的定义是：

在子数组 array[0..i] 中，以 array[i] 为结尾的最长递增子序列的长度为 dp[i]。

为什么最长递增子序列需要这种思路呢？前面讲得很清楚了，因为这样符合归纳法，可以找到状态转移的关系，这里就不具体展开了。

2 第二种思路模板是一个二维的 dp 数组：

```
int n = arr.length;
int[][] dp = new dp[n][n];

for (int i = 0; i < n; i++) {
    for (int j = 0; j < n; j++) {
        if (arr[i] == arr[j])
            dp[i][j] = dp[i][j] + ...
        else
            dp[i][j] = 最值 (...)
    }
}
```

这种思路运用得相对多一些，尤其是涉及两个字符串 / 数组的子序列，比如前文讲的"最长公共子序列"和"编辑距离"。本思路中 dp 数组含义又分为"只涉及一个字符串"和"涉及两个字符串"两种情况。

2a 涉及两个字符串 / 数组时（比如最长公共子序列），dp 数组的含义如下：

在子数组 arr1[0..i] 和子数组 arr2[0..j] 中，要求的子序列（最长公共子序列）长度为 dp[i][j]。

2b 只涉及一个字符串 / 数组时（比如下一节要讲的最长回文子序列），dp 数组的含义如下：

在子数组 arr[i..j] 中，要求的子序列（最长回文子序列）的长度为 dp[i][j]。

下面就借最长回文子序列这个问题，详解第二种情况下如何使用动态规划。

2.7.2 最长回文子序列

关于"回文串"的问题，是面试中常见的，本节提升难度，讲一讲"最长回文子序列"问题，题目很好理解：

输入一个字符串 s，请找出 s 中的最长回文子序列长度。

比如输入 s = "aecda"，算法返回 3，因为最长回文子序列是 "aca"，长度为 3。

这个问题对 dp 数组的定义是：**在子串 s[i..j] 中，最长回文子序列的长度为 dp[i][j]**。一定要记住这个定义才能理解算法。

为什么这个问题要这样定义二维的 dp 数组呢？前面多次提到，**找状态转移需要归纳思维，说白了就是如何从已知的结果推出未知的部分**，这样定义容易归纳，容易发现状态转移关系。

具体来说，如果想求 dp[i][j]，假设知道了子问题 dp[i+1][j-1] 的结果（s[i+1..j-1] 中最长回文子序列的长度），是否能想办法算出 dp[i][j] 的值（s[i..j] 中最长回文子序列的长度）呢？

可以！这取决于 s[i] 和 s[j] 的字符：

如果它俩相等，那么它俩加上 s[i+1..j-1] 中的最长回文子序列就是 s[i..j] 的最长回文子序列：

如果它俩不相等，说明它俩**不可能同时**出现在 s[i..j] 的最长回文子序列中，那么把它俩分别加入 s[i+1..j-1] 中，看看哪个子串产生的回文子序列更长即可：

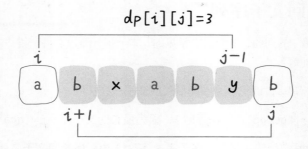

以上两种情况写成代码就是这样：

```
if (s[i] == s[j])
    // 它俩一定在最长回文子序列中
    dp[i][j] = dp[i + 1][j - 1] + 2;
else
    // s[i+1..j] 和 s[i..j-1] 谁的回文子序列更长？
    dp[i][j] = max(dp[i + 1][j], dp[i][j - 1]);
```

至此，状态转移方程就写出来了，根据 dp 数组的定义，我们要求的就是 **dp[0][n - 1]**，也就是整个 **s** 的最长回文子序列的长度。

2.7.3　代码实现

首先明确基本情况，如果只有一个字符，显然最长回文子序列长度是 1，也就是 **dp[i][j] = 1 (i == j)**。

因为 **i** 肯定小于或等于 **j**，所以对于那些 **i > j** 的位置，根本不存在什么子序列，应该初始化为 0。

另外，看看刚才写的状态转移方程，想求 **dp[i][j]** 需要知道 **dp[i+1][j-1]**、**dp[i+1][j]** 和 **dp[i][j-1]** 这三个位置；再看看我们确定的基本情况，填入 dp 数组之后是这样的：

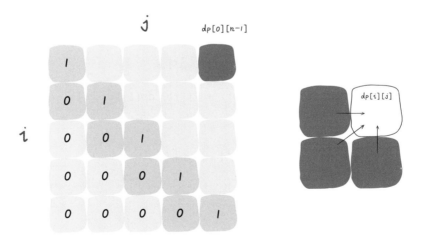

为了保证每次计算 **dp[i][j]**，左下右方向的位置已经被计算出来，只能斜着遍历或者反着遍历：

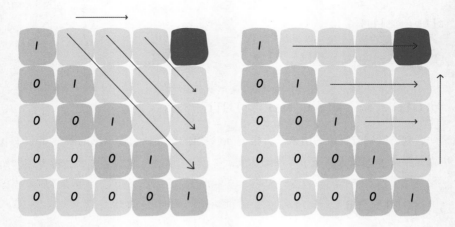

这里选择反着遍历，代码如下：

```
int longestPalindromeSubseq(string s) {
    int n = s.size();
    // dp 数组全部初始化为 0
    vector<vector<int>> dp(n, vector<int>(n, 0));
    // base case
    for (int i = 0; i < n; i++)
        dp[i][i] = 1;
    // 反向遍历保证正确的状态转移
    for (int i = n - 2; i >= 0; i--) {
        for (int j = i + 1; j < n; j++) {
            // 状态转移方程
            if (s[i] == s[j])
                dp[i][j] = dp[i + 1][j - 1] + 2;
            else
                dp[i][j] = max(dp[i + 1][j], dp[i][j - 1]);
        }
    }
    // 整个 s 的最长回文子序列长度
    return dp[0][n - 1];
}
```

至此，最长回文子序列的问题就解决了。

2.8 状态压缩：对动态规划进行降维打击

动态规划技巧对于算法效率的提升非常可观，一般来说都能把指数级和阶乘级时间复杂度的算法优化成 $O(N^2)$，堪称算法界的二向箔（科幻小说中的一种降维打击神器）。

但是，动态规划本身也是可以进行阶段性优化的，比如我们常听说的"状态压缩"技巧，就能够把很多动态规划解法的空间复杂度进一步降低。

能够使用状态压缩技巧的动态规划都是二维 DP 问题，**你看它的状态转移方程，如果计算状态 `dp[i][j]` 需要的都是 `dp[i][j]` 相邻的状态**，那么就可以使用状态压缩技巧，将二维的 **dp** 数组转化成一维，将空间复杂度由 $O(N^2)$ 降低到 $O(N)$。

什么叫 "和 `dp[i][j]` 相邻的状态" 呢？比如在 "2.7 子序列问题解题模板：最长回文子序列" 中，最终的代码如下：

```cpp
int longestPalindromeSubseq(string s) {
    int n = s.size();
    // dp 数组全部初始化为 0
    vector<vector<int>> dp(n, vector<int>(n, 0));
    // base case
    for (int i = 0; i < n; i++)
        dp[i][i] = 1;
    // 反向遍历保证正确的状态转移
    for (int i = n - 2; i >= 0; i--) {
        for (int j = i + 1; j < n; j++) {
            // 状态转移方程
            if (s[i] == s[j])
                dp[i][j] = dp[i + 1][j - 1] + 2;
            else
                dp[i][j] = max(dp[i + 1][j], dp[i][j - 1]);
        }
    }
    // 整个 s 的最长回文子序列长度
    return dp[0][n - 1];
}
```

注意：本节不探讨如何推状态转移方程，只探讨对二维 DP 问题进行状态压缩的技巧。如果对状态转移方程有疑问，可以阅读前文。

根据代码中的 for 循环遍历顺序，你看看对 `dp[i][j]` 的更新，其实只依赖于 `dp[i+1][j-1]`、`dp[i][j-1]` 和 `dp[i+1][j]` 这三个状态：

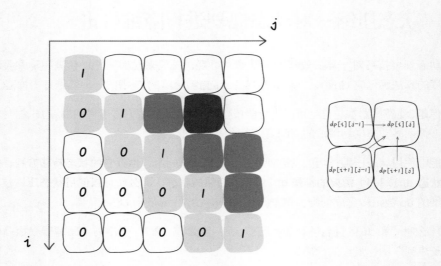

这就叫和 `dp[i][j]` 相邻，反正你计算 `dp[i][j]` 只需要这三个相邻状态，其实根本不需要那么大一个二维的 dp table 对不对？**状态压缩的核心思路就是，将二维数组降维"投影"到一维数组**：

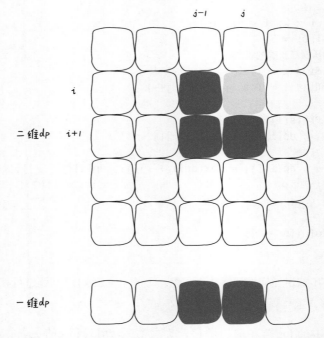

思路很直观，但是也有一个明显的问题，图中 `dp[i][j-1]` 和 `dp[i+1][j-1]` 这两

个状态处在同一列，而一维数组中只能容下一个，那么当计算 **dp[i][j]** 时，它俩必然有一个会被另一个覆盖掉，怎么办？

这就是状态压缩的难点，下面就来分析解决这个问题，还是拿"最长回文子序列"问题举例，它的状态转移方程的主要逻辑就是如下这段代码：

```
for (int i = n - 2; i >= 0; i--) {
    for (int j = i + 1; j < n; j++) {
        // 状态转移方程
        if (s[i] == s[j])
            dp[i][j] = dp[i + 1][j - 1] + 2;
        else
            dp[i][j] = max(dp[i + 1][j], dp[i][j - 1]);
    }
}
```

想把二维 **dp** 数组压缩成一维，一般来说是把第一个维度，也就是 **i** 这个维度去掉，只剩下 **j** 这个维度。**压缩后的一维 dp 数组就是之前二维 dp 数组的 dp[i][..] 那一行。**

先将上述代码进行改造，直接去掉 **i** 这个维度，把 **dp** 数组变成一维：

```
for (int i = n - 2; i >= 0; i--) {
    for (int j = i + 1; j < n; j++) {
        // 在这里，一维 dp 数组中的数是什么?
        if (s[i] == s[j])
            dp[j] = dp[j - 1] + 2;
        else
            dp[j] = max(dp[j], dp[j - 1]);
    }
}
```

上述代码的一维 **dp** 数组只能表示二维 **dp** 数组的一行 **dp[i][..]**，那怎么才能得到 **dp[i+1][j-1]**、**dp[i][j-1]** 和 **dp[i+1][j]** 这几个必要的值，进行状态转移呢？

在代码中注释的位置，将要进行状态转移，更新 **dp[j]**，那么要来思考两个问题：

1 在对 **dp[j]** 赋新值之前，**dp[j]** 对应着二维 **dp** 数组中的什么位置？

2 **dp[j-1]** 对应着二维 **dp** 数组中的什么位置？

对于问题 1，在对 dp[j] 赋新值之前，dp[j] 的值就是外层 for 循环上一次迭代算出来的值，也就是对应二维 dp 数组中 dp[i+1][j] 的位置。

对于问题 2，`dp[j-1]` 的值就是内层 for 循环上一次迭代算出来的值，也就是对应二维 `dp` 数组中 `dp[i][j-1]` 的位置。

那么问题已经解决了一大半，只剩下二维 `dp` 数组中的 `dp[i+1][j-1]` 这个状态不能直接从一维 `dp` 数组中得到：

```
for (int i = n - 2; i >= 0; i--) {
    for (int j = i + 1; j < n; j++) {
        if (s[i] == s[j])
            // dp[i][j] = dp[i+1][j-1] + 2;
            dp[j] = ?? + 2;
        else
            // dp[i][j] = max(dp[i+1][j], dp[i][j-1]);
            dp[j] = max(dp[j], dp[j - 1]);
    }
}
```

因为 for 循环遍历 **i** 和 **j** 的顺序为从左向右，从下向上，所以可以发现，在更新一维 `dp` 数组的时候，`dp[i+1][j-1]` 会被 `dp[i][j-1]` 覆盖掉，图中标出了这四个位置被遍历的次序：

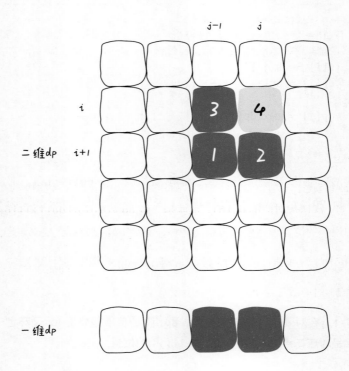

那么如果想得到 dp[i+1][j-1]，就必须在它被覆盖之前用一个临时变量 temp 把它存起来，并把这个变量的值保留到计算 dp[i][j] 的时候。为了达到这个目的，结合上图，可以这样写代码：

```
for (int i = n - 2; i >= 0; i--) {
    // 存储 dp[i+1][j-1] 的变量
    int pre = 0;
    for (int j = i + 1; j < n; j++) {
        int temp = dp[j];
        if (s[i] == s[j])
            // dp[i][j] = dp[i+1][j-1] + 2;
            dp[j] = pre + 2;
        else
            dp[j] = max(dp[j], dp[j - 1]);
        // 到下一轮循环，pre 就是 dp[i+1][j-1] 了
        pre = temp;
    }
}
```

别小看这段代码，这是一维 dp 最精妙的地方，会者不难，难者不会。为了清晰起见，下面用具体的数值来拆解这个逻辑：

假设现在 i = 5，j = 7 且 s[5] == s[7]，那么现在会进入下面这个逻辑：

```
if (s[5] == s[7])
    // dp[5][7] = dp[i+1][j-1] + 2;
    dp[7] = pre + 2;
```

其中的 pre 变量是什么？是内层 for 循环上一次迭代的 temp 值。

而内层 for 循环上一次迭代的 temp 值是什么？是 dp[j-1]，也就是 dp[6]，但这是外层 for 循环上一次迭代对应的 dp[6]，也就是二维 dp 数组中的 dp[i+1][6]=dp[6][6]。

也就是说，pre 变量就是 dp[i+1][j-1] = dp[6][6]，这也是我们想要的结果。

现在成功地对状态转移方程进行了降维打击，算是啃掉最硬的骨头了，但注意，还有 base case 要处理呀：

```
// 二维 dp 数组全部初始化为 0
vector<vector<int>> dp(n, vector<int>(n, 0));
```

```
// base case
for (int i = 0; i < n; i++)
    dp[i][i] = 1;
```

如何把 base case 也降成一维呢？很简单，记住状态压缩就是投影，把 base case 投影到一维看看：

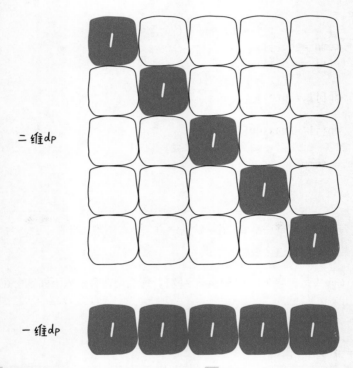

二维 **dp** 数组中的 base case 全都落入了一维 **dp** 数组，不存在冲突和覆盖，所以说直接这样写代码就行了：

```
// 一维 dp 数组全部初始化为 1
vector<int> dp(n, 1);
```

至此，我们把 base case 和状态转移方程都进行了降维，实际上已经写出完整代码了：

```
int longestPalindromeSubseq(string s) {
    int n = s.size();
    // base case: 一维 dp 数组全部初始化为 1
    vector<int> dp(n, 1);
```

```
for (int i = n - 2; i >= 0; i--) {
    int pre = 0;
    for (int j = i + 1; j < n; j++) {
        int temp = dp[j];
        // 状态转移方程
        if (s[i] == s[j])
            dp[j] = pre + 2;
        else
            dp[j] = max(dp[j], dp[j - 1]);
        pre = temp;
    }
}
return dp[n - 1];
}
```

本节就结束了，不过状态压缩技巧再牛，也是基于常规动态规划思路的。

你也看到了，使用状态压缩技巧对二维 **dp** 数组进行降维打击之后，解法代码的可读性变得非常差了，如果直接看这种解法，任何人都是一头雾水。算法的优化就是这么一个过程，先写出可读性很好的暴力递归算法，然后尝试运用动态规划技巧优化重叠子问题，最后尝试用状态压缩技巧优化空间复杂度。

也就是说，最起码先能够熟练运用在"1.2 动态规划解题套路框架"讲过的套路找出状态转移方程，写出一个正确的动态规划解法，然后才有可能观察状态转移的情况，分析是否可能使用状态压缩技巧来优化。

希望读者能够稳扎稳打，层层递进，对于这种比较极限的优化，不做也罢。毕竟套路存于心，走遍天下都不怕！

2.9 以最小插入次数构造回文串

回文串就是正着读反着读都一样的字符，本书中有涉及回文问题的内容，是有关判断回文串或者寻找最长回文串/子序列的，本节就来研究一道构造回文串的问题：求解让字符串成为回文串的最少插入次数：

输入一个字符串 s，可以在字符串的任意位置插入任意字符。如果要把 s 变成回文串，请计算最少要进行多少次插入？

函数签名如下：

```
int minInsertions(string s);
```

比如输入 s = "abcea"，算法返回 2，因为可以给 s 插入 2 个字符变成回文串 "abeceba" 或者 "aebcbea"。如果输入 s = "aba"，则算法返回 0，因为 s 已经是回文串，不用插入任何字符。

2.9.1 思路分析

首先，要找最少的插入次数，那肯定要穷举喽，如果用暴力算法穷举出所有插入方法，时间复杂度是多少？

每次都可以在两个字符的中间插入任意一个字符，外加判断字符串是否为回文字符串，它的时间复杂度肯定暴增，而且是指数级的。

那么无疑，这个问题需要使用动态规划技巧来解决。回文问题一般都是从字符串的中间向两端扩散，构造回文串也是类似的。

定义一个二维的 dp 数组，dp[i][j] 的定义如下：对字符串 s[i..j]，最少需要进行 dp[i][j] 次插入才能变成回文串。

如果想求整个 s 的最少插入次数，根据这个定义，也就是想求 dp[0][n-1] 的大小（n 为 s 的长度）。

同时，base case 也很容易想到，当 i == j 时 dp[i][j] = 0，因为当 i == j 时 s[i..j] 就是一个字符，本身就是回文串，所以不需要进行任何插入操作。

接下来就是动态规划的重头戏了，利用数学归纳法思考状态转移方程。

2.9.2　状态转移方程

状态转移就是从小规模问题的答案推导更大规模问题的答案，从 base case 向其他状态推导嘛。如果现在想计算 `dp[i][j]` 的值，而且假设已经计算出了子问题 `dp[i+1][j-1]` 的值，能不能想办法推出 `dp[i][j]` 的值呢？

$$dp[i][j]=?$$

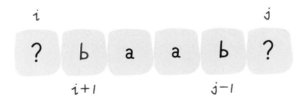

$$dp[i+1][j-1]=1$$

既然已经算出 `dp[i+1][j-1]`，即知道了 `s[i+1..j-1]` 成为回文串的最小插入次数，那么也就可以认为 `s[i+1..j-1]` 已经是一个回文串了，所以通过 `dp[i+1][j-1]` 推导 `dp[i][j]` 的关键就在于 `s[i]` 和 `s[j]` 这两个字符。

这个要分情况讨论，如果 `s[i] == s[j]`，不需要进行任何插入，只要知道如何把 `s[i+1..j-1]` 变成回文串即可：

$$dp[i][j]=?$$

翻译成代码就是这样：

```
if (s[i] == s[j]) {
    dp[i][j] = dp[i + 1][j - 1];
}
```

如果 `s[i] != s[j]`，就比较麻烦了，比如下面这种情况：

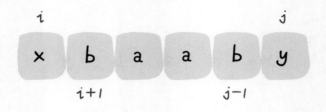

图一

最简单的想法就是，先把 `s[j]` 插到 `s[i]` 右边，同时把 `s[i]` 插到 `s[j]` 右边，这样构造出来的字符串一定是回文串：

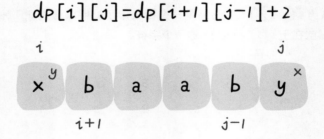

注意：当然，把 `s[j]` 插到 `s[i]` 左边，然后把 `s[i]` 插到 `s[j]` 左边也是一样的，后面会分析。

但是，这是不是就意味着代码可以直接这样写呢？

```
if (s[i] != s[j]) {
    // 把 s[j] 插到 s[i] 右边，把 s[i] 插到 s[j] 右边
    dp[i][j] = dp[i + 1][j - 1] + 2;
}
```

不对，比如说如下这两种情况，只需要插入一个字符即可使得 `s[i..j]` 变成回文：

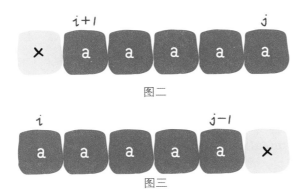

图二

图三

所以说，当 `s[i] != s[j]` 时，插入两次肯定可以让 `s[i..j]` 变成回文串，但是不一定是插入次数最少的，最优的插入方案应该被拆解成如下流程：

步骤一，做选择，先将 `s[i..j-1]` 或者 `s[i+1..j]` 变成回文串。怎么做选择呢？谁变成回文串的插入次数少，就选谁呗。

比如图二的情况，将 `s[i+1..j]` 变成回文串的代价小，因为它本身就是回文串，根本不需要插入；同理，对于图三，将 `s[i..j-1]` 变成回文串的代价更小。

然而，如果 `s[i+1..j]` 和 `s[i..j-1]` 都不是回文串，都至少需要插入一个字符才能变成回文，那么选择哪个都一样：

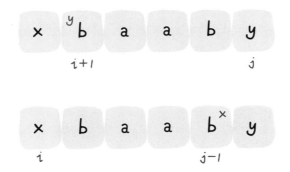

怎么知道 `s[i+1..j]` 和 `s[i..j-1]` 谁变成回文串的代价更小呢？

回头看看 `dp` 数组的定义是什么，`dp[i+1][j]` 和 `dp[i][j-1]` 不就是它们变成回文串的代价吗？

步骤二，根据步骤一的选择，将 `s[i..j]` 变成回文。

如果在步骤一中选择把 `s[i+1..j]` 变成回文串，那么在 `s[i+1..j]` 右边插入一个字

符 `s[i]` 一定可以将 `s[i..j]` 变成回文；同理，如果在步骤一中选择把 `s[i..j-1]` 变成回文串，在 `s[i..j-1]` 左边插入一个字符 `s[j]` 一定可以将 `s[i..j]` 变成回文。

那么根据刚才对 `dp` 数组的定义及以上的分析，`s[i] != s[j]` 时的代码逻辑如下：

```
if (s[i] != s[j]) {
    // 步骤一选择代价较小的
    // 步骤二必然要进行一次插入
    dp[i][j] = min(dp[i + 1][j], dp[i][j - 1]) + 1;
}
```

综合起来，状态转移方程如下：

```
if (s[i] == s[j]) {
    dp[i][j] = dp[i + 1][j - 1];
} else {
    dp[i][j] = min(dp[i + 1][j], dp[i][j - 1]) + 1;
}
```

这就是动态规划算法的核心，现在可以直接写出解法代码了。

2.9.3 代码实现

首先想想 base case 是什么，当 `i == j` 时 `dp[i][j] = 0`，因为这时候 `s[i..j]` 就是单个字符，本身就是回文串，不需要任何插入；最终的答案是 `dp[0][n-1]`（`n` 是字符串 `s` 的长度）。那么 dp table 长这样：

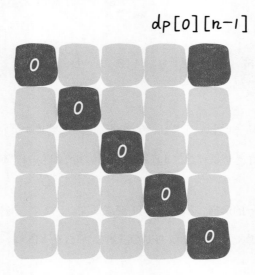

又因为状态转移方程中 `dp[i][j]` 和 `dp[i+1][j]`、`dp[i][j-1]`、`dp[i+1][j-1]` 三个状态有关，为了保证每次计算 `dp[i][j]` 时，这三个状态都已经被计算，一般选择从下向上，从左到右遍历 `dp` 数组：

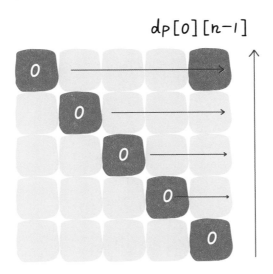

完整代码如下：

```cpp
int minInsertions(string s) {
    int n = s.size();
    // 定义: 对 s[i..j], 最少需要插入 dp[i][j] 次才能变成回文串
    vector<vector<int>> dp(n, vector<int>(n, 0));
    // base case: i == j 时 dp[i][j] = 0, 单个字符本身就是回文串
    // dp 数组已经全部初始化为 0, base case 已初始化

    // 从下向上遍历
    for (int i = n - 2; i >= 0; i--) {
        // 从左向右遍历
        for (int j = i + 1; j < n; j++) {
            // 根据 s[i] 和 s[j] 进行状态转移
            if (s[i] == s[j]) {
                dp[i][j] = dp[i + 1][j - 1];
            } else {
                dp[i][j] = min(dp[i + 1][j], dp[i][j - 1]) + 1;
            }
        }
    }
    // 根据 dp 数组的定义, 题目要求的答案是 dp[0][n-1]
```

```
    return dp[0][n - 1];
}
```

现在这道题解决了，时间和空间复杂度都是 $O(n^2)$。还有一个小优化，可以看出，dp 数组的状态之和和它相邻的状态有关，所以 dp 数组是可以压缩成一维的：

```
int minInsertions(string s) {
    int n = s.size();
    vector<int> dp(n, 0);

    int temp = 0;
    for (int i = n - 2; i >= 0; i--) {
        // 记录 dp[i+1][j-1]
        int pre = 0;
        for (int j = i + 1; j < n; j++) {
            temp = dp[j];

            if (s[i] == s[j]) {
                // dp[i][j] = dp[i+1][j-1];
                dp[j] = pre;
            } else {
                // dp[i][j] = min(dp[i+1][j], dp[i][j-1]) + 1;
                dp[j] = =min(dp[j], dp[j - 1]) + 1;
            }

            pre = temp;
        }
    }

    return dp[n - 1];
}
```

至于这个状态压缩是怎么做的，在"2.8 状态压缩：对动态规划进行降维打击"中详细介绍过，这里就不展开了。

2.10 动态规划之正则表达式

正则表达式是一个非常强力的工具，本节就来实现一个简单的正则匹配算法，包括 "." 通配符和 "*" 通配符。这两个通配符是最常用的，其中点号 "." 可以匹配任意一个字符，星号 "*" 可以让之前的那个字符重复任意次数（包括 0 次）。

比如模式串 **".a*b"** 就可以匹配文本 **"zaaab"**，也可以匹配 **"cb"**；模式串 **"a..b"** 可以匹配文本 **"amnb"**；而模式串 **".*"** 就比较牛了，它可以匹配任何文本。

题目中会输入两个字符串 s 和 p，s 代表文本，p 代表模式串，判断模式串 p 是否可以匹配文本 s。可以假设模式串只包含小写字母和上述两种通配符且一定合法，不会出现 ***a** 或者 **b**** 这种不合法的模式串。

函数签名如下：

```
bool isMatch(string s, string p);
```

点号通配符其实很好实现，s 中的任何字符，只要遇到 **.** 通配符，直接匹配就完事了。主要是这个星号通配符不好实现，一旦遇到 ***** 通配符，前面的那个字符可以选择重复一次，可以重复多次，也可以一次都不出现，这该怎么办？

2.10.1 思路分析

我们先思考一下，s 和 p 相互匹配的过程大致是，两个指针 i 和 j 分别在 s 和 p 上移动，如果最后两个指针都能移动到字符串的末尾，那么就匹配成功，反之则匹配失败。

如果不考虑 * 通配符，面对两个待匹配字符 s[i] 和 p[j]，我们唯一能做的就是看它俩是否匹配：

```
bool isMatch(string s, string p) {
    int i = 0, j = 0;
    while (i < s.size() && j < p.size()) {
        // "." 通配符就是万金油
        if (s[i] == p[j] || p[j] == '.') {
            // 匹配，接着匹配 s[i+1..] 和 p[j+1..]
            i++; j++;
        } else {
            // 不匹配
            return false;
        }
    }
```

```
    }
    return i == j;
}
```

那么考虑一下，如果加入 `*` 通配符，局面就会稍微复杂一些，不过只要分情况来分析，也不难理解。

当 `p[j + 1]` 为 `*` 通配符时，我们分成几种情况来讨论：

1 如果 `s[i] == p[j]`，那么有两种情况：

1-1 `p[j]` 有可能匹配多个字符，比如 `s = "aaa"`, `p = "a*"`，那么 `p[0]` 会通过 `*` 匹配 3 个字符 `"a"`。

1-2 `p[i]` 也有可能匹配 0 个字符，比如 `s = "aa"`, `p = "a*aa"`，由于后面的字符可以匹配 `s`，所以 `p[0]` 只能匹配 0 次。

2 如果 `s[i] != p[j]`，只有一种情况：

`p[j]` 只能匹配 0 次，然后看下一个字符是否能和 `s[i]` 匹配。比如 `s = "aa"`, `p = "b*aa"`，此时 `p[0]` 只能匹配 0 次。

综上所述，可以把之前的代码针对 `*` 通配符进行一下改造：

```
if (s[i] == p[j] || p[j] == '.') {
    // 匹配
    if (j < p.size() - 1 && p[j + 1] == '*') {
        // 有 * 通配符，可以匹配 0 次或多次
    } else {
        // 无 * 通配符，老老实实匹配 1 次
        i++; j++;
    }
} else {
    // 不匹配
    if (j < p.size() - 1 && p[j + 1] == '*') {
        // 有 * 通配符，只能匹配 0 次
    } else {
        // 无 * 通配符，匹配无法进行下去了
        return false
    }
}
```

整体的思路已经很清晰了，但现在的问题是，遇到 `*` 通配符时，到底应该匹配 0 次

还是匹配多次？多次是几次？

你看，这就是一个做"选择"的问题，要把所有可能的选择都穷举一遍才能得出结果。动态规划算法的核心就是"状态"和"选择"，**"状态"无非就是 `i` 和 `j` 两个指针的位置，"选择"就是 `p[j]` 选择匹配几个字符。**

2.10.2 动态规划解法

根据"状态"，可以设计一个 `dp` 函数：

```
bool dp(string& s, int i, string& p, int j);
```

这个 `dp` 函数的含义如下：

若 `dp(s, i, p, j) = true`，则表示 `s[i..]` 可以匹配 `p[j..]`；若 `dp(s, i, p, j) = false`，则表示 `s[i..]` 无法匹配 `p[j..]`。

根据这个定义，我们想要的答案就是 `i = 0, j = 0` 时 `dp` 函数的结果，所以可以这样使用这个 `dp` 函数：

```
bool isMatch(string s, string p) {
    // 指针 i, j 从索引 0 开始移动
    return dp(s, 0, p, 0);
}
```

可以根据之前的代码写出 `dp` 函数的主要逻辑：

```
bool dp(string& s, int i, string& p, int j) {
    if (s[i] == p[j] || p[j] == '.') {
        // 匹配
        if (j < p.size() - 1 && p[j + 1] == '*') {
            // 1-1 通配符匹配 0 次或多次
            return dp(s, i, p, j + 2)
                || dp(s, i + 1, p, j);
        } else {
            // 1-2 常规匹配 1 次
            return dp(s, i + 1, p, j + 1);
        }
    } else {
        // 不匹配
        if (j < p.size() - 1 && p[j + 1] == '*') {
            // 2-1 通配符匹配 0 次
```

```
            return dp(s, i, p, j + 2);
        } else {
            // 2-2 无法继续匹配
            return false;
        }
    }
}
```

根据 dp 函数的定义，这几种情况都很好解释：

1-1 通配符匹配 0 次或多次

将 j 加 2，i 不变，含义就是直接跳过 p[j] 和之后的通配符，即通配符匹配 0 次：

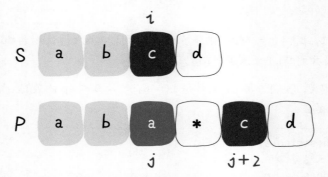

将 i 加 1，j 不变，含义就是 p[j] 匹配了 s[i]，但 p[j] 还可以继续匹配，即通配符匹配多次的情况：

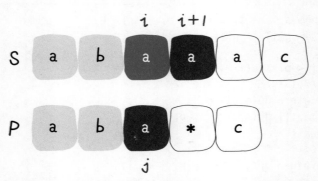

两种情况只要有一种可以完成匹配即可，所以对上面两种情况做或运算。

1-2 常规匹配 1 次

由于这个条件分支是无 * 的常规匹配，那么如果 s[i] == p[j]，就是 i 和 j 分别加 1：

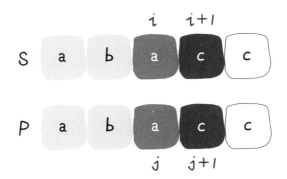

2-1　通配符匹配 0 次

类似情况 1.1，将 j 加 2，i 不变：

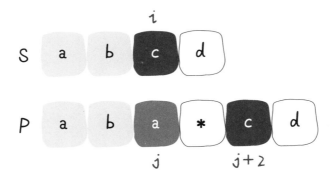

2-2　如果没有 * 通配符，也无法匹配，那只能说明匹配失败了：

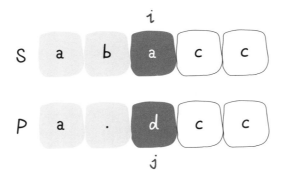

看图理解应该很容易了，现在可以思考一下 dp 函数的 base case：

一个 base case 是 j == p.size() 时，按照 dp 函数的定义，这意味着模式串 p 已经被匹配完了，那么应该看看文本串 s 匹配到哪里了，如果 s 也恰好被匹配完，则说明匹配成功：

```
if (j == p.size()) {
    return i == s.size();
}
```

另一个 base case 是 i == s.size() 时，按照 dp 函数的定义，这种情况意味着文本串 s 已经全部被匹配了，但是此时并不能根据 j 是否等于 p.size() 来判断是否完成匹配，只要 p[j..] 能够匹配空串，就可以算完成匹配。

比如 s = "a"，p = "ab*c*"，当 i 走到 s 的末尾时，j 并没有走到 p 的末尾，但是 p 依然可以匹配 s，所以可以写出如下代码：

```
if (i == s.size()) {
    // 如果能匹配空串，一定是字符和 * 成对出现
    if ((p.size() - j) % 2 == 1) {
        return false;
    }
    // 检查是否为 x*y*z* 这种形式
    for (; j + 1 < p.size(); j += 2) {
        if (p[j + 1] != '*') {
            return false;
        }
    }
    return true;
}
```

根据以上思路，就可以写出完整的代码：

```
unordered_map<string, bool> memo;
/* 计算 p[j..] 是否匹配 s[i..] */
bool dp(string& s, int i, string& p, int j) {
    int m = s.size(), n = p.size();
    // base case
    if (j == n) {
        return i == m;
    }
    if (i == m) {
        if ((n - j) % 2 == 1) {
            return false;
        }
        for (; j + 1 < n; j += 2) {
```

```
                if (p[j + 1] != '*') {
                    return false;
                }
            }
        return true;
    }

    // 记录状态 (i, j)，消除重叠子问题
    string key = to_string(i) + "," + to_string(j);
    if (memo.count(key)) return memo[key];

    bool res = false;
    if (s[i] == p[j] || p[j] == '.') {
        if (j < n - 1 && p[j + 1] == '*') {
            res = dp(s, i, p, j + 2)
                || dp(s, i + 1, p, j);
        } else {
            res = dp(s, i + 1, p, j + 1);
        }
    } else {
        if (j < n - 1 && p[j + 1] == '*') {
            res = dp(s, i, p, j + 2);
        } else {
            res = false;
        }
    }
    // 将当前结果记入备忘录
    memo[key] = res;

    return res;
}
```

　　动态规划的时间复杂度为"状态的总数"×"每次递归花费的时间"，本题中状态的总数当然就是 i 和 j 的组合，也就是 M * N（M 为 s 的长度，N 为 p 的长度）；递归函数 dp 中没有循环（base case 中的不考虑，因为 base case 的触发次数有限），所以一次递归花费的时间为常数。

　　二者相乘，总的时间复杂度为 $O(MN)$，空间复杂度是备忘录 memo 的大小，即 $O(MN)$。

2.11 不同的定义产生不同的解法

四键键盘问题很有意思，而且可以从中明显感受到：对 dp 数组的不同定义需要完全不同的逻辑，从而产生完全不同的解法。

首先来描述一下题目：

假设你有一个特殊的键盘，上面只有四个键，它们分别是：

1 A 键：在屏幕上显示一个 A。

2 Ctrl-A 键：选中整个屏幕。

3 Ctrl-C 键：将选中的区域复制到缓冲区。

4 Ctrl-V 键：将缓冲区的内容输出到光标所在的屏幕位置。

这就和我们平时使用的全选、复制、粘贴功能完全相同嘛，只不过题目把 Ctrl 的组合键视为一个键。现在要求你只能进行 N 次操作，请你计算屏幕上最多能显示多少个 A？

```
int maxA(int N);
```

比如输入 N = 3，算法返回 3，因为连按 3 次 A 键是最优的方案。

如果输入 N = 7，则算法返回 9，最优的操作序列如下：

A, A, A, Ctrl-A, Ctrl-C, Ctrl-V, Ctrl-V

可以得到 9 个 A。

如何在 N 次操作后得到最多的 A 呢？我们穷举呗，对于每次操作，只有四种可能，很明显就是一个动态规划问题。

2.11.1 第一种思路

这种思路会很容易理解，但是效率并不高，我们直接走流程：**对于动态规划问题，首先要明白有哪些"状态"，有哪些"选择"**。

具体到这个问题，对于每次敲击按键，有哪些"选择"是很明显的：4 种，就是题目中提到的 4 个按键，分别是 A、C-A、C-C、C-V（Ctrl 简写为 C）。

接下来，思考一下对于这个问题有哪些"状态"？**或者换句话说，随着我们敲击键盘，什么量在改变**？

显然，屏幕上的 A 的个数会增加，剩余的敲击次数会减少，剪贴板中的 A 的个数也会改变。那么可以这样定义三个状态：

第一个状态是剩余的按键次数，用 **n** 表示；第二个状态是当前屏幕上字符 A 的数量，用 **a_num** 表示；第三个状态是剪贴板中字符 A 的数量，用 **copy** 表示。

如此定义"状态"，就可以知道 base case：当剩余次数 **n** 为 0 时，**a_num** 就是我们想要的答案。

结合刚才说的 4 种"选择"，可以把这几种选择通过状态转移表示出来：

```
dp(n - 1, a_num + 1, copy),      # A
解释：按下 A 键，屏幕上加一个字符
同时消耗 1 个操作数

dp(n - 1, a_num + copy, copy), # C-V
解释：按下 C-V 粘贴，剪贴板中的字符加入屏幕
同时消耗 1 个操作数

dp(n - 2, a_num, a_num)          # C-A C-C
解释：全选和复制必然是联合使用的，
剪贴板中 A 的数量变为屏幕上 A 的数量
同时消耗 2 个操作数
```

这样可以看到问题的规模 **n** 在不断减小，肯定可以到达 **n = 0** 的 base case，所以这个思路是正确的：

```
def maxA(N: int) -> int:

    # 对于 (n, a_num, copy) 这个状态，
    # 屏幕上最终最多能有 dp(n, a_num, copy) 个 A
    def dp(n, a_num, copy):
        # base case
        if n <= 0: return a_num
        # 几种选择全试一遍，选择最大的结果
        return max(
                dp(n - 1, a_num + 1, copy),      # A
                dp(n - 1, a_num + copy, copy), # C-V
```

```
                dp(n - 2, a_num, a_num)          # C-A C-C
            )

    # 可以按 N 次按键，屏幕和剪贴板里都还没有 A
    return dp(N, 0, 0)
```

这个解法应该很好理解，因为语义明确。下面就继续走流程，用备忘录消除一下重叠子问题：

```
def maxA(N: int) -> int:
    # 备忘录
    memo = dict()
    def dp(n, a_num, copy):
        if n <= 0: return a_num
        # 避免计算重叠子问题
        if (n, a_num, copy) in memo:
            return memo[(n, a_num, copy)]

        memo[(n, a_num, copy)] = max(
                dp(n - 1, a_num + 1, copy),    # A
                dp(n - 1, a_num + copy, copy), # C-V
                dp(n - 2, a_num, a_num)        # C-A C-C
            )
        return memo[(n, a_num, copy)]

    return dp(N, 0, 0)
```

这样优化代码之后，子问题虽然没有重复了，但数目仍然很多。

我们尝试分析一下这个算法的时间复杂度，就会发现不容易分析出来。我们可以把这个 dp 函数写成 dp 数组：

```
dp[n][a_num][copy]
# 状态的总数（时空复杂度）就是这个三维数组的体积
```

我们知道变量 n 最多为 N，但是 a_num 和 copy 最多为多少我们很难计算，复杂度起码也有 $O(N^3)$ 吧，所以这个算法并不好，复杂度太高，且已经无法优化了。

这也就说明，我们这样定义"状态"是不太优秀的，下面换一种定义 dp 的思路。

2.11.2 第二种思路

这种思路稍微有点复杂，但是效率高。继续走流程，"选择"还是那 4 个，但是这次我们只定义一个"状态"，也就是剩余的敲击次数 n。

这个算法基于这样一个事实，**最优按键序列一定只有两种情况：**

要么一直按 A：A,A,...,A（当 N 比较小时）。

要么是这么一个形式：A,A,...,C-A,C-C,C-V,C-V,...,C-A,C-C,C-V,C-V...（当 N 比较大时）。

因为字符数量少（N 比较小）时，C-A C-C C-V 这一套操作的代价相对比较高，可能不如一个个按 A；而当 N 比较大时，后期 C-V 的收获肯定更大，所以操作序列一定是开头连按几个 A，然后 C-A C-C 组合接上若干 C-V，然后再 C-A C-C 接着若干 C-V，循环下去。

换句话说，最后一次按键要么是 A 要么是 C-V。明确了这一点，可以将"选择"减少为两个：

```
int[] dp = new int[N + 1];
// 定义：dp[i] 表示 i 次操作后最多能显示多少个 A
for (int i = 0; i <= N; i++)
    dp[i] = max(
            这次按 A 键，
            这次按 C-V
        )
```

对于第 i 次按键盘，如果要按 A 键，就是状态 i - 1 的屏幕上新增了一个 A 而已，很容易得到结果：

```
// 按 A 键，就比上次多一个 A 而已
dp[i] = dp[i - 1] + 1;
```

对于第 i 次按键盘，如果你要按 C-V，就是把剪贴板里面的数据粘贴到屏幕上。但是剪贴板里的数据是什么呢？这个不确定，取决于你上次按 C-A C-C 的时机。

上一次按 C-A C-C 的时机有哪些呢？可以用一个变量 j 来表示**上一次按完 C-A C-C** 的时机，那么此时剪贴板中的 A 的个数就是 dp[j - 2]：

```
for (int i = 1; i <= N; i++) {
```

```
    // 按 A 键，就比上次多一个 A 而已
    dp[i] = dp[i - 1] + 1;
    // 按 C-V，穷举按完 C-A C-C 的时机
    for (int j = 2; j < i; j++) {
        // 如果此时按完 C-A C-C 的话
        // 第 i 次按键盘时，剪贴板中的 A 的数量为 dp[j - 2]
    }
}
```

题目既然要求我们求屏幕上最多的 **A** 的个数，我们也已经列出了所有剪贴板的情况，那么就可以穷举取最大值了：

```
public int maxA(int N) {
    int[] dp = new int[N + 1];
    dp[0] = 0;
    for (int i = 1; i <= N; i++) {
        //这次按 A 键
        dp[i] = dp[i - 1] + 1;
        //这次按 C-V 键
        for (int j = 2; j < i; j++) {
            // 全选并复制 dp[j - 2]，连续粘贴 i - j 次
            // 屏幕上共 dp[j - 2] * (i - j + 1) 个 A
            dp[i] = Math.max(dp[i], dp[j - 2] * (i - j + 1));
        }
    }
    // N 次按键之后最多有几个 A？
    return dp[N];
}
```

看个图就明白了：

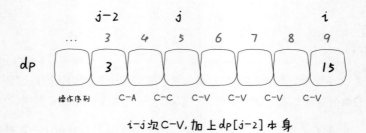

这样，此算法就完成了，时间复杂度为 $O(N^2)$，空间复杂度为 $O(N)$，这种解法应该是比较高效的了。

2.11.3 最后总结

动态规划难就难在寻找状态转移，不同的定义可以产生不同的状态转移逻辑，虽然最后都能得到正确的结果，但是效率可能有巨大的差异。

回顾第一种解法，重叠子问题已经消除了，但是效率还是低，到底低在哪里呢？下面抽象出递归框架：

```python
def dp(n, a_num, copy):
    dp(n - 1, a_num + 1, copy),    # A
    dp(n - 1, a_num + copy, copy), # C-V
    dp(n - 2, a_num, a_num)        # C-A C-C
```

这个穷举逻辑，是有可能出现 C-A C-C, C-A C-C... 或者 C-V,C-V,... 这样的操作序列的。显然这种操作序列的结果不是最优的，但是我们并没有规避这些情况的发生，从而增加了很多没必要的子问题计算。

当然，上述情况可以想办法规避，但就我的经验，漏洞是补不完的，因为这个解法思路从逻辑上就有些缺陷。一般对于这种情况，我们应该尝试改变思路，试着重新定义状态转移方程，说不定就能规避这些问题，柳暗花明又一村。

回顾第二种解法，我们稍加思考就能想到，最优的序列应该是这种形式：A,A,...,C-A,C-C,C-V,C-V,...,C-A,C-C,C-V...。根据这个事实，我们重新定义了状态，重新寻找了状态转移，从逻辑上减少了无效的子问题个数，从而提高了算法的效率。

2.12 经典动态规划：高楼扔鸡蛋

本节要讲一个很经典的算法问题，有若干层高的楼和若干个鸡蛋，让你算出最少的尝试次数，找到鸡蛋恰好摔不碎的那层楼。国内大厂以及谷歌、脸书面试都经常考察这道题，只不过他们觉得扔鸡蛋太浪费，改成扔杯子、扔破碗什么的。

具体的问题等会儿再说，但是这道题的解法技巧很多，仅动态规划就好几种效率不同的思路，最后还有一种极其高效的数学解法。秉承咱们一贯的作风，拒绝过于诡异的技巧，因为这些技巧无法举一反三，学了也不划算。

"鸡蛋掉落"属于 Hard 难度的问题，下面就来用我们一直强调的动态规划通用思路来研究一下。

2.12.1 解析题目

理解题目需要一点耐心：

假设面前有一栋从 1 到 N 共 N 层的楼，然后给你 K 个鸡蛋（K 至少为 1）。现在确定这栋楼存在楼层 `0 <= F <= N`，在这层楼将鸡蛋扔下去，鸡蛋**恰好没摔碎**（高于 F 的楼层都会碎，低于 F 的楼层都不会碎）。现在问你，**最坏**情况下，**至少**要扔几次鸡蛋，才能**确定**这个楼层 F 呢？

当然，鸡蛋如果摔碎了，就不能再用了，如果没碎，还可以捡回来继续试，题目就是让你找摔不碎鸡蛋的最高楼层 F，但什么叫"最坏情况"下"至少"要扔几次呢？我们分别举个例子就明白了。

比如**现在先不管鸡蛋个数的限制**，有 7 层楼，你怎么去找鸡蛋恰好摔碎的那层楼？

最原始的方式就是线性扫描：我先在 1 楼扔一下，没碎，再去 2 楼扔一下，没碎，再去 3 楼……

以这种策略，**最坏**情况应该就是我试到第 7 层鸡蛋也没碎（`F = 7`），也就是我扔了 7 次鸡蛋。

现在你应该理解什么叫作"最坏情况"下了，**鸡蛋破碎一定发生在搜索区间穷尽时**，不会说你在第 1 层摔一下鸡蛋就碎了，这是你运气好，不是最坏情况。

现在再来理解一下什么叫"至少"要扔几次。依然不考虑鸡蛋个数限制，同样是 7 层楼，我们可以优化策略。

最好的策略是使用二分搜索思路，我先去第 `(1 + 7) / 2 = 4` 层扔一下。

如果碎了说明 F 小于 4，我就去第 (1 + 3) / 2 = 2 层扔一下……

如果没碎说明 F 大于等于 4，我就去第 (5 + 7) / 2 = 6 层扔一下……

以这种策略，**最坏**情况应该是试到第 7 层鸡蛋还没碎（ F = 7 ），或者鸡蛋一直碎到第 1 层（ F = 0 ）。然而无论哪种最坏情况，只需要试 log7 向上取整等于 3 次，比刚才尝试 7 次要少，这就是所谓的**至少要扔几次**。

实际上，如果不限制鸡蛋个数的话，二分思路显然可以得到最少尝试的次数，但问题是，**现在给你了鸡蛋个数的限制 K，直接使用二分思路就不行了。**

比如只给你 1 个鸡蛋，7 层楼，你敢用二分思路吗？你直接去第 4 层扔一下，如果鸡蛋没碎还好，但如果碎了就没有鸡蛋可以继续测试了，也就无法确定鸡蛋恰好摔不碎的楼层 F 了。这种情况下只能用线性扫描的方法，算法返回结果应该是 7。

有的读者也许会有这种想法：二分搜索排除楼层的速度无疑是最快的，那干脆先用二分搜索，等到只剩 1 个鸡蛋的时候再执行线性扫描，这样得到的结果是不是就是最少的扔鸡蛋次数呢？

很遗憾，并不是，比如说把楼层变高一些，100 层，给你 2 个鸡蛋，你在 50 层扔一下，碎了，那就只能线性扫描 1 ~ 49 层了，最坏情况下要扔 50 次。

但是如果不要"二分"，变成"五分""十分"都会大幅减少最坏情况下的尝试次数。比如第一个鸡蛋每隔十层楼扔，在哪里碎了再用第二个鸡蛋开始线性扫描，总共不会超过 20 次。

最优解其实是 14 次。最优策略非常多，而且并没有什么规律可言。

说了这么多，就是想让大家理解题目的意思，而且认识到这个题目确实复杂，就连我们手算都不容易，如何用算法解决呢？

2.12.2　思路分析

对动态规划问题，直接套以前多次强调的框架即可：这个问题有什么"状态"，有什么"选择"，然后穷举。

"状态"就是会发生变化的量，很明显有两个，就是当前拥有的鸡蛋数 K 和需要测试的楼层数 N。 随着测试的进行，鸡蛋个数可能减少，楼层的搜索范围会减小，这就是状态的变化。

"选择"其实就是去选择哪层楼扔鸡蛋。 回顾刚才的线性扫描和二分思路，二分搜索每次选择到楼层区间的中间去扔鸡蛋，而线性扫描选择一层层向上测试。不同的选择会造成不同的状态转移。

现在明确了"状态"和"选择"，**动态规划的基本思路就形成了**：肯定是个二维的 `dp` 数组或者带有两个状态参数的 `dp` 函数来表示状态转移；外加一个 for 循环来遍历所有选择，做出最优的选择并更新状态：

```
# 当前状态为 K 个鸡蛋, 面对 N 层楼
# 返回这个状态下的最优结果
def dp(K, N):
    int res
    for 1 <= i <= N:
        res = min(res, 这次在第 i 层楼扔鸡蛋 )
    return res
```

这段伪码还没有展示递归和状态转移，不过大致的算法框架已经完成了。

我们选择在第 i 层楼扔了鸡蛋之后，可能出现两种情况：鸡蛋碎了和鸡蛋没碎。**注意，这时候状态转移就来了。**

如果鸡蛋碎了，那么鸡蛋的个数 K 应该减一，搜索的楼层区间应该从 [1..N] 变为 [1..i-1] 共 i-1 层楼；

如果鸡蛋没碎，那么鸡蛋的个数 K 不变，搜索的楼层区间应该从 [1..N] 变为 [i+1..N] 共 N-i 层楼。

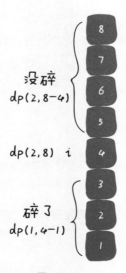

注意：细心的读者可能会问，在第 i 层楼扔鸡蛋如果没碎，楼层的搜索区间缩小至上面的楼层，是不是应该包含第 i 层楼呀？不必，因为已经包含了。前面说了 F 是可以

等于 0 的，向上递归后，第 **i** 层楼其实就相当于第 0 层，可以被取到，所以说并没有错误。

因为要求的是**最坏情况**下扔鸡蛋的次数，所以鸡蛋在第 **i** 层楼碎没碎，取决于哪种情况的结果**更大**：

```
def dp(K, N):
    for 1 <= i <= N:
        # 最坏情况下的最少扔鸡蛋次数
        res = min(res,
                max(
                    dp(K - 1, i - 1), # 碎
                    dp(K, N - i)       # 没碎
                ) + 1 # 在第 i 楼扔了一次
            )
    return res
```

递归的 base case 很容易理解：当楼层数 **N** 等于 0 时，显然不需要扔鸡蛋；当鸡蛋数 **K** 为 1 时，显然只能线性扫描所有楼层：

```
def dp(K, N):
    if K == 1: return N
    if N == 0: return 0
    ...
```

至此，其实这道题就解决了！只要添加一个备忘录消除重叠子问题即可：

```
def superEggDrop(K: int, N: int):

    memo = dict()
    def dp(K, N) -> int:
        # base case
        if K == 1: return N
        if N == 0: return 0
        # 避免重复计算
        if (K, N) in memo:
            return memo[(K, N)]

        res = float('INF')
        # 穷举所有可能的选择
        for i in range(1, N + 1):
            res = min(res,
                    max(
                        dp(K, N - i),
                        dp(K - 1, i - 1)
```

```
                        ) + 1
                    )
            # 记入备忘录
            memo[(K, N)] = res
            return res

    return dp(K, N)
```

这个算法的时间复杂度是多少呢？**动态规划算法的时间复杂度就是子问题个数 × 函数本身的复杂度。**

函数本身的复杂度就是忽略递归部分的复杂度，这里 dp 函数中有一个 for 循环，所以函数本身的复杂度是 $O(N)$。

子问题个数也就是不同状态组合的总数，显然是两个状态的乘积，也就是 $O(KN)$。

所以算法的总时间复杂度是 $O(KN^2)$，空间复杂度是 $O(KN)$。

2.12.3　疑难解答

这个问题很复杂，但是算法代码却十分简捷，这就是动态规划的特性，穷举加备忘录 /DP table 优化，真的没什么新意。

首先，有读者可能不理解代码中为什么用一个 for 循环遍历楼层 `[1..N]`，也许会把这个逻辑和之前探讨的线性扫描混为一谈。其实不是的，**这只是在做一次"选择"。**

比如你有 2 个鸡蛋，面对 10 层楼，**这次**选择去哪一层楼扔才能得到最少的尝试次数呢？不知道，那就把这 10 层楼全试一遍进行比较。至于下次怎么选择不用你操心，有正确的状态转移，递归会算出每个选择的代价，我们取最优的那个就是最优解。

另外，这个问题还有更好的解法，比如修改代码中的 for 循环为二分搜索，可以将时间复杂度降为 $O(KN\log N)$；再改进动态规划解法可以进一步降为 $O(KN)$；使用数学方法解决，时间复杂度达到最优 $O(K\log N)$，空间复杂度达到 $O(1)$。

二分的解法也有点误导性，你很可能以为它和之前讨论的二分思路扔鸡蛋有关系，实际上没有半点关系。能用二分搜索是因为我们的状态转移方程的函数具有单调性，可以运用二分搜索快速找到最值。

我觉得，能理解并掌握本节的解法就够好了：找状态，做选择，足够清晰易懂，可流程化，可举一反三。掌握这套框架学有余力的话，再去考虑那些偏门技巧也不迟。

这里就不展开其他解法了，留给下一节。

2.13 经典动态规划：高楼扔鸡蛋（进阶）

前一节讲了高楼扔鸡蛋问题，讲了一种效率不是很高，但是较为容易理解的动态规划解法。本节就谈两种思路，来优化一下这个问题，分别是二分搜索优化和重新定义状态转移，请确保理解前一节的内容，因为本节的优化都是基于这个基本解法的。

二分搜索的优化思路也许是我们可以尽力尝试写出的，而修改状态转移的解法可能是不容易想到的，可以借此见识一下动态规划算法设计的玄妙，当作思维拓展。

2.13.1 二分搜索优化

之前提到过这个解法，核心是因为状态转移方程的单调性，这里可以具体展开看看。

首先简述原始动态规划的思路：

1 暴力穷举尝试在所有楼层 `1 <= i <= N` 扔鸡蛋，每次选择尝试次数**最少**的那一层。

2 每次扔鸡蛋有两种可能，要么碎，要么没碎。

3 如果鸡蛋碎了，`F` 应该在第 `i` 层下面，否则，`F` 应该在第 `i` 层上面。

4 鸡蛋是碎了还是没碎，取决于哪种情况下尝试次数**更多**，因为我们想求的是最坏情况下的结果。

核心的状态转移代码是这段：

```
# 当前状态为 K 个鸡蛋，面对 N 层楼
# 返回这个状态下的最优结果
def dp(K, N):
    for 1 <= i <= N:
        # 最坏情况下的最少扔鸡蛋次数
        res = min(res,
                max(
                    dp(K - 1, i - 1), # 碎
                    dp(K, N - i)      # 没碎
                ) + 1 # 在第 i 楼扔了一次
            )
    return res
```

这个 for 循环就是下面这个状态转移方程的具体代码实现：

$$dp(K, N) = \min_{0<=i<=N}\{\max\{dp(K-1, i-1), dp(K, N-i)\} + 1\}$$

如果能够理解这个状态转移方程，那么就很容易理解二分搜索的优化思路。

首先根据 `dp(K, N)` 数组的定义（给你 K 个鸡蛋面对 N 层楼时，最少需要扔几次），**很容易知道 K 固定时，这个函数随着 N 的增加一定是单调递增的**，无论你的策略多聪明，楼层增加测试次数一定增加。

那么注意 `dp(K - 1, i - 1)` 和 `dp(K, N - i)` 这两个函数，其中 `i` 是从 1 到 N 单调递增的，如果固定 K 和 N，把这两个函数看作关于 `i` 的函数，**前者随着 `i` 的增加应该也是单调递增的，而后者随着 `i` 的增加应该是单调递减的**：

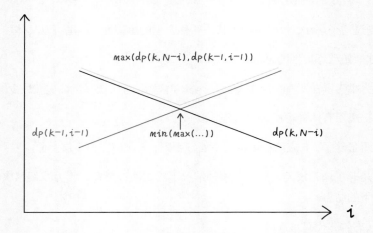

这时候求二者的较大值，再求这些最大值之中的最小值，其实就是求这两条直线的交点，也就是折线的最低点嘛。

后面的二分搜索只能用来查找元素吗会告诉你，二分搜索的运用很广泛，只要具有单调性，形如下面这种形式的 for 循环代码：

```
for (int i = 0; i < n; i++) {
    if (isOK(i))
        return i;
}
```

都很有可能可以运用二分搜索来优化线性搜索的复杂度，回顾这两个 `dp` 函数的曲线，我们要找的最低点其实就是这种情况：

```
for (int i = 1; i <= N; i++) {
```

```
    if (dp(K - 1, i - 1) == dp(K, N - i))
        return dp(K, N - i);
}
```

熟悉二分搜索的同学肯定敏感地想到了：这不就是相当于求 Valley（山谷）值嘛，可以用二分搜索来快速寻找这个点，直接看代码吧，整体的思路还是一样的，只是加快了搜索速度：

```python
def superEggDrop(K: int, N: int) -> int:

    memo = dict()
    def dp(K, N):
        if K == 1: return N
        if N == 0: return 0
        if (K, N) in memo:
            return memo[(K, N)]

        # for 1 <= i <= N:
        #     res = min(res,
        #             max(
        #                 dp(K - 1, i - 1),
        #                 dp(K, N - i)
        #             ) + 1
        #         )

        res = float('INF')
        # 用二分搜索代替线性搜索
        lo, hi = 1, N
        while lo <= hi:
            mid = (lo + hi) // 2
            broken = dp(K - 1, mid - 1) # 碎
            not_broken = dp(K, N - mid) # 没碎
            # res = min(max( 碎，没碎 ) + 1)
            if broken > not_broken:
                hi = mid - 1
                res = min(res, broken + 1)
            else:
                lo = mid + 1
                res = min(res, not_broken + 1)

        memo[(K, N)] = res
```

```
    return res

  return dp(K, N)
```

这个算法的时间复杂度是多少呢？同样的，**递归算法的时间复杂度就是子问题个数乘以函数本身的复杂度**。

函数本身的复杂度就是忽略递归部分的复杂度，这里 dp 函数中用了一个二分搜索，所以函数本身的复杂度是 $O(\log N)$。

子问题个数也就是不同状态组合的总数，显然是两个状态的乘积，也就是 $O(KN)$。

所以算法的总时间复杂度是 $O(KN\log N)$，空间复杂度是 $O(KN)$。时间复杂度比之前的算法 $O(KN^2)$ 要好一些。

2.13.2　重新定义状态转移

找动态规划的状态转移本来就是见仁见智、很难说清的事情，不同的状态定义可以衍生出不同的解法，其解法和复杂程度都可能有巨大差异。这里就是一个很好的例子。

再回顾一下 dp 函数的含义：

```
def dp(k, n) -> int
# 当前状态为 k 个鸡蛋，面对 n 层楼
# 返回这个状态下最少的扔鸡蛋次数
```

用 dp 数组表示的话也是一样的：

```
dp[k][n] = m
# 当前状态为 k 个鸡蛋，面对 n 层楼
# 这个状态下最少的扔鸡蛋次数为 m
```

按照这个定义，就是**确定当前的鸡蛋个数和面对的楼层数，就知道最小扔鸡蛋次数**。最终我们想要的答案就是 dp(K, N) 的结果。

在这种思路下，肯定要穷举所有可能的扔法，用二分搜索优化也只是做了"剪枝"，减小了搜索空间，但本质思路没有变，还是穷举。

现在，稍微修改 **dp** 数组的定义，**确定当前的鸡蛋个数和最多允许的扔鸡蛋次数，就能够确定 F 的最高楼层数**。具体来说是这个意思：

```
dp[k][m] = n
# 当前有 k 个鸡蛋，最多可以尝试扔 m 次
# 在这个状态下，最坏情况下最多能确切测试一栋 n 层的楼

# 比如 dp[1][7] = 7 表示：
# 现在有 1 个鸡蛋，允许扔 7 次；
# 这个状态下最多给你 7 层楼，
# 使得你可以确定从楼层 F 扔鸡蛋恰好摔不碎
# （一层一层线性探查）
```

这其实就是我们原始思路的一个"反向"版本，先不管这种思路的状态转移怎么写，而是思考这种定义之下，最终想求的答案是什么。

最终要求的其实是扔鸡蛋次数 **m**，但是这时候 **m** 在"状态"之中，而不是 **dp** 数组的结果，所以可以这样处理：

```
int superEggDrop(int K, int N) {
    int m = 0;
    while (dp[K][m] < N) {
        m++;
        // 状态转移……
    }
    return m;
}
```

题目不是**给你 K 个鸡蛋，N 层楼，让你求最坏情况下最少的测试次数 m** 嘛，while 循环结束的条件是 **dp[K][m] == N**，也就是**给你 K 个鸡蛋，测试 m 次，最坏情况下最多能测试 N 层楼**。

注意看这两段描述，是完全一样的！所以说这样组织代码是正确的，关键就是状态转移方程怎么找呢？还得从原始思路开始讲。之前的解法配了这张图帮助大家理解状态转移思路：

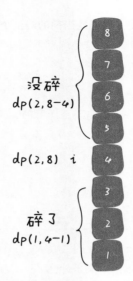

这张图描述的仅仅是某一个楼层 i，原始解法还得线性或者二分扫描所有楼层去求最大值、最小值。但是现在这种 dp 定义根本不需要这些了，基于下面两个事实：

1 **无论在哪层楼扔鸡蛋，鸡蛋只可能摔碎或者没摔碎，碎了的话就测楼下，没碎的话就测楼上。**

2 **无论上楼还是下楼，总的楼层数 = 楼上的楼层数 + 楼下的楼层数 + 1（当前这层楼）。**

根据这些特点，可以写出下面的状态转移方程：

```
dp[k][m] = dp[k][m - 1] + dp[k - 1][m - 1] + 1
```

其中 dp[k][m] 显然就是总的楼层数。

其中 dp[k][m - 1] 就是楼上的楼层数，因为鸡蛋没碎才可能去楼上，所以鸡蛋个数 k 不变，扔鸡蛋次数 m 减一；

其中 dp[k - 1][m - 1] 就是楼下的楼层数，因为只有鸡蛋碎了才可能去楼下，所以鸡蛋个数 k 减一，同时扔鸡蛋次数 m 减一。

注意：这个 m 为什么要减一而不是加一？之前定义得很清楚，这个 m 是一个允许扔鸡蛋的次数上界，而不是扔了几次。

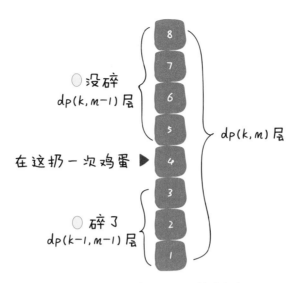

至此，整个思路就完成了，只要把状态转移方程填进框架即可：

```java
int superEggDrop(int K, int N) {
    // m 最多不会超过 N 次（线性扫描）
    int[][] dp = new int[K + 1][N + 1];
    // base case:
    // dp[0][..] = 0
    // dp[..][0] = 0
    // Java 默认初始化数组都为 0
    int m = 0;
    while (dp[K][m] < N) {
        m++;
        for (int k = 1; k <= K; k++)
            dp[k][m] = dp[k][m - 1] + dp[k - 1][m - 1] + 1;
    }
    return m;
}
```

如果还觉得这段代码有点难以理解，可以这样想，其实它就等同于这样写：

```java
for (int m = 1; dp[K][m] < N; m++)
    for (int k = 1; k <= K; k++)
        dp[k][m] = dp[k][m - 1] + dp[k - 1][m - 1] + 1;
```

看到这种代码形式就熟悉多了吧，因为我们要求的不是 dp 数组里的值，而是某个符合条件的索引 m，所以用 while 循环来找到这个 m。

这个算法的时间复杂度是多少？很明显就是两个嵌套循环的复杂度 $O(KN)$。

另外可以发现，`dp[k][m]` 转移只和左边和左上的两个状态有关，所以肯定是可以优化成一维 `dp` 数组的，读者可以自己尝试一下。

2.13.3 还可以再优化

再往下就要用一些数学方法了，不具体展开，就简单提一下思路吧。

在刚才介绍的思路里，**注意函数 `dp(m, k)` 是随着 `m` 单向递增的，因为鸡蛋个数 `k` 不变时，允许的测试次数越多，可测试的楼层就越高。**

这里又可以借助二分搜索算法快速逼近 `dp[K][m] == N` 这个终止条件，时间复杂度进一步下降为 $O(K\log N)$，可以设 `g(k, m) =`……

算了算了，打住吧。我觉得我们能够写出 $O(KN\log N)$ 时间复杂度的二分优化算法就行了，后面的这些解法呢，听个响鼓个掌就行了，把欲望限制在能力的范围之内才能拥有快乐！

不过可以肯定的是，根据二分搜索代替线性扫描 `m` 的取值，代码的大致框架肯定是修改穷举 `m` 的 for 循环：

```
// 把线性搜索改成二分搜索
// for (int m = 1; dp[K][m] < N; m++)
int lo = 1, hi = N;
while (lo < hi) {
    int mid = (lo + hi) / 2;
    if (... < N) {
        lo = ...
    } else {
        hi = ...
    }

    for (int k = 1; k <= K; k++)
        // 状态转移方程
}
```

简单总结一下吧，第一个二分优化利用了 `dp` 函数的单调性，用二分搜索技巧快速搜索答案；第二种优化巧妙地修改了状态转移方程，简化了求解流程，但相应地，解题逻辑比较难以想到；后续还可以用一些数学方法和二分搜索进一步优化第二种解法，不过看了看镜子中的发量，算了。

2.14 经典动态规划：戳气球问题

本节要讲的这道题"戳气球"和"2.12 经典动态规划：高楼扔鸡蛋"中分析过的高楼扔鸡蛋问题类似，知名度很高，但难度确实也很大。因此本节就给这道题"赐个座"，来看一看它到底有多难。

输入一个包含非负整数的数组 `nums` 代表一排气球，`nums[i]` 代表第 `i` 个气球的分数。现在，**你要戳破所有气球，请计算最多可能获得多少分？**

分数的计算规则比较特别，当戳破第 `i` 个气球时，可以获得 `nums[left]` * `nums[i]` * `nums[right]` 的分数，其中 `nums[left]` 和 `nums[right]` 代表气球 `i` 的左右相邻气球的分数。

注意哦，`nums[left]` 不一定就是 `nums[i-1]`，`nums[right]` 不一定就是 `nums[i+1]`。比如戳破了 `nums[3]`，现在 `nums[4]` 的左侧就和 `nums[2]` 相邻了。

另外，可以假设 `nums[-1]` 和 `nums[len(nums)]` 是两个虚拟气球，它们的值都是 1。

不得不说，这道题目的状态转移方程真的比较巧妙，所以如果你看了题目之后完全没有思路恰恰是正常的。虽然最优答案不容易想出来，但基本的思路分析是我们应该力求做到的。所以本节会先分析一下常规思路，然后再引入动态规划解法。

2.14.1 回溯思路

先来回顾一下解决这种问题的套路：

前面多次强调过，很显然只要涉及求最值，没有任何技巧，一定是穷举所有可能的结果，然后对比得出最值。

所以说，只要遇到求最值的算法问题，首先要思考的就是：如何穷举出所有可能的结果？

穷举主要有两种算法，分别是回溯算法和动态规划，前者就是暴力穷举，而后者是根据状态转移方程推导"状态"。

如何将戳气球问题转化成回溯算法呢？这个应该不难想出来，**其实就是想穷举戳气球的顺序**，不同的戳气球顺序可能得到不同的分数，我们需要把所有可能的分数中最高的那个找出来，对吧？

那么，这不就是一个"全排列"问题嘛，在"1.3 回溯算法解题套路框架"中有全排列算法的详解和代码，其实只要稍微改一下逻辑即可，伪码思路如下：

```
int res = Integer.MIN_VALUE;
/* 输入一组气球，返回戳破它们获得的最大分数 */
int maxCoins(int[] nums) {
    backtrack(nums, 0);
    return res;
}
/* 回溯算法的伪码解法 */
void backtrack(int[] nums, int socre) {
    if (nums 为空 ) {
        res = max(res, score);
        return;
    }
    for (int i = 0; i < nums.length; i++) {
        int point = nums[i-1] * nums[i] * nums[i+1];
        int temp = nums[i];
        // 做选择
        在 nums 中删除元素 nums[i]
        // 递归回溯
        backtrack(nums, score + point);
        // 撤销选择
        将 temp 还原到 nums[i]
    }
}
```

回溯算法就是这么简单粗暴，但是相应的，算法的效率非常低。这个解法等同于全排列，所以时间复杂度是阶乘级别，非常高，题目说了 nums 的大小 n 最多为 500，所以回溯算法肯定是不能通过所有测试用例的。

2.14.2 动态规划思路

这个动态规划问题和之前的动态规划问题相比有什么特别之处？为什么它比较难呢？

原因在于，这个问题中每戳破一个气球 nums[i]，得到的分数和该气球相邻的气球 nums[left] 和 nums[right] 是有相关性的。

在 "1.2 动态规划解题套路框架" 中说过运用动态规划算法的一个重要条件是：**子问题必须独立**。所以对于这个戳气球问题，如果想用动态规划，必须巧妙地定义 dp 数组的含义，避免子问题产生相关性，才能推出合理的状态转移方程。

如何定义 dp 数组呢？这里需要对问题进行一个简单的转化。题目说可以认为 nums[-1] = nums[n] = 1，那么先直接把这两个边界加进去，形成一个新的数组 points：

```java
int maxCoins(int[] nums) {
    int n = nums.length;
    // 两端加入两个虚拟气球
    int[] points = new int[n + 2];
    points[0] = points[n + 1] = 1;
    for (int i = 1; i <= n; i++) {
        points[i] = nums[i - 1];
    }
    // ...
}
```

现在气球的索引变成了从 1 到 n，points[0] 和 points[n+1] 可以被认为是两个"虚拟气球"。

那么可以改变问题：**在一排气球 points 中，请戳破气球 0 和气球 n+1 之间的所有气球（不包括 0 和 n+1），使得最终只剩下气球 0 和气球 n+1 两个气球，最多能够得到多少分？**

现在可以定义 dp 数组的含义：

dp[i][j] = x 表示，戳破气球 i 和气球 j 之间（开区间，不包括 i 和 j）的所有气球，可以获得的最高分数为 x。

那么根据这个定义，题目要求的结果就是 dp[0][n+1] 的值，而 base case 就是 dp[i][j] = 0，其中 0 <= i <= n+1, j <= i+1，因为这种情况下，开区间 (i, j) 中间根本没有气球可以戳。

```java
// base case 已经都被初始化为 0
int[][] dp = new int[n + 2][n + 2];
```

现在要根据这个 dp 数组来推导状态转移方程了，根据前面介绍的套路，所谓的推导"状态转移方程"，实际上就是在思考怎样"做选择"，也就是这道题目最有技巧的部分：

不就是想求戳破气球 i 和气球 j 之间的最高分数吗，如果"正向思考"，就只能写出前文的回溯算法；**我们需要"反向思考"，想一想气球 i 和气球 j 之间最后一个被戳破的气球可能是哪一个？**

其实气球 i 和气球 j 之间的所有气球都可能是最后被戳破的那一个，不妨假设为 k。

回顾动态规划的套路，这里其实已经找到了"状态"和"选择"：i 和 j 就是两个"状态"，最后戳破的那个气球 k 就是"选择"。

根据刚才对 dp 数组的定义，如果最后一个被戳破的气球是 k, dp[i][j] 的值应该为：

```
dp[i][j] = dp[i][k] + dp[k][j]
         + points[i]*points[k]*points[j]
```

你不是要最后戳破气球 k 嘛，那要先把开区间 (i, k) 的气球都戳破，再把开区间 (k, j) 的气球都戳破；最后剩下的气球 k，相邻的就是气球 i 和气球 j，这时候戳破 k 的话得到的分数就是 points[i]*points[k]*points[j]。

那么戳破开区间 (i, k) 和开区间 (k, j) 的气球最多能得到的分数是多少呢？嘿嘿，就是 dp[i][k] 和 dp[k][j]，这恰好就是我们对 dp 数组的定义嘛！

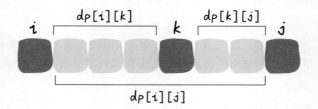

结合这个图，就能体会出 dp 数组定义的巧妙了。由于是开区间，dp[i][k] 和 dp[k][j] 不会影响气球 k；而戳破气球 k 时，旁边相邻的就是气球 i 和气球 j 了，最后还会剩下气球 i 和气球 j，这也恰好满足了 dp 数组开区间的定义。

那么，对于一组给定的 i 和 j，只要穷举 i < k < j 的所有气球 k，选择得分最高的作为 dp[i][j] 的值即可，这也就是状态转移方程：

```
// 最后戳破的气球是哪个?
for (int k = i + 1; k < j; k++) {
    // 择优做选择，使得 dp[i][j] 最大
    dp[i][j] = Math.max(
        dp[i][j],
        dp[i][k] + dp[k][j] + points[i]*points[j]*points[k]
    );
}
```

写出状态转移方程就完成这道题的一大半了，但是还有问题：对于 k 的穷举仅仅是

在做"选择"，但是应该如何穷举"状态" `i` 和 `j` 呢？

```
for (int i = ...; ; )
    for (int j = ...; ; )
        for (int k = i + 1; k < j; k++) {
            dp[i][j] = Math.max(
                dp[i][j],
                dp[i][k] + dp[k][j] + points[i]*points[j]*points[k]
            );
return dp[0][n+1];
```

2.14.3 写出代码

关于"状态"的穷举，最重要的一点就是：状态转移所依赖的状态必须被提前计算出来。

拿这道题举例，`dp[i][j]` 所依赖的状态是 `dp[i][k]` 和 `dp[k][j]`，那么必须保证：在计算 `dp[i][j]` 时，`dp[i][k]` 和 `dp[k][j]` 已经被计算出来了（其中 `i < k < j`）。

那么应该如何安排 `i` 和 `j` 的遍历顺序，来提供上述的保证呢？在"2.4　动态规划答疑：最优子结构及 dp 遍历方向"中介绍过处理这种问题的一个技巧：**根据 base case 和最终状态进行推导**。

注意：最终状态就是指题目要求的结果，对于这道题目也就是 `dp[0][n+1]`。

先把 base case 和最终状态在 DP table 上画出来：

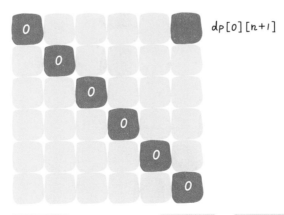

对于任意一个 `dp[i][j]`，我们希望所有 `dp[i][k]` 和 `dp[k][j]` 已经被计算，画在图上就是这种情况：

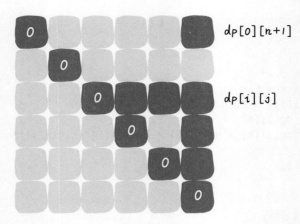

那么，为了达到这个要求，可以有两种遍历方法，要么斜着遍历，要么从下到上从左到右遍历：

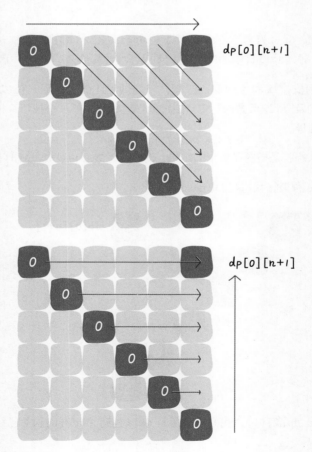

斜着遍历有一点难写，所以一般就从下到上从左到右遍历，下面看完整代码：

```java
int maxCoins(int[] nums) {
    int n = nums.length;
    // 添加两侧的虚拟气球
    int[] points = new int[n + 2];
    points[0] = points[n + 1] = 1;
    for (int i = 1; i <= n; i++) {
        points[i] = nums[i - 1];
    }
    // base case 已经都被初始化为 0
    int[][] dp = new int[n + 2][n + 2];
    // 开始状态转移
    // i 应该从下到上
    for (int i = n; i >= 0; i--) {
        // j 应该从左到右
        for (int j = i + 1; j < n + 2; j++) {
            // 最后戳破的气球是哪个？
            for (int k = i + 1; k < j; k++) {
                // 择优做选择
                dp[i][j] = Math.max(
                    dp[i][j],
                    dp[i][k] + dp[k][j] + points[i]*points[j]*points[k]
                );
            }
        }
    }
    return dp[0][n + 1];
}
```

至此，这道题目就完全解决了，十分巧妙，但也不是那么难，对吧？

关键在于 dp 数组的定义，需要避免子问题互相影响，所以我们反向思考，将 dp[i][j] 的定义设为开区间，考虑最后戳破的气球是哪一个，以此构建了状态转移方程。

对于如何穷举"状态"，这里使用了小技巧，通过 base case 和最终状态推导出 i, j 的遍历方向，保证正确的状态转移。

2.15 经典动态规划：0-1 背包问题

背包问题其实不难，如果前面的动态规划相关章节你都看过，借助框架，遇到背包问题可以说是手到擒来了，无非就是状态 + 选择，也没什么特别之处嘛。

现在就来说一下背包问题吧，就讨论最常说的 0-1 背包问题。该问题描述如下：

给你一个可装载重量为 `W` 的背包和 `N` 个物品，每个物品有重量和价值两个属性。其中第 `i` 个物品的重量为 `wt[i]`，价值为 `val[i]`，现在让你用这个背包装物品，最多能装的价值是多少？

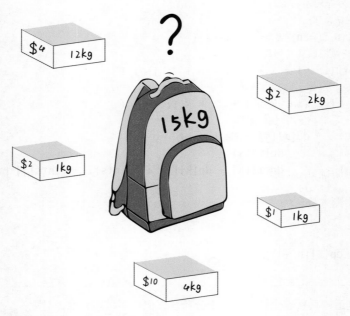

举个简单的例子，输入如下：

```
N = 3, W = 4
wt = [2, 1, 3]
val = [4, 2, 3]
```

算法返回 6，选择前两件物品装进背包，总重量 3 小于 `W`，可以获得最大价值 6。

题目就是这么简单，一个典型的动态规划问题。这个题目中的物品不可以分割，要么装进包里，要么不装，不能说切成两块装一部分。这就是 0-1 背包这个名词的来历。

解决这个问题没有什么排序之类巧妙的方法，只能穷举所有可能，根据"1.2　动态规划解题套路框架"中的套路，直接走流程就行了。

动态规划标准套路

动态规划问题都是按照下面的套路来的。

第一步要明确两点，"状态"和"选择"。

先说"状态"，如何才能描述一个问题的局面？显然，只要给定几个物品和一个背包的容量限制，就形成了一个背包问题呀，**所以状态有两个，就是"背包的容量"和"可选择的物品"。**

再说"选择"，也很容易想到啊，对于每件物品，你能选择什么？要做的**选择就是"装进背包"或者"不装进背包"**嘛。

明白了状态和选择，动态规划问题基本上就解决了，只要往这个框架套就完事了：

```
for 状态 1 in 状态 1 的所有取值:
    for 状态 2 in 状态 2 的所有取值:
        for ...
            dp[ 状态 1][ 状态 2][...] = 择优 ( 选择 1，选择 2...)
```

第二步要明确 dp 数组的定义。

首先看看刚才找到的"状态"，有两个，也就是说需要一个二维 dp 数组。

dp[i][w] 的定义如下：对于前 **i** 个物品，当前背包的容量为 **w**，这种情况下可以装的最大价值是 **dp[i][w]**。

比如说，如果 **dp[3][5] = 6**，其含义为：对于给定的一系列物品，若只对前 3 个物品进行选择，当背包容量为 5 时，最多可以装下的价值为 6。

注意：为什么要这么定义？这是为了便于状态转移，或者说这就是背包问题的典型套路，记下来就行了，后面还会有背包问题的相关问题，都是这个套路。

根据这个定义，我们想求的最终答案就是 **dp[N][W]**。base case 就是 **dp[0][..] = dp[..][0] = 0**，因为没有物品或者背包没有空间的时候，能装的最大价值就是 0。

细化上面的框架：

```
int dp[N+1][W+1]
dp[0][..] = 0
```

```
dp[..][0] = 0

for i in [1..N]:
    for w in [1..W]:
        dp[i][w] = max(
            把物品 i 装进背包,
            不把物品 i 装进背包
        )
return dp[N][W]
```

第三步，根据"选择"，思考状态转移的逻辑。

简单来说就是，上面的伪码中"把物品 `i` 装进背包"和"不把物品 `i` 装进背包"怎么用代码体现出来呢？

这就要结合对 `dp` 数组的定义和我们的算法逻辑来分析了。

先重申一下 `dp` 数组的定义：

`dp[i][w]` 表示：对于前 `i` 个物品，当前背包的容量为 `w` 时，这种情况下可以装下的最大价值是 `dp[i][w]`。

如果没有把这第 `i` 个物品装入背包，那么很显然，最大价值 `dp[i][w]` 应该等于 `dp[i-1][w]`，继承之前的结果。

如果把这第 `i` 个物品装入了背包，那么 `dp[i][w]` 应该等于 `dp[i-1][w-wt[i-1]] + val[i-1]`。

由于 `i` 是从 1 开始的，所以 `val` 和 `wt` 的索引是 `i-1` 时表示第 `i` 个物品的价值和重量。

而 `dp[i-1][w-wt[i-1]]` 也很好理解：如果装了第 `i` 个物品，就要寻求剩余重量 `w - wt[i-1]` 限制下的最大价值，加上第 `i` 个物品的价值 `val[i-1]`。

综上可知，两种选择都已经分析完毕，也就是写出来了状态转移方程，可以进一步细化代码：

```
for i in [1..N]:
    for w in [1..W]:
        dp[i][w] = max(
            dp[i-1][w],
            dp[i-1][w - wt[i-1]] + val[i-1]
        )
return dp[N][W]
```

最后一步，把伪码翻译成代码，处理一些边界情况。

我用 C++ 写的代码，把上面的思路完全翻译了一遍，并且处理了 `w - wt[i-1]` 可能小于 0 导致数组索引越界的问题：

```cpp
int knapsack(int W, int N, vector<int>& wt, vector<int>& val) {
    // base case 已初始化
    vector<vector<int>> dp(N + 1, vector<int>(W + 1, 0));
    for (int i = 1; i <= N; i++) {
        for (int w = 1; w <= W; w++) {
            if (w - wt[i-1] < 0) {
                // 背包容量不够了，这种情况下只能选择不装入背包
                dp[i][w] = dp[i - 1][w];
            } else {
                // 装入或者不装入背包，择优
                dp[i][w] = max(dp[i - 1][w - wt[i-1]] + val[i-1],
                               dp[i - 1][w]);
            }
        }
    }

    return dp[N][W];
}
```

至此，背包问题就解决了，相比较而言，我觉得这是比较简单的动态规划问题，因为状态转移的推导比较自然，基本上明确了 `dp` 数组的定义，就可以自然而然地确定状态转移了。

2.16 经典动态规划：子集背包问题

前一节的"2.15 经典动态规划：0–1 背包问题"详解了通用的 0-1 背包问题，本节来看看背包问题的思想如何运用到其他算法题目上。

怎么将二维动态规划压缩成一维动态规划呢？答案就是利用状态压缩，很容易的，本节也会提及这种技巧。

2.16.1 问题分析

先看一下题目：

输入一个只包含正整数的非空数组 nums，请你写一个算法，判断这个数组是否可以被分割成两个子集，使得两个子集的元素和相等。

算法的函数签名如下：

```
// 输入一个集合，返回是否能够分割成和相等的两个子集
bool canPartition(vector<int>& nums);
```

比如输入 nums = [1,5,11,5]，算法返回 true，因为 nums 可以分割成 [1,5,5] 和 [11] 这两个子集。

如果输入 nums = [1,3,2,5]，算法返回 false，因为 nums 无论如何都不能分割成两个和相等的子集。

对于这个问题，看起来和背包没有任何关系，为什么说它是背包问题呢？

首先回忆一下背包问题大致的描述是什么：

给你一个可装载重量为 W 的背包和 N 个物品，每个物品有重量和价值两个属性。其中第 i 个物品的重量为 wt[i]，价值为 val[i]，现在用这个背包装物品，最多能装的价值是多少？

那么对于这个问题，可以先对集合求和，得出 sum，把问题转化为背包问题：

给一个可装载重量为 sum / 2 的背包和 N 个物品，每个物品的重量为 nums[i]。现在让你装物品，是否存在一种装法，能够恰好将背包装满？

你看，这就是背包问题的模型，甚至比之前的经典背包问题还要简单一些，**下面就直接转换成背包问题**，套用前面讲过的背包问题框架即可。

2.16.2 思路分析

第一步要明确两点，"状态"和"选择"。

这在"2.15 经典动态规划：0-1 背包问题"中已经详细解释过了，状态就是"背包的容量"和"可选择的物品"，选择就是"装进背包"或者"不装进背包"。

第二步要明确 dp 数组的定义。

按照背包问题的套路，可以给出如下定义：

`dp[i][j] = x` 表示，对于前 i 个物品，当前背包的容量为 j 时，若 x 为 `true`，则说明可以恰好将背包装满，若 x 为 `false`，则说明不能恰好将背包装满。

比如，`dp[4][9] = true`，其含义为：对于容量为 9 的背包，若只使用前 4 个物品，则存在一种方法恰好把背包装满。

或者说对于本题，含义是对于给定的集合，若只对前 4 个数字进行选择，存在一个子集的和可以恰好凑出 9。

根据这个定义，我们想求的最终答案就是 `dp[N][sum/2]`，base case 就是 `dp[..][0] = true` 和 `dp[0][..] = false`，因为背包没有空间的时候，就相当于装满了，而当没有物品可选择的时候，肯定没办法装满背包。

第三步，根据"选择"，思考状态转移的逻辑。

回想刚才的 dp 数组含义，可以根据"选择"对 `dp[i][j]` 得到以下状态转移：

如果不把 `nums[i]` 算入子集，**或者说不把第 i 个物品装入背包**，那么是否能够恰好装满背包，取决于上一个状态 `dp[i-1][j]`，继承之前的结果。

如果把 `nums[i]` 算入子集，**或者说把第 i 个物品装入了背包，**那么是否能够恰好装满背包，取决于状态 `dp[i-1][j-nums[i-1]]`。

什么意思呢？首先，由于 i 是从 1 开始的，而数组索引是从 0 开始的，所以第 i 个物品的重量应该是 `nums[i-1]`，这一点不要搞混。

`dp[i-1][j-nums[i-1]]` 也很好理解：如果装了第 i 个物品，就要看背包的剩余重量 `j-nums[i-1]` 限制下是否能够被恰好装满。

换句话说，如果 `j - nums[i-1]` 的重量可以被恰好装满，那么只要把第 `i` 个物品装进去，也可恰好装满 `j` 的重量；否则，肯定是不能恰好装满重量 `j` 的。

最后一步，把伪码翻译成代码，处理一些边界情况。

以下是 C++ 代码，完全翻译了所讲的思路，并处理了一些边界情况：

```cpp
bool canPartition(vector<int>& nums) {
    int sum = 0;
    for (int num : nums) sum += num;
    // 和为奇数时，不可能划分成两个和相等的集合
    if (sum % 2 != 0) return false;
    int n = nums.size();
    sum = sum / 2;
    // 构建 dp 数组
    vector<vector<bool>>
        dp(n + 1, vector<bool>(sum + 1, false));
    // base case
    for (int i = 0; i <= n; i++)
        dp[i][0] = true;
    // 开始状态转移
    for (int i = 1; i <= n; i++) {
        for (int j = 1; j <= sum; j++) {
            if (j - nums[i - 1] < 0) {
                // 背包容量不足，肯定不能装入第 i 个物品
                dp[i][j] = dp[i - 1][j];
            } else {
                // 装入或不装入背包
                // 看看是否存在一种情况能够恰好装满
                dp[i][j] = dp[i - 1][j] || dp[i - 1][j-nums[i-1]];
            }
        }
    }
    return dp[n][sum];
}
```

2.16.3 进行状态压缩

再进一步，是否可以优化这个代码呢？**可以看出，dp[i][j] 都是通过上一行 dp[i-1][..] 转移过来的，** 之前的数据都不会再使用了。

所以，可以进行状态压缩，将二维 dp 数组压缩为一维，降低空间复杂度：

```cpp
bool canPartition(vector<int>& nums) {
    int sum = 0, n = nums.size();
    for (int num : nums) sum += num;
    if (sum % 2 != 0) return false;
    sum = sum / 2;
    vector<bool> dp(sum + 1, false);
    // base case
    dp[0] = true;

    for (int i = 0; i < n; i++)
        for (int j = sum; j >= 0; j--)
            if (j - nums[i] >= 0)
                dp[j] = dp[j] || dp[j - nums[i]];

    return dp[sum];
}
```

这就是状态压缩，其实这段代码和之前的解法思路完全相同，只在一行 dp 数组上操作，i 每进行一轮迭代，dp[j] 其实就相当于 dp[i-1][j]，所以只需要一维数组就够用了。

唯一需要注意的是，j 应该从后往前反向遍历，因为每个物品（或者说数字）只能用一次，以免之前的结果影响其他的结果。

至此，子集切割的问题就完全解决了，时间复杂度为 $O(n \times \text{sum})$，空间复杂度为 $O(\text{sum})$。

2.17 经典动态规划：完全背包问题

"零钱兑换 II"问题是另一种典型背包问题的变体，本节继续按照背包问题的套路，列举一个背包问题的变形。

本节讲的是"零钱兑换 II"，难度是 Medium，描述一下题目：

给定不同面额的硬币 coins 和一个总金额 amount，写一个函数来计算可以凑成总金额的硬币组合数。**假设每一种面额的硬币有无限个。**

要完成的函数的签名如下：

```
int change(int amount, int[] coins);
```

比如输入 amount = 5, coins = [1,2,5]，算法应该返回 4，因为有如下 4 种方式可以凑出目标金额：

```
5=5
5=2+2+1
5=2+1+1+1
5=1+1+1+1+1
```

如果输入的 amount = 5, coins = [3]，算法应该返回 0，因为用面额为 3 的硬币无法凑出总金额 5。

至于"零钱兑换 I"问题，在"1.2　动态规划解题套路框架"中讲过，那个问题要算凑齐目标金额的最少硬币数，而这个问题要算凑齐目标金额有几种方式。

我们可以把这个问题转化为背包问题的描述形式：

有一个背包，最大容量为 amount，有一系列物品 coins，每个物品的重量为 coins[i]，**每个物品的数量无限**。请问有多少种方法，能够把背包恰好装满？

这个问题和前面讲过的两个背包问题有一个最大的区别就是，每个物品的数量是无限的，这也就是传说中的**"完全背包问题"**，没啥"高大上"的，无非就是状态转移方程有一点变化而已。

下面就以背包问题的描述形式，继续按照流程来分析。

解题思路

第一步要明确两点，"状态"和"选择"。

状态有两个，就是"背包的容量"和"可选择的物品"，选择就是"装进背包"或者"不装进背包"嘛，背包问题的套路都是这样的。

明白了状态和选择，动态规划问题基本上就解决了，只要往这个框架里套就完事了：

```
for 状态 1 in 状态 1 的所有取值：
    for 状态 2 in 状态 2 的所有取值：
        for ...
            dp[ 状态 1 ][ 状态 2][...] = 计算 ( 选择 1，选择 2...)
```

第二步要明确 dp 数组的定义。

先来看看刚才找到的"状态"，有两个，也就是说需要一个二维 dp 数组。

dp[i][j] 的定义如下：

若只使用前 i 个物品，当背包容量为 j 时，有 dp[i][j] 种方法可以装满背包。

换句话说，翻译回题目的意思就是：

若只使用 coins 中的前 i 个硬币的面值，想凑出金额 j，有 dp[i][j] 种凑法。

经过以上的定义，可以得到：

base case 为 dp[0][..] = 0, dp[..][0] = 1。因为如果不使用任何硬币面值，就无法凑出任何金额；如果凑出的目标金额为 0，那么"无为而治"就是唯一的一种凑法。

最终想得到的答案就是 dp[N][amount]，其中 N 为 coins 数组的大小。

大致的伪码思路如下：

```
int dp[N+1][amount+1]
dp[0][..] = 0
dp[..][0] = 1

for i in [1..N]:
    for j in [1..amount]:
        dp[i][j] = 计算 ( 把物品 i 装进背包 ,
                          不把物品 i 装进背包 )
return dp[N][amount]
```

第三步，根据"选择"，思考状态转移的逻辑。

注意，这道题的特殊点在于物品的数量是无限的，所以这里和之前的背包问题有所不同。

如果不把这第 `i` 个物品装入背包，也就是说不使用 `coins[i]` 这个面值的硬币，那么凑出面额 `j` 的方法数 `dp[i][j]` 应该等于 `dp[i-1][j]`，继承之前的结果。

如果把这第 `i` 个物品装入背包，也就是说使用 `coins[i]` 这个面值的硬币，那么 `dp[i][j]` 应该等于 `dp[i][j-coins[i-1]]`。

首先由于 `i` 是从 1 开始的，所以 `coins` 的索引是 `i-1` 时表示第 `i` 个硬币的面值。

`dp[i][j-coins[i-1]]` 也不难理解，如果决定使用这个面值的硬币，那么就应该关注如何凑出金额 `j - coins[i-1]`。

比如，你想用面值为 2 的硬币凑出金额 5，那么如果知道了凑出金额 3 的方法，再加上一枚面额为 2 的硬币，不就可以凑出 5 了嘛。

综上就是两种选择，而我们想求的 `dp[i][j]` 是"共有多少种凑法"，所以 `dp[i][j]` 的值应该是以上两种选择的结果之和：

```
for (int i = 1; i <= n; i++) {
    for (int j = 1; j <= amount; j++) {
        if (j - coins[i-1] >= 0)
            dp[i][j] = dp[i - 1][j]
                    + dp[i][j-coins[i-1]];
    }
}
return dp[N][W]
```

最后一步，把伪码翻译成代码，处理一些边界情况。

这里下面用 Java 写代码，把上面的思路完全翻译了一遍，并且处理了一些边界问题：

```
int change(int amount, int[] coins) {
    int n = coins.length;
    int[][] dp = new int[n + 1][amount + 1];
    // base case
    for (int i = 0; i <= n; i++)
        dp[i][0] = 1;

    for (int i = 1; i <= n; i++) {
```

```
        for (int j = 1; j <= amount; j++) {
            if (j - coins[i-1] >= 0) {
                dp[i][j] = dp[i - 1][j]
                        + dp[i][j-coins[i-1]];
            } else {
                dp[i][j] = dp[i - 1][j];
            }
        }
    }
    return dp[n][amount];
}
```

而且，通过观察可以发现，**dp** 数组的转移只和 **dp[i][..]** 和 **dp[i-1][..]** 有关，所以可以压缩状态，进一步降低算法的空间复杂度：

```
int change(int amount, int[] coins) {
    int n = coins.length;
    int[] dp = new int[amount + 1];
    dp[0] = 1; // base case
    for (int i = 0; i < n; i++)
        for (int j = 1; j <= amount; j++)
            if (j - coins[i] >= 0)
                dp[j] = dp[j] + dp[j-coins[i]];

    return dp[amount];
}
```

这个解法和之前的思路完全相同，将二维 **dp** 数组压缩为一维，时间复杂度为 $O(N \times amount)$，空间复杂度为 $O(amount)$。

至此，这道零钱兑换问题也通过背包问题的框架解决了。

2.18 题目千百变，套路不会变

本节来讲解三道类似的题目，它们在刷题平台上的点赞数非常之高，是比较有代表性和技巧性的动态规划题目。

这三道题的难度设计非常合理，层层递进。第一道是比较标准的动态规划问题，而第二道融入了环形数组的条件，第三道更绝，把动态规划的自底向上和自顶向下解法与二叉树结合起来，很有启发性。

下面，我们从第一道开始分析。

2.18.1 线性排列情况

先来描述一下题目：

街上有一排房屋，用一个包含非负整数的数组 nums 表示，每个元素 nums[i] 代表第 i 间房子中的现金数额。现在你可以从房子中取钱，但是有一个约束条件，相邻的房子的钱不能被同时取出，你需要尽可能多地取出钱。请你写一个算法，计算在满足条件的前提下，最多能够取出多少钱？函数签名如下：

```
int rob(int[] nums);
```

比如输入 nums=[2,1,7,9,3,1]，算法返回 12，你可以取出 nums[0]、nums[3]、nums[5] 三个房屋的钱，得到的总钱数为 2 + 9 + 1 = 12，这是最优的选择。

题目很容易理解，而且动态规划的特征很明显。动态规划详解中做过总结，**解决动态规划问题就是找"状态"和"选择"，仅此而已**。

设想这样一个场景，你从左到右走过这一排房子，在每间房子前都有两种"选择"：取出该房子的钱，或者不取出该房子的钱。

1 如果你取出这间房子的钱，那么对于相邻的下一间房子，肯定不能再取钱了，只能从下下间房子开始做选择。

2 如果你不取出这间房子的钱，那么可以走到下一间房子前，继续做选择。

当你走过了最后一间房子，就没办法做选择了，能获得的现金数目显然是 0（base case）。

以上的逻辑很简单吧，其实已经明确了"状态"和"选择"：**你面前房子的索引就**

是"状态"，取钱和不取钱就是"选择"。

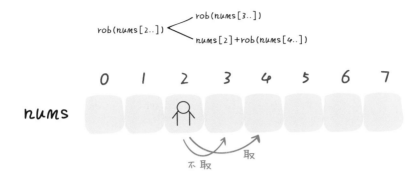

在两个选择中，每次都选更大的结果，最后得到的就是最多能取到的钱。

那么我们可以这样定义 dp 函数：

dp(nums, start) = x 表示，从 nums[start] 开始做选择，可以获得的最多的金额为 x。

根据这个定义，可以写出解法：

```
// 主函数
int rob(int[] nums) {
    return dp(nums, 0);
}
// 返回 nums[start..] 能获得的最大值
int dp(int[] nums, int start) {
    if (start >= nums.length) {
        return 0;
    }

    int res = Math.max(
            // 不取钱，去下间房
            dp(nums, start + 1),
            // 取钱，去下下间房
            nums[start] + dp(nums, start + 2)
        );
    return res;
}
```

明确了状态转移，就可以发现对于同一 `start` 位置，是存在重叠子问题的，比如下图：

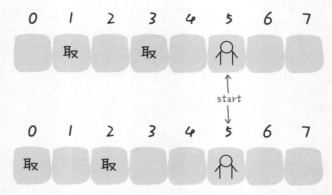

你有多种选择可以走到这个位置，而从房间 `nums[5..]` 中取出的最多值数为一个定值，如果每次执行 `dp(nums, 0)` 进入递归，岂不是浪费时间？所以说存在重叠子问题，可以用备忘录进行优化：

```java
int[] memo;
// 主函数
int rob(int[] nums) {
    // 初始化备忘录
    memo = new int[nums.length];
    Arrays.fill(memo, -1);
    // 从第 0 间房子开始做选择
    return dp(nums, 0);
}

// 返回 dp[start..] 能取出的最大金额
int dp(int[] nums, int start) {
    if (start >= nums.length) {
        return 0;
    }
    // 避免重复计算
    if (memo[start] != -1) return memo[start];

    int res = Math.max(dp(nums, start + 1),
                    nums[start] + dp(nums, start + 2));
    // 记入备忘录
    memo[start] = res;
    return res;
}
```

这就是自顶向下的动态规划解法，我们也可以略作修改，写出**自底向上**的解法：

```java
int rob(int[] nums) {
    int n = nums.length;
    // dp[i] = x 表示:
    // 从第 i 间房子开始做选择，最多能取出的钱为 x
    // base case: dp[n] = 0
    int[] dp = new int[n + 2];
    for (int i = n - 1; i >= 0; i--) {
        dp[i] = Math.max(dp[i + 1], nums[i] + dp[i + 2]);
    }
    return dp[0];
}
```

我们又发现状态转移只和 `dp[i]` 最近的两个状态 `dp[i+1]` 和 `dp[i+2]` 有关，所以可以进一步优化，将空间复杂度降低到 $O(1)$。

```java
int rob(int[] nums) {
    int n = nums.length;
    // 记录 dp[i+1] 和 dp[i+2]
    int dp_i_1 = 0, dp_i_2 = 0;
    // 记录 dp[i]
    int dp_i = 0;
    for (int i = n - 1; i >= 0; i--) {
        dp_i = Math.max(dp_i_1, nums[i] + dp_i_2);
        dp_i_2 = dp_i_1;
        dp_i_1 = dp_i;
    }
    return dp_i;
}
```

以上的流程，在动态规划详解中详细解释过，相信大家都能手到擒来了。我认为很有意思的是这个问题的后续问题，需要基于我们现在的思路做一些巧妙的应变。

2.18.2　环形排列情况

这是力扣第 213 题，题目和第一题基本相同，输入依然是一个数组，你依然不能在相邻的房子同时取钱，但是告诉你**这些房子不是一排，而是围成了一个圈**。

也就是说，现在第一间房子和最后一间房子也相当于是相邻的，不能同时取钱。比如输入数组 nums=[2,3,2]，算法返回的结果应该是 3 而不是 4，因为开头和结尾不能同时取钱。

这个约束条件看起来应该不难解决，在 "3.7.1 单调栈解题模板" 中讲到一种解决环形数组的方案，那么在这个问题上怎么处理呢？

首尾房间不能同时取钱，那么只可能有三种不同情况：

1 第一间房子和最后一间房子都不取钱。

2 只取第一间房子的钱，不取最后一间房子的钱。

3 只取最后一间房子的钱，不取第一间房子的钱。

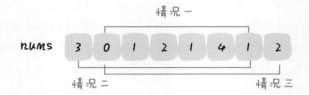

那就简单了啊，穷举这三种情况，哪种的结果最大，就是最终答案呗！不过，其实我们不需要比较三种情况，只要比较情况二和情况三就行了，**因为从图中很容易看出，这两种情况对于房子的选择余地已经涵盖了情况一，房子里的钱数都是非负数，选择余地越大，最优决策结果肯定不会小。**

只需对之前的解法稍作修改即可在这道题中复用：

```
//
// 仅计算闭区间 [start,end] 的最优结果
int robRange(int[] nums, int start, int end) {
    int n = nums.length;
    int dp_i_1 = 0, dp_i_2 = 0;
    int dp_i = 0;
    for (int i = end; i >= start; i--) {
        dp_i = Math.max(dp_i_1, nums[i] + dp_i_2);
        dp_i_2 = dp_i_1;
        dp_i_1 = dp_i;
    }
    return dp_i;
}

// 输入的 nums 数组视为一个环形数组
```

```
int rob(int[] nums) {
    int n = nums.length;
    if (n == 1) return nums[0];
    return Math.max(robRange(nums, 0, n - 2),
                    robRange(nums, 1, n - 1));
}
```

至此，第二问也解决了。

2.18.3 树形排列情况

这里又想法设法地变花样了，你发现现在面对的房子不是一排，不是一圈，而是一棵二叉树！房子在二叉树的节点上，不能同时从相连的两个房子中取钱，你怎么办？

函数的签名如下：

```
int rob(TreeNode root);
```

比如输入为下图这样的一棵二叉树：

算法应该返回 7，因为可以在第一层和第三层的房子里取钱，得到最高金额 3 + 3 + 1 = 7。

如果输入为下图这棵二叉树：

那么算法应该返回 9，如果从第二层的房子取钱可以获得最高金额 4 + 5 = 9。

整体的思路完全没变，你还是做"取"或者"不取"的选择，去找收益较大的选择即可。所以我们可以直接按这个套路写出代码：

```java
// 备忘录，记录在某个节点上的最优选择
Map<TreeNode, Integer> memo = new HashMap<>();

int rob(TreeNode root) {
    if (root == null) return 0;
    // 利用备忘录消除重叠子问题
    if (memo.containsKey(root))
        return memo.get(root);
    // 取，然后去下下家做选择
    int do_it = root.val
        + (root.left == null ?
            0 : rob(root.left.left) + rob(root.left.right))
        + (root.right == null ?
            0 : rob(root.right.left) + rob(root.right.right));
    // 不取，然后去下家做选择
    int not_do = rob(root.left) + rob(root.right);
    // 选择收益更大的
    int res = Math.max(do_it, not_do);
    memo.put(root, res);
    return res;
}
```

这道题就解决了，时间复杂度为 $O(N)$，N 为树的节点数。

2.19 动态规划和回溯算法，到底是什么关系

本书前面经常说回溯算法和递归算法有点类似，有的问题如果实在想不出状态转移方程，尝试用回溯算法暴力解决也是一个聪明的策略，总比写不出来解法强。

那么，回溯算法和动态规划到底是什么关系？它们都涉及递归，算法模板看起来还挺像的，都涉及做"选择"。那么，它们具体有啥区别呢？回溯算法和动态规划之间，是否可以互相转化呢？

下面就用"目标和"问题来详细对比回溯算法和动态规划，题目如下：

给你输入一个非负整数数组 `nums` 和一个目标值 `target`，现在你可以给每一个元素 `nums[i]` 添加正号 `+` 或负号 `-`，请计算有几种符号的组合能够使得 `nums` 中元素的和为 `target`。

函数的签名如下：

```
int findTargetSumWays(int[] nums, int target);
```

比如输入 `nums = [1,3,1,4,2]`, `target = 5`，算法返回 3，因为有如下 3 种组合能够使得 `target` 等于 5：

```
-1+3+1+4-2=5
-1+3+1+4-2=5
+1-3+1+4+2=5
```

`nums` 的元素也有可能包含 0，可以正常地给 0 分配正负号。

2.19.1 回溯思路

其实我第一眼看到这个题目，花了两分钟就写出了一个回溯解法。

任何算法的核心都是穷举，回溯算法就是一个暴力穷举算法，前面的"1.3 回溯算法解题套路框架"中就写了回溯算法框架：

```
def backtrack( 路径, 选择列表 ):
    if 满足结束条件:
        result.add( 路径 )
        return
```

```
for 选择 in 选择列表:
    做选择
    backtrack( 路径, 选择列表 )
    撤销选择
```

关键就是搞清楚什么是"选择",而对于这道题,"选择"不是明摆着的吗?**对于每个数字 nums[i],可以选择给一个正号 + 或者一个负号 –**,然后利用回溯模板穷举所有可能的结果,数一数到底有几种组合能够凑出 target 不就行了吗?

伪码思路如下:

```
def backtrack(nums, i):
    if i == len(nums):
        if 达到 target:
            result += 1
        return

    for op in { +1, -1 }:
        选择 op * nums[i]
        # 穷举 nums[i + 1] 的选择
        backtrack(nums, i + 1)
        撤销选择
```

如果看过之前的回溯算法问题,这个代码可以说是比较简单的了:

```java
int result = 0;

/* 主函数 */
int findTargetSumWays(int[] nums, int target) {
    if (nums.length == 0) return 0;
    backtrack(nums, 0, target);
    return result;
}

/* 回溯算法模板 */
void backtrack(int[] nums, int i, int rest) {
    // base case
    if (i == nums.length) {
        if (rest == 0) {
            // 说明恰好凑出 target
```

```
                result++;
            }
            return;
        }
    // 给 nums[i] 选择 - 号
    rest += nums[i];
    // 穷举 nums[i + 1]
    backtrack(nums, i + 1, rest);
    // 撤销选择
    rest -= nums[i];

    // 给 nums[i] 选择 + 号
    rest -= nums[i];
    // 穷举 nums[i + 1]
    backtrack(nums, i + 1, rest);
    // 撤销选择
    rest += nums[i];
}
```

有的读者可能问，选择 – 的时候，为什么是 `rest += nums[i]`，选择 + 的时候，为什么是 `rest -= nums[i]` 呢，是不是写反了？

不是，"如何凑出 `target`" 和 "如何把 `target` 减到 0" 其实是一样的。我们这里选择后者，因为前者必须给 `backtrack` 函数多加一个参数，我觉得不美观：

```
void backtrack(int[] nums, int i, int sum, int target) {
    // base case
    if (i == nums.length) {
        if (sum == target) {
            result++;
        }
        return;
    }
    // ...
}
```

因此，如果给 `nums[i]` 选择 + 号，就要让 `rest - nums[i]`，反之亦然。

以上回溯算法可以解决这个问题，时间复杂度为 $O(2^N)$，N 为 `nums` 的大小。这个复杂度是怎么算出来的？回忆 "1.1　学习算法和刷题的框架思维" 中的内容，发现这个回溯算法就是个二叉树的遍历问题：

```
void backtrack(int[] nums, int i, int rest) {
    if (i == nums.length) {
        return;
    }
    backtrack(nums, i + 1, rest - nums[i]);
    backtrack(nums, i + 1, rest + nums[i]);
}
```

树的高度就是 nums 的长度嘛，所以说时间复杂度就是这棵二叉树的节点数，为 $O(2^N)$，其实是非常低效的。

那么，这个问题如何用动态规划思想进行优化呢？

2.19.2　消除重叠子问题

动态规划之所以比暴力算法快，是因为动态规划技巧消除了重叠子问题。

如何发现重叠子问题呢？看是否可能出现重复的"状态"。对于递归函数来说，函数参数中会变的参数就是"状态"，对于 backtrack 函数来说，会变的参数为 i 和 rest。

本书的动态规划之编辑距离说了一种一眼看出重叠子问题的方法，先抽象出递归框架：

```
void backtrack(int i, int rest) {
    backtrack(i + 1, rest – nums[i]);
    backtrack(i + 1, rest + nums[i]);
}
```

举个简单的例子，如果 nums[i] = 0，会发生什么？

```
void backtrack(int i, int rest) {
    backtrack(i + 1, rest);
    backtrack(i + 1, rest);
}
```

你看，这样就出现了两个"状态"完全相同的递归函数，无疑这样的递归计算就是重复的。**这就是重叠子问题，而且只要我们能够找到一个重叠子问题，那一定还存在很多的重叠子问题。**

因此，状态 `(i, rest)` 是可以用备忘录技巧进行优化的：

```
int findTargetSumWays(int[] nums, int target) {
    if (nums.length == 0) return 0;
    return dp(nums, 0, target);
}


// 备忘录
HashMap<String, Integer> memo = new HashMap<>();
int dp(int[] nums, int i, int rest) {
    // base case
    if (i == nums.length) {
        if (rest == 0) return 1;
        return 0;
    }
    // 把它们转成字符串才能作为哈希表的键
    String key = i + "," + rest;
    // 避免重复计算
    if (memo.containsKey(key)) {
        return memo.get(key);
    }
    // 还是穷举
    int result = dp(nums, i + 1, rest - nums[i]) + dp(nums, i + 1, rest + nums[i]);
    // 记入备忘录
    memo.put(key, result);
    return result;
}
```

以前我们都是用 Python 的元组配合哈希表 `dict` 来做备忘录的，其他语言没有元组，可以用把"状态"转化为字符串作为哈希表的键，这是一个常用的小技巧。

这个解法通过备忘录消除了很多重叠子问题，效率有一定的提升。时间复杂度为"状态"组合 `(i, rest)` 的数量，即 $O(N \times target)$。

2.19.3　动态规划

其实，这个问题可以转化为一个子集划分问题，而子集划分问题又是一个典型的背包问题。动态规划总是这么让人摸不着头脑……

首先，如果把 **nums** 划分成两个子集 **A** 和 **B**，分别代表分配 **+** 的数和分配 **–** 的数，那

么它们和 `target` 存在如下关系：

```
sum(A) - sum(B) = target
sum(A) = target + sum(B)
sum(A) + sum(A) = target + sum(B) + sum(A)
2 * sum(A) = target + sum(nums)
```

综上所述，可以推出 `sum(A) = (target + sum(nums)) / 2`，也就是把原问题转化成：`nums` 中存在几个子集 A，使得 A 中元素的和为 `(target + sum(nums)) / 2`？

类似的子集划分问题在经典动态规划：子集背包问题讲过，现在实现这么一个函数：

```
/* 计算 nums 中有几个子集的和为 sum */
int subsets(int[] nums, int sum) {}
```

然后，可以这样调用这个函数：

```
int findTargetSumWays(int[] nums, int target) {
    int sum = 0;
    for (int n : nums) sum += n;
    // 这两种情况，不可能存在合法的子集划分
    if (sum < target || (sum + target) % 2 == 1) {
        return 0;
    }
    return subsets(nums, (sum + target) / 2);
}
```

好的，变成背包问题的标准形式：

有一个背包，容量为 `sum`，现在给你 N 个物品，第 `i` 个物品的重量为 `nums[i - 1]`（注意 `1 <= i <= N`），每个物品只有一个，请问有几种不同的方法能够恰好装满这个背包？

现在，这就是一个正宗的动态规划问题了，下面按照我们一直强调的动态规划套路走流程。

第一步要明确两点，"状态"和"选择"。

对于背包问题，这个都是一样的，状态就是"背包的容量"和"可选择的物品"，选择就是"装进背包"或者"不装进背包"。

第二步要明确 `dp` 数组的定义。

按照背包问题的套路，可以给出如下定义：

`dp[i][j] = x` 表示，若只在前 `i` 个物品中选择，且当前背包的容量为 `j`，则最多有 `x` 种方法可以恰好装满背包。

翻译成我们探讨的子集问题就是，若只在 `nums` 的前 `i` 个元素中选择，目标和为 `j`，则最多有 `x` 种方法划分子集。

根据这个定义，显然 `dp[0][..] = 0`，因为没有物品的话，根本没办法装背包；`dp[..][0] = 1`，因为如果背包的最大载重为 0，"什么都不装"就是唯一的一种装法。

我们所求的答案就是 `dp[N][sum]`，即使用所有 `N` 个物品，有几种方法可以装满容量为 `sum` 的背包。

第三步，根据"选择"，思考状态转移的逻辑。

回想刚才的 `dp` 数组含义，可以根据"选择"对 `dp[i][j]` 得到以下状态转移：

如果不把 `nums[i]` 算入子集，**或者说不把这第 `i` 个物品装入背包**，那么恰好装满背包的方法数就取决于上一个状态 `dp[i-1][j]`，继承之前的结果。

如果把 `nums[i]` 算入子集，**或者说把这第 `i` 个物品装入了背包**，那么只要看前 `i - 1` 个物品有几种方法可以装满 `j - nums[i-1]` 的重量就行了，所以取决于状态 `dp[i-1][j-nums[i-1]]`。

注意：这里说的 `i` 是从 1 开始算的，而数组 `nums` 的索引是从 0 开始算的，所以 `nums[i-1]` 代表的是第 `i` 个物品的重量，`j - nums[i-1]` 就是背包装入物品 `i` 之后还剩下的容量。

由于 `dp[i][j]` 为装满背包的总方法数，所以应该对以上两种选择的结果求和，得到状态转移方程：

```
dp[i][j] = dp[i-1][j] + dp[i-1][j-nums[i-1]];
```

然后，根据状态转移方程写出动态规划算法：

```
/* 计算 nums 中有几个子集的和为 sum */
int subsets(int[] nums, int sum) {
    int n = nums.length;
    int[][] dp = new int[n + 1][sum + 1];
    // base case
```

```java
    for (int i = 0; i <= n; i++) {
        dp[i][0] = 1;
    }

    for (int i = 1; i <= n; i++) {
        for (int j = 0; j <= sum; j++) {
            if (j >= nums[i-1]) {
                // 两种选择的结果之和
                dp[i][j] = dp[i-1][j] + dp[i-1][j-nums[i-1]];
            } else {
                // 背包的空间不足，只能选择不装物品 i
                dp[i][j] = dp[i-1][j];
            }
        }
    }
    return dp[n][sum];
}
```

然后，发现这个 `dp[i][j]` 只和前一行 `dp[i-1][..]` 有关，那么肯定可以优化成一维 `dp`：

```java
/* 计算 nums 中有几个子集的和为 sum */
int subsets(int[] nums, int sum) {
    int n = nums.length;
    int[] dp = new int[sum + 1];
    // base case
    dp[0] = 1;

    for (int i = 1; i <= n; i++) {
        // j 要从后往前遍历
        for (int j = sum; j >= 0; j--) {
            // 状态转移方程
            if (j >= nums[i-1]) {
                dp[j] = dp[j] + dp[j-nums[i-1]];
            } else {
                dp[j] = dp[j];
            }
        }
    }
    return dp[sum];
}
```

对照二维 dp，只要把 dp 数组的第一个维度全都去掉就行了，唯一的区别就是这里的 j 要从后往前遍历，原因如下：

因为二维压缩到一维的根本原理是，`dp[j]` 和 `dp[j-nums[i-1]]` 还没被新结果覆盖的时候，相当于二维 dp 中的 `dp[i-1][j]` 和 `dp[i-1][j-nums[i-1]]`。

那么，我们就要做到：在计算新的 `dp[j]` 的时候，`dp[j]` 和 `dp[j-nums[i-1]]` 还是上一轮外层 for 循环的结果。

如果从前往后遍历一维 dp 数组，`dp[j]` 显然是没问题的，但是 `dp[j-nums[i-1]]` 已经不是上一轮外层 for 循环的结果了，这里就会使用错误的状态，当然得不到正确的答案。

第 3 章
/
数据结构系列

本书的学习算法和刷题的框架思维中告诉你，很多算法技巧都源自基本数据结构的操作。只要你能够随心所欲地操纵基本数据结构，就能发现那些炫酷的算法技巧本质上也是那么朴实无华且枯燥的。

本章主要研究链表、二叉树这样的普通数据结构到底能"玩"出什么花样；顺便教你如何层层拆解复杂问题，手写 LRU、LFU 等经典算法；还会介绍一些特殊数据结构的实现方式和使用场景，诸如单调栈和单调队列。

算法是灵魂，数据结构是血肉，让我们一起领略数据结构的奥妙吧！

3.1　手把手教你写 LRU 缓存淘汰算法

LRU 算法就是一种缓存淘汰策略，原理不难，但是面试中写出没有 bug 的算法比较有技巧，需要对数据结构进行层层抽象和拆解，本节 labuladong 就给你写一手漂亮的代码。

计算机的缓存容量有限，如果缓存满了就要删除一些内容，给新内容腾位置。但问题是，删除哪些内容呢？我们肯定希望删掉那些没什么用的缓存，而把有用的数据继续留在缓存里，方便之后继续使用。那么，什么样的数据，判定为"有用的"数据呢？

LRU 缓存淘汰算法就是一种常用策略。LRU 的全称是 Least Recently Used，也就是说我们认为最近使用过的数据应该是"有用的"，很久都没用过的数据应该是无用的，内存满了就先删那些很久没用过的数据。

举个简单的例子,安卓手机都可以把软件放到后台运行,比如我先后打开了"设置""手机管家""日历"应用程序,那么现在它们在后台排列的顺序是这样的:

但是这时候如果我访问了"设置"界面，那么"设置"就会被提到第一个，变成这样：

假设我的手机只允许同时开 3 个应用程序，现在已经满了。那么如果我新开了一个应用程序"时钟"，就必须关闭一个应用为"时钟"腾出一个位置，关哪个呢？

按照 LRU 的策略，关最底下的"手机管家"，因为那是最久未使用的，然后把新开的应用放到最上面：

现在你应该理解 LRU 策略了。当然还有其他缓存淘汰策略，比如不要按访问的时序来淘汰，而是按访问频率（LFU 策略）来淘汰等，各有应用场景。本节讲解 LRU 算法策略。

3.1.1　LRU 算法描述

力扣第 146 题"LRU 缓存机制"就是让你设计数据结构：

首先要接收一个 `capacity` 参数作为缓存的最大容量，然后实现两个 API，一个是 `put(key, val)` 方法存入键值对，另一个是 `get(key)` 方法获取 `key` 对应的 `val`，如果 `key` 不存在则返回 -1。

注意哦，`get` 和 `put` 方法必须都是 $O(1)$ 的时间复杂度，下面举个具体的例子来看看 LRU 算法怎么工作。

```
/* 缓存容量为 2 */
LRUCache cache = new LRUCache(2);
// 你可以把 cache 理解成一个队列
// 假设左边是队头，右边是队尾
// 最近使用的排在队头，久未使用的排在队尾
// 圆括号表示键值对 (key, val)

cache.put(1, 1);
// cache = [(1, 1)]

cache.put(2, 2);
// cache = [(2, 2), (1, 1)]

cache.get(1);        // 返回 1
// cache = [(1, 1), (2, 2)]
// 解释：因为最近访问了键 1，所以提至队头
// 返回键 1 对应的值 1

cache.put(3, 3);
// cache = [(3, 3), (1, 1)]
// 解释：缓存容量已满，需要删除内容空出位置
// 优先删除久未使用的数据，也就是队尾的数据
// 然后把新的数据插入队头

cache.get(2);        // 返回 -1（未找到）
// cache = [(3, 3), (1, 1)]
// 解释：cache 中不存在键为 2 的数据

cache.put(1, 4);
// cache = [(1, 4), (3, 3)]
// 解释：键 1 已存在，把原始值 1 覆盖为 4
// 不要忘了也要将键值对提前到队头
```

3.1.2　LRU 算法设计

分析上面的操作过程，要想让 put 和 get 方法的时间复杂度为 $O(1)$，cache 这个数据结构必备的条件如下：

1　显然 cache 中的元素必须有时序，以区分最近使用的和久未使用的数据，当容量满了之后要删除最久未使用的那个元素腾位置。

2　要在 cache 中快速找某个 key 是否存在并得到对应的 val。

3　每次访问 cache 中的某个 key，需要将这个元素变为最近使用的，也就是说 cache 要支持在任意位置快速插入和删除元素。

那么，什么数据结构同时符合上述条件呢？哈希表查找快，但是数据无固定顺序；链表有顺序之分，插入、删除快，但是查找慢。所以结合一下，形成一种新的数据结构：哈希链表 `LinkedHashMap`。

LRU 缓存算法的核心数据结构就是哈希链表，它是双向链表和哈希表的结合体。这个数据结构长这样：

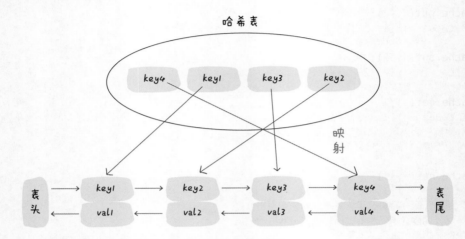

借助这个结构，我们来逐一分析上面的 3 个条件：

1 如果每次默认从链表尾部添加元素，那么显然越靠尾部的元素就越是最近使用的，越靠头部的元素就是越久未使用的。

2 对于某一个 `key`，可以通过哈希表快速定位到链表中的节点，从而取得对应 `val`。

3 链表显然是支持在任意位置快速插入和删除的，改改指针就行。只不过传统的链表无法按照索引快速访问某一个位置的元素，而这里借助哈希表，可以通过 `key` 快速映射到任意一个链表节点，然后进行插入和删除。

也许读者会问，为什么要是双向链表，单链表行不行？另外，既然哈希表中已经存了 `key`，为什么链表中还要存 `key` 和 `val` 呢，只存 `val` 不就行了？

想的时候都是问题，只有做的时候才有答案。这样设计的原因，必须等我们亲自实现 LRU 算法之后才能理解，所以我们开始看代码吧！

3.1.3 代码实现

很多编程语言都有内置的哈希链表或者类似 LRU 功能的库函数，但是为了帮大家理解算法的细节，我们先自己实现一遍 LRU 算法，然后再使用 Java 内置的 `LinkedHashMap` 实现一遍。

首先，把双链表的节点类写出来，为了简化，**key** 和 **val** 都设为 int 类型：

```java
class Node {
    public int key, val;
    public Node next, prev;
    public Node(int k, int v) {
        this.key = k;
        this.val = v;
    }
}
```

然后依靠我们的 **Node** 类型构建一个双链表，实现几个 LRU 算法必需的 API：

```java
class DoubleList {
    // 头尾虚节点
    private Node head, tail;
    // 链表元素数
    private int size;

    public DoubleList() {
        // 初始化双向链表的数据
        head = new Node(0, 0);
        tail = new Node(0, 0);
        head.next = tail;
        tail.prev = head;
        size = 0;
    }

    // 在链表尾部添加节点 x，时间复杂度为 O(1)
    public void addLast(Node x) {
        x.prev = tail.prev;
        x.next = tail;
        tail.prev.next = x;
        tail.prev = x;
        size++;
    }

    // 删除链表中的 x 节点（x 一定存在）
    // 由于是双链表且给的是目标 Node 节点，时间复杂度为 O(1)
    public void remove(Node x) {
        x.prev.next = x.next;
```

```
        x.next.prev = x.prev;
        size--;
    }

    // 删除链表中第一个节点，并返回该节点，时间复杂度为 O(1)
    public Node removeFirst() {
        if (head.next == tail)
            return null;
        Node first = head.next;
        remove(first);
        return first;
    }

    // 返回链表长度，时间复杂度为 O(1)
    public int size() { return size; }

}
```

到这里就能回答"为什么必须要用双向链表"的问题了，因为我们需要删除操作。删除一个节点不仅要得到该节点本身的指针，也需要操作其前驱节点的指针，而双向链表才能支持直接查找前驱，保证操作的时间复杂度为 O(1)。

注意，我们实现的双链表 API 只能从尾部插入，也就是说靠尾部的数据是最近使用的，靠头部的数据是最久未使用的。

有了双向链表的实现，只需在 LRU 算法中把它和哈希表结合起来，先搭出代码框架：

```
class LRUCache {
    // key -> Node(key, val)
    private HashMap<Integer, Node> map;
    // Node(k1, v1) <-> Node(k2, v2)...
    private DoubleList cache;
    // 最大容量
    private int cap;

    public LRUCache(int capacity) {
        this.cap = capacity;
        map = new HashMap<>();
        cache = new DoubleList();
    }
```

先不着急实现 LRU 算法的 get 和 put 方法。由于要同时维护一个双链表 cache 和一个哈希表 map，很容易漏掉一些操作，比如删除某个 key 时，在 cache 中删除了对应的 Node，但是却忘记在 map 中删除 key。

解决这种问题的有效方法是：在这两种数据结构之上提供一层抽象 API。

这说得有点玄幻，实际上很简单，就是尽量让 LRU 的主方法 get 和 put 避免直接操作 map 和 cache 的细节。可以先实现下面几个函数：

```java
/* 将某个 key 提升为最近使用的 */
private void makeRecently(int key) {
    Node x = map.get(key);
    // 先从链表中删除这个节点
    cache.remove(x);
    // 重新插到队尾
    cache.addLast(x);
}

/* 添加最近使用的元素 */
private void addRecently(int key, int val) {
    Node x = new Node(key, val);
    // 链表尾部就是最近使用的元素
    cache.addLast(x);
    // 别忘了在 map 中添加 key 的映射
    map.put(key, x);
}

/* 删除某一个 key */
private void deleteKey(int key) {
    Node x = map.get(key);
    // 从链表中删除
    cache.remove(x);
    // 从 map 中删除
    map.remove(key);
}

/* 删除最久未使用的元素 */
private void removeLeastRecently() {
    // 链表头部的第一个元素就是最久未使用的
    Node deletedNode = cache.removeFirst();
    // 同时别忘了从 map 中删除它的 key
    int deletedKey = deletedNode.key;
    map.remove(deletedKey);
}
```

这里就能回答"为什么要在链表中同时存储 key 和 val，而不是只存储 val"，注意，在 removeLeastRecently 函数中，需要用 deletedNode 得到 deletedKey。

也就是说，当缓存容量已满，不仅要删除最后一个 Node 节点，还要把 map 中映射到该节点的 key 同时删除，而这个 key 只能由 Node 得到。如果 Node 结构中只存储 val，那么就无法得知 key 是什么，也就无法删除 map 中的键，造成错误。

上述方法就是简单的操作封装，调用这些函数可以避免直接操作 cache 链表和 map 哈希表，下面先来实现 LRU 算法的 get 方法：

```java
public int get(int key) {
    if (!map.containsKey(key)) {
        return -1;
    }
    // 将该数据提升为最近使用的
    makeRecently(key);
    return map.get(key).val;
}
```

put 方法稍微复杂一些，先来画个图搞清楚它的逻辑：

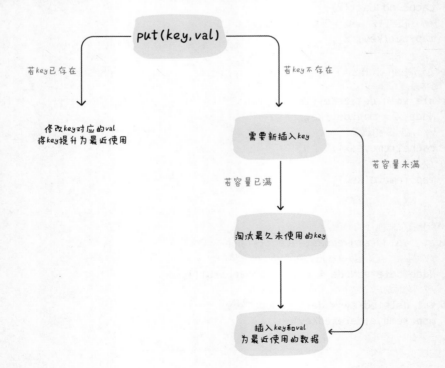

这样就可以轻松写出 **put** 方法的代码：

```java
public void put(int key, int val) {
    if (map.containsKey(key)) {
        // 删除旧的数据
        deleteKey(key);
        // 新插入的数据为最近使用的数据
        addRecently(key, val);
        return;
    }

    if (cap == cache.size()) {
        // 删除最久未使用的元素
        removeLeastRecently();
    }
    // 添加为最近使用的元素
    addRecently(key, val);
}
```

至此，你应该已经完全掌握 LRU 算法的原理和实现了，最后用 Java 的内置类型 **LinkedHashMap** 来实现 LRU 算法，逻辑和之前完全一致，这里就不过多解释了：

```java
class LRUCache {
    int cap;
    LinkedHashMap<Integer, Integer> cache = new LinkedHashMap<>();
    public LRUCache(int capacity) {
        this.cap = capacity;
    }

    public int get(int key) {
        if (!cache.containsKey(key)) {
            return -1;
        }
        // 将 key 变为最近使用
        makeRecently(key);
        return cache.get(key);
    }

    public void put(int key, int val) {
        if (cache.containsKey(key)) {
            // 修改 key 的值
```

```java
        cache.put(key, val);
        // 将 key 变为最近使用
        makeRecently(key);
        return;
    }

    if (cache.size() >= this.cap) {
        // 链表头部就是最久未使用的 key
        int oldestKey = cache.keySet().iterator().next();
        cache.remove(oldestKey);
    }
    // 将新的 key 添加到链表尾部
    cache.put(key, val);
}

private void makeRecently(int key) {
    int val = cache.get(key);
    // 删除 key，重新插入到队尾
    cache.remove(key);
    cache.put(key, val);
}
}
```

至此，LRU 算法就没有什么神秘的了。

3.2　层层拆解，带你手写 LFU 算法

上一节写了 LRU 缓存淘汰算法的实现方法，这一节来写另一个著名的缓存淘汰算法：LFU 算法。

LRU 算法的淘汰策略是 Least Recently Used，也就是每次淘汰那些最久没被使用的数据；而 LFU 算法的淘汰策略是 Least Frequently Used，也就是每次淘汰那些使用次数最少的数据。

LRU 算法的核心数据结构是使用哈希链表 `LinkedHashMap`，首先借助链表的有序性使得链表元素维持插入顺序，同时借助哈希映射的快速访问能力使得我们可以以 $O(1)$ 时间复杂度访问链表的任意元素。

从实现难度上来说，LFU 算法的难度大于 LRU 算法，因为 LRU 算法相当于把数据按照时间排序，这个需求借助链表很自然就能实现。一直从链表头部加入元素的话，越靠近头部的元素就是越新的数据，越靠近尾部的元素就越是旧的数据，进行缓存淘汰的时候只要简单地将尾部的元素淘汰就行了。

而 LFU 算法相当于把数据按照访问频次进行排序，这个需求恐怕没有那么简单，而且还有一种情况，如果多个数据拥有相同的访问频次，就应删除最早插入的那个数据。也就是说 LFU 算法是淘汰访问频次最低的数据，如果访问频次最低的数据有多条，需要淘汰最旧的数据。

所以说 LFU 算法是要复杂很多的，而且经常出现在面试中，LFU 缓存淘汰算法在工程实践中也经常使用。**不过话说回来，这种著名的算法的套路都是固定的，关键是由于逻辑较复杂，不容易写出漂亮且没有 bug 的代码。**

那么本节就来带你拆解 LFU 算法，自顶向下，逐步求精，就是解决复杂问题的不二法门。

3.2.1　算法描述

要求你写一个类，接受一个 `capacity` 参数，实现 `get` 和 `put` 方法：

```
class LFUCache {
    // 构造容量为 capacity 的缓存
    public LFUCache(int capacity) {}
    // 在缓存中查询 key
    public int get(int key) {}
```

```
      // 将 key 和 val 存入缓存
      public void put(int key, int val) {}
  }
```

get(key) 方法会去缓存中查询键 key，如果 key 存在，则返回 key 对应的 val，否则返回 -1。

put(key, value) 方法插入或修改缓存。如果 key 已存在，则将它对应的值改为 val；如果 key 不存在，则插入键值对 (key, val)。

当缓存达到容量 capacity 时，则应该在插入新的键值对之前，删除使用频次（下面用 freq 表示）最低的键值对。如果 freq 最低的键值对有多个，则删除其中最旧的那个。

```
// 构造一个容量为 2 的 LFU 缓存
LFUCache cache = new LFUCache(2);

// 插入两对 (key, val)，对应的 freq 为 1
cache.put(1, 10);
cache.put(2, 20);

// 查询 key 为 1 对应的 val
// 返回 10，同时键 1 对应的 freq 变为 2
cache.get(1);

// 容量已满，删除 freq 最小的键 2
// 插入键值对 (3, 30)，对应的 freq 为 1
cache.put(3, 30);

// 键 2 已经被删除，返回 -1
cache.get(2);
```

3.2.2　思路分析

一定从最简单的开始，根据 LFU 算法的逻辑，先列举算法执行过程中的几个显而易见的事实：

1　调用 get(key) 方法时，要返回该 key 对应的 val。

2　只要用 get 或者 put 方法访问一次某个 key，该 key 的 freq 就要加一。

3　如果在容量满了的时候进行插入，则需要将 freq 最小的 key 删除，如果最小的 freq 对应多个 key，则删除其中最旧的那个。

好的，我们希望能够在 $O(1)$ 的时间复杂度内解决这些需求，可以使用基本数据结构来逐个击破：

1　使用一个 `HashMap` 存储 key 到 val 的映射，就可以快速计算 `get(key)`。

```
HashMap<Integer, Integer> keyToVal;
```

2　使用一个 `HashMap` 存储 key 到 freq 的映射，就可以快速操作 key 对应的 freq。

```
HashMap<Integer, Integer> keyToFreq;
```

3　这个需求应该是 LFU 算法的核心，所以分开说：

3a　肯定是需要 freq 到 key 的映射。

3b　将 freq 最小的 key 删除，那就应快速得到当前所有 key 最小的 freq 是多少。想要时间复杂度为 $O(1)$ 的话，肯定不能遍历，那就用一个变量 `minFreq` 来记录当前最小的 freq 吧。

3c　可能有多个 key 拥有相同的 freq，所以 freq 对 key 是一对多的关系，即一个 freq 对应一个 key 的列表。

3d　希望 freq 对应的 key 的列表是存在时序的，便于快速查找并删除最旧的 key。

3e　希望能够快速删除 key 列表中的任何一个 key，因为如果频次为 freq 的某个 key 被访问，那么它的频次就会变成 freq+1，就应该从 freq 对应的 key 列表中删除，加到 freq+1 对应的 key 的列表中。

```
HashMap<Integer, LinkedHashSet<Integer>> freqToKeys;
int minFreq = 0;
```

介绍一下这个 `LinkedHashSet`，它满足 3c、3d、3e 这几个要求。你会发现普通的链表 `LinkedList` 能够满足 3c、3d 这两个要求，但是由于普通链表不能快速访问链表中的某一个节点，所以无法满足 3e 的要求。

顾名思义，`LinkedHashSet` 是链表和哈希集合的结合体。链表不能快速访问链表节点，但是插入元素具有时序；哈希集合中的元素无序，但是可以对元素进行快速的访问和删除。

那么，它俩结合起来就兼具了哈希集合和链表的特性，既可以在 $O(1)$ 时间内访问或删除其中的元素，又可以保持插入的时序，高效实现 3e 这个需求。

综上所述，我们可以写出 LFU 算法的基本数据结构：

```java
class LFUCache {
    // key 到 val 的映射，后面称为 KV 表
    HashMap<Integer, Integer> keyToVal;
    // key 到 freq 的映射，后面称为 KF 表
    HashMap<Integer, Integer> keyToFreq;
    // freq 到 key 列表的映射，后面称为 FK 表
    HashMap<Integer, LinkedHashSet<Integer>> freqToKeys;
    // 记录最小的频次
    int minFreq;
    // 记录 LFU 缓存的最大容量
    int cap;

    public LFUCache(int capacity) {
        keyToVal = new HashMap<>();
        keyToFreq = new HashMap<>();
        freqToKeys = new HashMap<>();
        this.cap = capacity;
        this.minFreq = 0;
    }

    public int get(int key) {}

    public void put(int key, int val) {}

}
```

3.2.3 代码框架

LFU 的逻辑不难理解，但是写代码实现并不容易，因为你看我们要维护 **KV** 表、**KF** 表、**FK** 表三个映射，特别容易出错。对于这种情况，labuladong 教你几个技巧：

1 不要企图上来就实现算法的所有细节，而应该自顶向下，逐步求精，先写清楚主函数的逻辑框架，然后再一步步实现细节。

2 搞清楚映射关系，如果我们更新了某个 `key` 对应的 `freq`，那么就要同步修改 **KF** 表和 **FK** 表，这样才不会出问题。

3 画图，画图，画图，重要的话说三遍，把逻辑比较复杂的部分用流程图画出来，然后根据图来写代码，可以极大降低出错的概率。

下面先来实现 `get(key)` 方法，逻辑很简单，返回 `key` 对应的 `val`，然后增加 `key` 对应的 `freq`：

```
public int get(int key) {
    if (!keyToVal.containsKey(key)) {
        return -1;
    }
    // 增加 key 对应的 freq
    increaseFreq(key);
    return keyToVal.get(key);
}
```

增加 `key` 对应的 `freq` 是 LFU 算法的核心，所以我们干脆直接抽象成一个函数 `increaseFreq`，这样 `get` 方法看起来就简洁清晰了。

下面来实现 `put(key, val)` 方法，逻辑略微复杂，我们直接画个图来看：

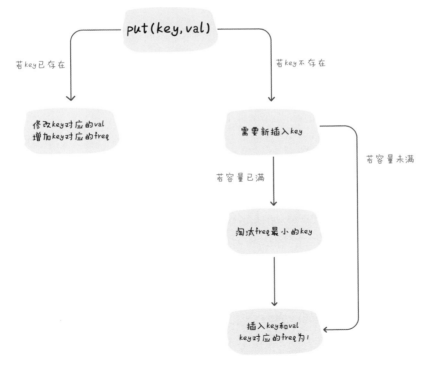

这图就是随手画的，不是什么正规的程序流程图，但是算法逻辑一目了然，看图可以直接写出 `put` 方法的逻辑：

```java
public void put(int key, int val) {
    if (this.cap <= 0) return;

    /* 若 key 已存在，修改对应的 val 即可 */
    if (keyToVal.containsKey(key)) {
        keyToVal.put(key, val);
        // key 对应的 freq 加一
        increaseFreq(key);
        return;
    }

    /* key 不存在，需要插入 */
    /* 容量已满的话需要淘汰一个 freq 最小的 key */
    if (this.cap <= keyToVal.size()) {
        removeMinFreqKey();
    }

    /* 插入 key 和 val，对应的 freq 为 1 */
    // 插入 KV 表
    keyToVal.put(key, val);
    // 插入 KF 表
    keyToFreq.put(key, 1);
    // 插入 FK 表
    freqToKeys.putIfAbsent(1, new LinkedHashSet<>());
    freqToKeys.get(1).add(key);
    // 插入新 key 后最小的 freq 肯定是 1
    this.minFreq = 1;
}
```

increaseFreq 和 removeMinFreqKey 方法是 LFU 算法的核心，下面来看看怎么借助 KV 表、KF 表、FK 表这三个映射巧妙完成这两个函数。

3.2.4　LFU 核心逻辑

首先来实现 removeMinFreqKey 函数：

```java
private void removeMinFreqKey() {
    // freq 最小的 key 列表
    LinkedHashSet<Integer> keyList = freqToKeys.get(this.minFreq);
    // 其中最先被插入的那个 key 就是该被淘汰的 key
```

```
    int deletedKey = keyList.iterator().next();
    /* 更新 FK 表 */
    keyList.remove(deletedKey);
    if (keyList.isEmpty()) {
        freqToKeys.remove(this.minFreq);
        // 这里需要更新 minFreq 吗？
    }
    /* 更新 KV 表 */
    keyToVal.remove(deletedKey);
    /* 更新 KF 表 */
    keyToFreq.remove(deletedKey);
}
```

删除某个键 key 肯定是要同时修改三个映射表的，借助 minFreq 参数可以从 FK 表中找到 freq 最小的 keyList，根据时序，其中第一个元素就是要被淘汰的 deleted-Key，操作三个映射表删除这个 key 即可。

但是有个细节问题，如果 keyList 中只有一个元素，那么删除之后 minFreq 对应的 key 列表就为空了，也就是 minFreq 变量需要被更新。如何计算当前的 minFreq 是多少呢？

实际上没办法快速计算 minFreq，只能线性遍历 FK 表或者 KF 表来计算，这样肯定不能保证 $O(1)$ 的时间复杂度。

其实这里没必要更新 minFreq 变量，因为你想想 removeMinFreqKey 这个函数是在什么时候调用？在 put 方法中插入新 key 时可能调用。而你回头看 put 的代码，插入新 key 时一定会把 minFreq 更新成 1，所以说即便这里 minFreq 变了，我们也不需要管它。

下面来实现 increaseFreq 函数：

```
private void increaseFreq(int key) {
    int freq = keyToFreq.get(key);
    /* 更新 KF 表 */
    keyToFreq.put(key, freq + 1);
    /* 更新 FK 表 */
    // 将 key 从 freq 对应的列表中删除
    freqToKeys.get(freq).remove(key);
    // 将 key 加入 freq + 1 对应的列表中
    freqToKeys.putIfAbsent(freq + 1, new LinkedHashSet<>());
    freqToKeys.get(freq + 1).add(key);
```

```
    // 如果 freq 对应的列表空了，移除这个 freq
if (freqToKeys.get(freq).isEmpty()) {
    freqToKeys.remove(freq);
    // 如果这个 freq 恰好是 minFreq，更新 minFreq
    if (freq == this.minFreq) {
        this.minFreq++;
    }
}
}
```

更新某个 **key** 的 **freq** 肯定会涉及 **FK** 表和 **KF** 表，所以我们分别更新这两个表就行了。

和之前类似，当 **FK** 表中 **freq** 对应的列表被删空后，需要删除 **FK** 表中 **freq** 这个映射。如果这个 **freq** 恰好是 **minFreq**，说明 **minFreq** 变量需要更新。

能不能快速找到当前的 **minFreq** 呢？这里是可以的，因为刚才把 **key** 的 **freq** 加了 1嘛，所以 **minFreq** 也加 1 就行了。

至此，把上述代码拼装起来就是完整的 LFU 算法了。

3.3　二叉搜索树操作集锦

通过学习"1.1　学习算法和刷题的框架思维"中的内容，二叉树的遍历框架应该已经印到你的脑子里了，本节就来实操一下，看看框架思维是怎么灵活运用、搞定一切二叉树问题的。

二叉树算法的设计总路线：明确一个节点要做的事情，然后剩下的事抛给递归框架。

```java
void traverse(TreeNode root) {
    // root 需要做什么?
    // 其他的不用 root 操心，抛给递归
    traverse(root.left);
    traverse(root.right);
}
```

举两个简单的例子体会一下这个思路，热热身。

1　如何把二叉树所有节点中的值加一?

```java
void plusOne(TreeNode root) {
    if (root == null) return;
    root.val += 1;

    plusOne(root.left);
    plusOne(root.right);
}
```

2　如何判断两棵二叉树是否完全相同?

```java
boolean isSameTree(TreeNode root1, TreeNode root2) {
    // 都为空的话，显然相同
    if (root1 == null && root2 == null) return true;
    // 一个为空，一个非空，显然不同
    if (root1 == null || root2 == null) return false;
    // 两个都非空，但 val 不一样也不行
    if (root1.val != root2.val) return false;

    // root1 和 root2 该比的都比完了
    return isSameTree(root1.left, root2.left)
        && isSameTree(root1.right, root2.right);
}
```

借助框架，上面这两个例子不难理解吧？如果可以理解，那么所有二叉树算法你都能解决。

二叉搜索树（Binary Search Tree，简称 BST）是一种很常用的二叉树。它的定义是：一个二叉树中，任意节点的值要大于等于左子树所有节点的值，且要小于等于右子树的所有节点的值。

如下就是一个符合定义的 BST：

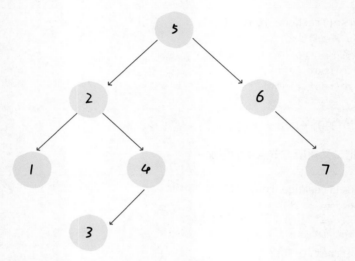

下面实现 BST 的基础操作：判断 BST 的合法性、增、删、查。其中"删"和"判断合法性"略微复杂。

3.3.1 判断 BST 的合法性

这里是有坑的哦，按照刚才的思路，每个节点自己要做的事不就是比较自己和左右孩子吗？看起来应该这样写代码：

```java
boolean isValidBST(TreeNode root) {
    if (root == null) return true;
    if (root.left != null && root.val <= root.left.val) return false;
    if (root.right != null && root.val >= root.right.val) return false;

    return isValidBST(root.left)
        && isValidBST(root.right);
}
```

但是这个算法出现了错误，BST 的每个节点应该小于右子树的所有节点，下面这个二叉树显然不是 BST，但是我们的算法会把它判定为 BST。

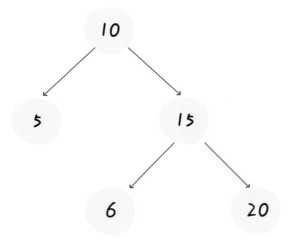

出现错误，不要慌张，框架没有错，一定是某个细节问题没注意到。我们重新看一下 BST 的定义，root 需要做的不只是和左右子节点比较，而是要和整棵左子树和右子树所有节点比较。怎么办，鞭长莫及啊！

对于这种情况可以使用辅助函数，增加函数参数列表，在参数中携带额外信息，请看正确的代码：

```
boolean isValidBST(TreeNode root) {
    return isValidBST(root, null, null);
}

boolean isValidBST(TreeNode root, TreeNode min, TreeNode max) {
    if (root == null) return true;
    if (min != null && root.val <= min.val) return false;
    if (max != null && root.val >= max.val) return false;
    return isValidBST(root.left, min, root)
        && isValidBST(root.right, root, max);
}
```

这样相当于给子树上的所有节点添加了一个 min 和 max 边界，约束 root 的左子树节点值不超过 root 的值，右子树节点值不小于 root 的值，也就符合 BST 定义，能够得到正确答案了。

3.3.2 在 BST 中查找一个数是否存在

根据我们的指导思想，可以这样写代码：

```java
boolean isInBST(TreeNode root, int target) {
    if (root == null) return false;
    if (root.val == target) return true;

    return isInBST(root.left, target)
        || isInBST(root.right, target);
}
```

这样写完全正确，充分证明了你的框架性思维已经养成。现在你可以考虑一点细节问题了：如何充分利用信息，把 BST 这个"左小右大"的特性用上？

很简单，其实不需要递归地搜索两边，类似二分搜索思想，根据 target 和 root.val 的大小比较，就能排除一边。我们把上面的思路稍作改动：

```java
boolean isInBST(TreeNode root, int target) {
    // root 该做的事
    if (root == null) return false;
    if (root.val == target)
        return true;
    // 递归框架
    if (root.val < target)
        return isInBST(root.right, target);
    if (root.val > target)
        return isInBST(root.left, target);
}
```

于是，我们对原始框架进行改造，抽象出一套**针对 BST 的遍历框架**：

```java
void BST(TreeNode root, int target) {
    if (root.val == target)
        // 找到目标，做点什么
    if (root.val < target)
        BST(root.right, target);
    if (root.val > target)
        BST(root.left, target);
}
```

3.3.3 在 BST 中插入一个数

对数据结构的操作无非遍历加访问，遍历就是"找"，访问就是"改"。具体到这个问题，插入一个数，就是先找到插入位置，然后进行插入操作。

上一个问题，我们总结了 BST 中的遍历框架，就是"找"的问题。直接套框架，加上"改"的操作即可。**一旦涉及"改"，函数就要返回 TreeNode 类型，并且对递归调用的返回值进行接收。**

```
TreeNode insertIntoBST(TreeNode root, int val) {
    // 找到空位置插入新节点
    if (root == null) return new TreeNode(val);
    // 如果已存在，则不要再重复插入了，直接返回
    if (root.val == val)
        return root
    // val 大，则应该插到右子树上面
    if (root.val < val)
        root.right = insertIntoBST(root.right, val);
    // val 小，则应该插到左子树上面
    if (root.val > val)
        root.left = insertIntoBST(root.left, val);
    return root;
}
```

3.3.4 在 BST 中删除一个数

这个问题稍微有些复杂，不过有了框架的指导，难不住你。和插入操作类似，先"找"再"改"，先把框架写出来再说：

```
TreeNode deleteNode(TreeNode root, int key) {
    if (root.val == key) {
        // 找到啦，进行删除
    } else if (root.val > key) {
        // 去左子树寻找 key
        root.left = deleteNode(root.left, key);
    } else if (root.val < key) {
        // 去右子树寻找 key
        root.right = deleteNode(root.right, key);
    }
    return root;
}
```

找到目标节点了，比如是节点 A，如何删除这个节点，是个难点。因为删除节点的同时不能破坏 BST 的性质。有三种情况，用图片来说明。

情况 1：A 恰好是末端节点，两个子节点都为空，那么它可以当即退场了。比如下图二叉树删除 key = 8 的节点：

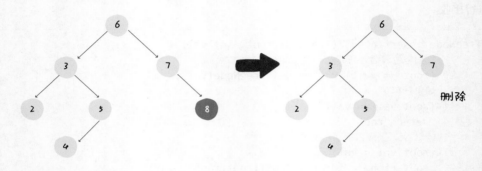

```
if (root.left == null && root.right == null)
    return null;
```

情况 2：A 只有一个非空子节点，那么它要让这个孩子接替自己的位置。比如删除下图 key = 7 的节点：

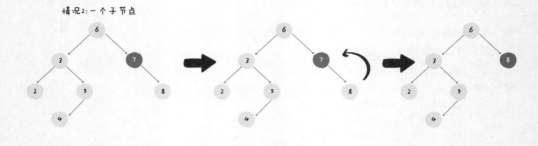

```
// 排除了情况 1 之后
if (root.left == null) return root.right;
if (root.right == null) return root.left;
```

情况 3：A 有两个子节点，麻烦了，为了不破坏 BST 的性质，A 必须找到左子树中最大的那个节点，或者右子树中最小的那个节点来接替自己。我们就按照第二种方式，去找右子树中最小的那个节点来接替待删除节点。比如删除下图 key = 3 的节点：

情况3:两个子节点

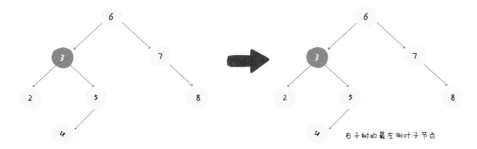

右子树的最左侧叶子节点

交换

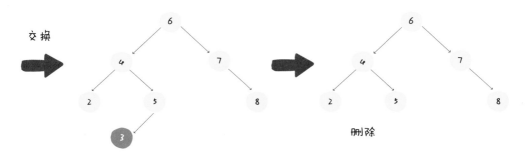

删除

```java
if (root.left != null && root.right != null) {
    // 找到右子树的最小节点
    TreeNode minNode = getMin(root.right);
    // 把 root 改成 minNode
    root.val = minNode.val;
    // 转而去删除 minNode
    root.right = deleteNode(root.right, minNode.val);
}
```

三种情况分析完毕，填入框架，简化一下代码：

```java
TreeNode deleteNode(TreeNode root, int key) {
    if (root == null) return null;
    if (root.val == key) {
        // 这两个 if 把情况 1 和 2 都正确处理了
        if (root.left == null) return root.right;
        if (root.right == null) return root.left;
        // 处理情况 3
        TreeNode minNode = getMin(root.right);
```

```
        root.val = minNode.val;
        root.right = deleteNode(root.right, minNode.val);
    } else if (root.val > key) {
        root.left = deleteNode(root.left, key);
    } else if (root.val < key) {
        root.right = deleteNode(root.right, key);
    }
    return root;
}

TreeNode getMin(TreeNode node) {
    // BST 最左边的就是最小的
    while (node.left != null) node = node.left;
    return node;
}
```

删除操作就完成了。注意一下，这个删除操作并不完美，因为我们一般不会通过 `root.val = minNode.val` 修改节点内部的值来交换节点，而是通过一系列略微复杂的链表操作交换 `root` 和 `minNode` 两个节点。因为在具体应用中，`val` 域可能是很复杂的数据结构，修改起来很麻烦，而链表操作无非改一改指针，而不会去碰内部数据。

但这里忽略这个细节，旨在突出 BST 基本操作的共性，以及借助框架逐层细化问题的思维方式。

通过本节内容，你不仅掌握了 BST 的基本操作，还学会了如下几个技巧：

1 二叉树算法设计的总路线：把当前节点要做的事做好，其他的抛给递归框架，不用当前节点操心。

2 如果当前节点会对下面的子节点有整体影响，可以通过辅助函数增长参数列表，借助参数传递信息。

3 在二叉树框架之上，扩展出一套 BST 遍历框架：

```
void BST(TreeNode root, int target) {
    if (root.val == target)
        // 找到目标，做点什么
    if (root.val < target)
        BST(root.right, target);
    if (root.val > target)
        BST(root.left, target);
}
```

3.4　完全二叉树的节点数为什么那么难算

如果让你数一下一棵普通二叉树有多少个节点，这很简单，只要在二叉树的遍历框架上加一点代码就行了。

但是，如果给你一棵"完全二叉树"，让你计算它的节点个数，你会不会？算法的时间复杂度是多少？这个算法的时间复杂度应该是 $O(\log N \log N)$，**如果你心中的算法没有这么高效，那么本节内容就是给你写的。**

首先要明确两个关于二叉树的名词："完全二叉树"和"满二叉树"。

我们说的**完全二叉树**如下图，每一层都是紧凑靠左排列的：

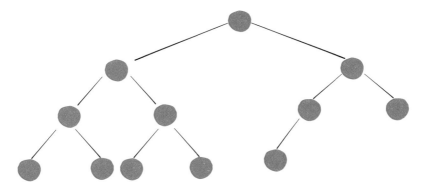

我们说的**满二叉树**如下图，是一种特殊的完全二叉树，每层都是满的，像一个稳定的三角形：

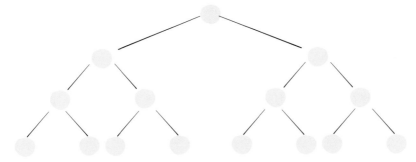

说句题外话，关于这两个定义，中文语境和英文语境似乎有点区别，我们说的完全二叉树对应英文 Complete Binary Tree，没有问题。但是我们说的满二叉树对应英文 Perfect Binary Tree；英文中的 Full Binary Tree 是指一棵二叉树的所有节点要么没有孩子节点，要么有两个孩子节点，如下图：

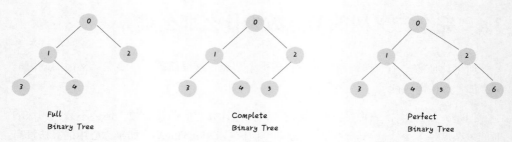

以上定义出自 wikipedia，这里就是顺便一提。其实名词叫什么都无所谓，重要的是算法操作。**本节就按中文的语境，记住"满二叉树"和"完全二叉树"的区别，下面会用到。**

3.4.1 思路分析

现在回归正题，如何求一棵"完全二叉树"的节点个数呢？函数签名如下：

```
// 输入一棵完全二叉树，返回节点总数
int countNodes(TreeNode root);
```

如果输入的是一棵**普通二叉树**，显然只要像下面这样遍历一遍即可，时间复杂度为 $O(N)$：

```
public int countNodes(TreeNode root) {
    if (root == null) return 0;
    return 1 + countNodes(root.left) + countNodes(root.right);
}
```

那如果是一棵**满二叉树**，节点总数就和树的高度呈指数关系：

```
public int countNodes(TreeNode root) {
    int h = 0;
    // 计算树的高度
    while (root != null) {
        root = root.left;
        h++;
    }
    // 节点总数就是2^h - 1
    return (int)Math.pow(2, h) - 1;
}
```

完全二叉树比普通二叉树特殊，但又没有满二叉树那么特殊，计算它的节点总数，可以说是普通二叉树和完全二叉树的结合版，先看代码：

```java
public int countNodes(TreeNode root) {
    TreeNode l = root, r = root;
    // 记录左、右子树的高度
    int hl = 0, hr = 0;
    while (l != null) {
        l = l.left;
        hl++;
    }
    while (r != null) {
        r = r.right;
        hr++;
    }
    // 如果左右子树的高度相同，说明是一棵满二叉树
    if (hl == hr) {
        return (int)Math.pow(2, hl) - 1;
    }
    // 如果左右高度不同，则按照普通二叉树的逻辑计算
    return 1 + countNodes(root.left) + countNodes(root.right);
}
```

　　结合刚才针对满二叉树和普通二叉树的算法，上面这段代码应该不难理解，就是普通二叉树和满二叉树的结合版，**但是其中降低时间复杂度的技巧是非常微妙的。**

3.4.2　复杂度分析

　　前面说了，这个算法的时间复杂度是 $O(\log N \log N)$，这是怎么算出来的呢？

　　直觉感觉好像最坏情况下是 $O(N \log N)$ 吧，因为之前的 while 需要 $\log N$ 的时间，最后需要 $O(N)$ 的时间向左、右子树递归：

```java
return 1 + countNodes(root.left) + countNodes(root.right);
```

　　关键点在于，这两个递归只有一个会真的递归下去，另一个一定会触发 `hl == hr` 而立即返回，不会递归下去。

　　为什么呢？原因如下：

　　一棵完全二叉树的两棵子树，至少有一棵是满二叉树，下图列出两个例子：

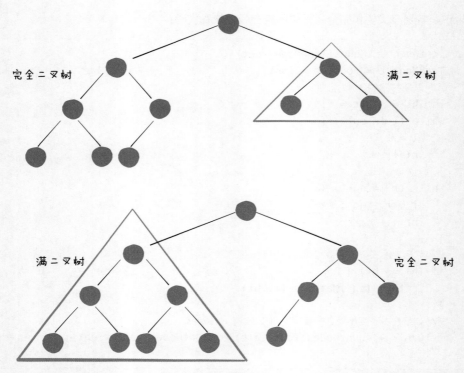

看图就很明显了吧，由于完全二叉树的性质，其子树一定有一棵是满的，所以一定会触发 `hl == hr`，只消耗 $O(logN)$ 的复杂度而不会继续递归。

综上所述，算法的递归深度就是树的高度 $O(logN)$，每次递归所花费的时间就是 while 循环，需要 $O(logN)$，所以总体的时间复杂度是 $O(logNlogN)$。

所以说，"完全二叉树"还是有它存在的原因的，不仅适用于数组实现二叉堆，而且连计算节点总数这种看起来简单的操作都有高效的算法实现。

3.5　用各种遍历框架序列化和反序列化二叉树

JSON 的运用非常广泛，比如我们经常将编程语言中的结构体序列化成 JSON 字符串，存入缓存或者通过网络发送给远端服务，消费者接受 JSON 字符串然后进行反序列化，就可以得到原始数据了。这就是"序列化"和"反序列化"的目的，以某种固定格式组织字符串，使得数据可以独立于编程语言。

那么假设现在有一棵用 Java 实现的二叉树，我想把它序列化为字符串，然后用 C++ 读取并还原这棵二叉树的结构，该怎么办？这就需要对二叉树进行"序列化"和"反序列化"了。

3.5.1　题目描述

"二叉树的序列化与反序列化"就是给你输入一棵二叉树的根节点 **root**，要求你实现如下这个类：

```java
public class Codec {

    // 把一棵二叉树序列化成字符串
    public String serialize(TreeNode root) {}

    // 把字符串反序列化成二叉树
    public TreeNode deserialize(String data) {}
}
```

我们可以用 **serialize** 方法将二叉树序列化成字符串，用 **deserialize** 方法将序列化的字符串反序列化成二叉树，至于以什么格式序列化和反序列化，这个完全由你决定。

比如输入如下这样一棵二叉树：

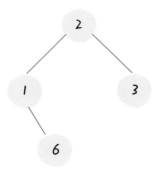

serialize 方法也许会把它序列化成字符串 **2,1,#,6,3,#,#**,其中 **#** 表示 null 指针,那么把这个字符串再输入到 deserialize 方法,依然可以还原出这棵二叉树。也就是说,这两个方法会成对使用,只要保证它俩能够自洽就行了。

想象一下,二叉树结构是一个二维平面内的结构,而序列化出来的字符串是一个线性的一维结构。**所谓的序列化不过就是把结构化的数据"打平",其实就是在考察二叉树的遍历方式。**

二叉树的遍历方式有哪些?递归遍历方式有前序遍历、中序遍历和后序遍历;迭代方式一般是层级遍历。本节就把这些方式都尝试一遍,来实现 serialize 方法和 deserialize 方法。

3.5.2　前序遍历解法

在"1.1　学习算法和刷题的框架思维"中说过了二叉树的几种遍历方式,前序遍历框架如下:

```
void traverse(TreeNode root) {
    if (root == null) return;

    // 前序遍历的代码

    traverse(root.left);
    traverse(root.right);
}
```

真的很简单,在递归遍历两棵子树之前写的代码就是前序遍历代码,那么请看一看如下伪码:

```
LinkedList<Integer> res;
void traverse(TreeNode root) {
    if (root == null) {
        // 暂且用数字 -1 代表空指针 null
        res.addLast(-1);
        return;
    }

    /****** 前序遍历位置 ******/
    res.addLast(root.val);
    /***********************/
```

```
        traverse(root.left);
        traverse(root.right);
    }
```

调用 `traverse` 函数之后，你是否可以立即想出这个 `res` 列表中元素的顺序是怎样的？比如如下二叉树（`#` 代表空指针 null），可以直观看出前序遍历做的事情：

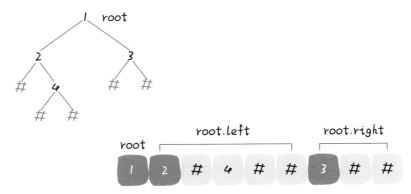

那么 `res = [1,2,-1,4,-1,-1,3,-1,-1]`，这就是将二叉树"打平"到了一个列表中，其中 -1 代表 null。

那么，将二叉树打平到一个字符串中也是完全一样的：

```
// 代表分隔符的字符
String SEP = ",";
// 代表 null 空指针的字符
String NULL = "#";
// 用于拼接字符串
StringBuilder sb = new StringBuilder();

/* 将二叉树打平为字符串 */
void traverse(TreeNode root, StringBuilder sb) {
    if (root == null) {
        sb.append(NULL).append(SEP);
        return;
    }

    /****** 前序遍历位置 ******/
    sb.append(root.val).append(SEP);
    /*************************/
```

```
    traverse(root.left, sb);
    traverse(root.right, sb);
}
```

StringBuilder 可以用于高效拼接字符串，所以也可以认为是一个列表，用 , 作为分隔符，用 # 表示空指针 null，调用完 traverse 函数后，StringBuilder 中的字符串应该是 1,2,#,4,#,#,3,#,#,。

至此，我们已经可以写出序列化函数 serialize 的代码了：

```
String SEP = ",";
String NULL = "#";

/* 主函数，将二叉树序列化为字符串 */
String serialize(TreeNode root) {
    StringBuilder sb = new StringBuilder();
    serialize(root, sb);
    return sb.toString();
}

/* 辅助函数，将二叉树存入 StringBuilder */
void serialize(TreeNode root, StringBuilder sb) {
    if (root == null) {
        sb.append(NULL).append(SEP);
        return;
    }

    /****** 前序遍历位置 ******/
    sb.append(root.val).append(SEP);
    /***********************/

    serialize(root.left, sb);
    serialize(root.right, sb);
}
```

现在，思考一下如何写 deserialize 函数，将字符串反过来构造二叉树。

首先我们可以把字符串转化成列表：

```
String data = "1,2,#,4,#,#,3,#,#,";
String[] nodes = data.split(",");
```

这样，**nodes** 列表就是二叉树的前序遍历结果，问题转化为：如何通过二叉树的前序遍历结果还原一棵二叉树？

注意：一般语境下，单单前序遍历结果是不能还原二叉树结构的，因为缺少空指针的信息，至少要得到前、中、后序遍历中的两种才能还原二叉树。但是这里的 **node** 列表包含空指针的信息，所以只使用 **node** 列表就可以还原二叉树。

根据刚才的分析，**nodes** 列表就是一棵打平的二叉树：

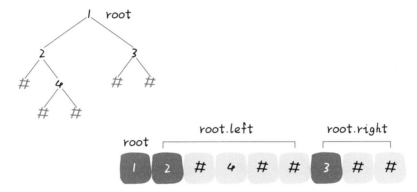

那么，反序列化过程也一样，**先确定根节点 root，然后遵循前序遍历的规则，递归生成左右子树即可**：

```java
/* 主函数，将字符串反序列化为二叉树结构 */
TreeNode deserialize(String data) {
    // 将字符串转化成列表
    LinkedList<String> nodes = new LinkedList<>();
    for (String s : data.split(SEP)) {
        nodes.addLast(s);
    }
    return deserialize(nodes);
}

/* 辅助函数，通过 nodes 列表构造二叉树 */
TreeNode deserialize(LinkedList<String> nodes) {
    if (nodes.isEmpty()) return null;

    /****** 前序遍历位置 ******/
    // 列表最左侧就是根节点
    String first = nodes.removeFirst();
    if (first.equals(NULL)) return null;
    TreeNode root = new TreeNode(Integer.parseInt(first));
```

```
/************************/

    root.left = deserialize(nodes);
    root.right = deserialize(nodes);

    return root;
}
```

我们发现，根据树的递归性质，`nodes` 列表的第一个元素就是一棵树的根节点，所以只要将列表的第一个元素取出作为根节点，剩下的交给递归函数去解决即可。

3.5.3　后序遍历解法

二叉树的后续遍历框架如下：

```
void traverse(TreeNode root) {
    if (root == null) return;
    traverse(root.left);
    traverse(root.right);

    // 后序遍历的代码
}
```

明白了前序遍历的解法，后序遍历就比较容易理解了，我们首先实现 `serialize` 序列化方法，只需要稍微修改辅助方法即可：

```
/* 辅助函数，将二叉树存入 StringBuilder */
void serialize(TreeNode root, StringBuilder sb) {
    if (root == null) {
        sb.append(NULL).append(SEP);
        return;
    }

    serialize(root.left, sb);
    serialize(root.right, sb);

    /****** 后序遍历位置 ******/
    sb.append(root.val).append(SEP);
    /************************/
}
```

我们把对 **StringBuilder** 的拼接操作放到了后续遍历的位置，后序遍历导致结果的顺序发生变化：

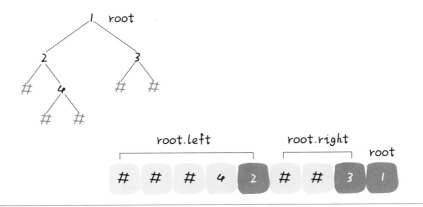

```
null,null,null,4,2,null,null,3,1,
```

关键的难点在于，如何实现后序遍历的 deserialize 方法呢？是不是也简单地将关键代码放到后序遍历的位置就行了呢：

```
/* 辅助函数，通过 nodes 列表构造二叉树 */
TreeNode deserialize(LinkedList<String> nodes) {
    if (nodes.isEmpty()) return null;

    root.left = deserialize(nodes);
    root.right = deserialize(nodes);

    /****** 后序遍历位置 ******/
    String first = nodes.removeFirst();
    if (first.equals(NULL)) return null;
    TreeNode root = new TreeNode(Integer.parseInt(first));
    /***********************/

    return root;
}
```

没这么简单，显然上述代码是错误的，变量都没声明呢，就开始用了？生搬硬套肯定是行不通的，回想刚才前序遍历方法中的 **deserialize** 方法，第一件事情是在做什么？

deserialize 方法首先寻找 root 节点的值，然后递归计算左右子节点。那么这里也应该顺着这个基本思路走，后续遍历中，root 节点的值能不能找到？再看一眼刚才的图：

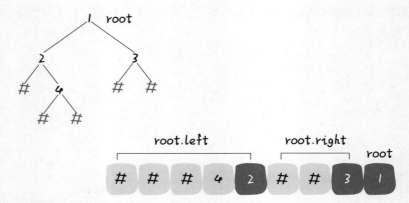

可见，`root` 的值是列表的最后一个元素。我们应该从后往前取出列表元素，先用最后一个元素构造 `root`，然后递归调用生成 `root` 的左右子树。**注意，根据上图，从后往前在 `nodes` 列表中取元素，一定要先构造 `root.right` 子树，后构造 `root.left` 子树。**

看完整代码：

```java
/* 主函数，将字符串反序列化为二叉树结构 */
TreeNode deserialize(String data) {
    LinkedList<String> nodes = new LinkedList<>();
    for (String s : data.split(SEP)) {
        nodes.addLast(s);
    }
    return deserialize(nodes);
}

/* 辅助函数，通过 nodes 列表构造二叉树 */
TreeNode deserialize(LinkedList<String> nodes) {
    if (nodes.isEmpty()) return null;
    // 从后往前取出元素
    String last = nodes.removeLast();
    if (last.equals(NULL)) return null;
    TreeNode root = new TreeNode(Integer.parseInt(last));
    // 先构造右子树，后构造左子树
    root.right = deserialize(nodes);
    root.left = deserialize(nodes);

    return root;
}
```

至此，后续遍历实现的序列化、反序列化方法都实现了。

3.5.4　中序遍历解法

先说结论，中序遍历的方式行不通，因为无法实现反序列化方法 deserialize。

序列化方法 serialize 依然容易，只要把字符串的拼接操作放到中序遍历的位置就行了：

```
/* 辅助函数，将二叉树存入 StringBuilder */
void serialize(TreeNode root, StringBuilder sb) {
    if (root == null) {
        sb.append(NULL).append(SEP);
        return;
    }

    serialize(root.left, sb);
    /****** 中序遍历位置 ******/
    sb.append(root.val).append(SEP);
    /**********************/
    serialize(root.right, sb);
}
```

但是，前面刚说了，要想实现反序列方法，首先要构造 root 节点。前序遍历得到的 nodes 列表中，第一个元素是 root 节点的值；后序遍历得到的 nodes 列表中，最后一个元素是 root 节点的值。

你看上面这段中序遍历的代码，root 的值被夹在两棵子树的中间，也就是在 nodes 列表的中间，我们不知道确切的索引位置，所以无法找到 root 节点，也就无法进行反序列化。

3.5.5　层级遍历解法

首先，先写出层级遍历二叉树的代码框架：

```
void traverse(TreeNode root) {
    if (root == null) return;
    // 初始化队列，将 root 加入队列
    Queue<TreeNode> q = new LinkedList<>();
    q.offer(root);

    while (!q.isEmpty()) {
        TreeNode cur = q.poll();
```

```
            /* 层级遍历代码位置 */
            System.out.println(cur.val);
            /****************/

            if (cur.left != null) {
                q.offer(cur.left);
            }

            if (cur.right != null) {
                q.offer(cur.right);
            }
        }
    }
```

上述代码是标准的二叉树层级遍历框架，从上到下、从左到右打印每一层二叉树节点的值，可以看到，队列 q 中不会存在 null 指针。

不过我们在反序列化的过程中是需要记录空指针 null 的，所以可以把标准的层级遍历框架略做修改：

```
void traverse(TreeNode root) {
    if (root == null) return;
    // 初始化队列，将 root 加入队列
    Queue<TreeNode> q = new LinkedList<>();
    q.offer(root);

    while (!q.isEmpty()) {
        TreeNode cur = q.poll();

        /* 层级遍历代码位置 */
        if (cur == null) continue;
        System.out.println(cur.val);
        /****************/

        q.offer(cur.left);
        q.offer(cur.right);
    }
}
```

这样也可以完成层级遍历，只不过把对空指针的检验从"将元素加入队列"的时候改成了"从队列取出元素"的时候。

那么我们完全仿照这个框架即可写出序列化方法：

```
String SEP = ",";
String NULL = "#";

/* 将二叉树序列化为字符串 */
String serialize(TreeNode root) {
    if (root == null) return "";
    StringBuilder sb = new StringBuilder();
    // 初始化队列，将 root 加入队列
    Queue<TreeNode> q = new LinkedList<>();
    q.offer(root);

    while (!q.isEmpty()) {
        TreeNode cur = q.poll();

        /* 层级遍历代码位置 */
        if (cur == null) {
            sb.append(NULL).append(SEP);
            continue;
        }
        sb.append(cur.val).append(SEP);
        /****************/

        q.offer(cur.left);
        q.offer(cur.right);
    }

    return sb.toString();
}
```

层级遍历序列化得出的结果如下图：

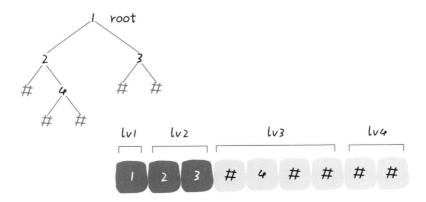

可以看到，每一个非空节点都会对应两个子节点，**那么反序列化的思路也是用队列进行层级遍历的，同时用索引 i 记录对应子节点的位置：**

```java
/* 将字符串反序列化为二叉树结构 */
TreeNode deserialize(String data) {
    if (data.isEmpty()) return null;
    String[] nodes = data.split(SEP);
    // 第一个元素就是 root 的值
    TreeNode root = new TreeNode(Integer.parseInt(nodes[0]));

    // 队列 q 记录父节点，将 root 加入队列
    Queue<TreeNode> q = new LinkedList<>();
    q.offer(root);

    for (int i = 1; i < nodes.length; ) {
        // 队列中存的都是父节点
        TreeNode parent = q.poll();
        // 父节点对应的左侧子节点的值
        String left = nodes[i++];
        if (!left.equals(NULL)) {
            parent.left = new TreeNode(Integer.parseInt(left));
            q.offer(parent.left);
        } else {
            parent.left = null;
        }
        // 父节点对应的右侧子节点的值
        String right = nodes[i++];
        if (!right.equals(NULL)) {
            parent.right = new TreeNode(Integer.parseInt(right));
            q.offer(parent.right);
        } else {
            parent.right = null;
        }
    }
    return root;
}
```

这段代码可以考验一下你的框架思维。仔细看一看 for 循环部分的代码，发现这不就是标准层级遍历的代码衍生出来的嘛：

```
while (!q.isEmpty()) {
    TreeNode cur = q.poll();

    if (cur.left != null) {
        q.offer(cur.left);
    }

    if (cur.right != null) {
        q.offer(cur.right);
    }
}
```

只不过，标准的层级遍历在操作二叉树节点 **TreeNode**，而我们的函数在操作 **nodes[i]**，这也恰恰是反序列化的目的嘛。

到这里，二叉树的序列化和反序列化的几种方法就全部讲完了。

3.6 Git 原理之二叉树最近公共祖先

如果说各大厂笔试的时候喜欢考各种动归、回溯的高难度技巧，面试其实最喜欢考比较经典的问题，难度不算太大，而且也比较实用。

本节用 Git 的 `rebase` 工作方式引出一个经典的算法问题：最近公共祖先（Lowest Common Ancestor，简称 LCA）。

比如 `git pull` 这个命令，我们会经常用，它默认是使用 `merge` 方式将远端别人的修改拉到本地；如果带上参数 `git pull -r`，就会使用 `rebase` 的方式将远端修改拉到本地。

这二者最直观的区别就是：`merge` 方式合并的分支会有很多"分叉"，而 `rebase` 方式合并的分支就是一条直线。

对于多人协作，`merge` 方式并不好，举例来说，之前有很多朋友参加了 labuladong 的仓库翻译工作，GitHub 的 Pull Request 功能默认使用 `merge` 方式，所以你看仓库的 Git 历史：

画面看起来很炫酷，但实际上我们并不希望出现这种情形。你想想，光是合并别人的代码就这般群魔乱舞，如果本地还有多个开发分支，那画面肯定更杂乱，杂乱就意味着很容易出问题，**所以一般来说，实际工作中更推荐使用 `rebase` 方式合并代码。**

那么问题来了，`rebase` 是如何将两条不同的分支合并到同一条分支的呢？

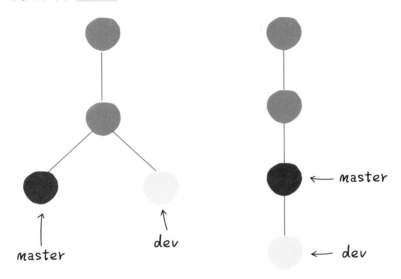

上图的情况是，处在 `dev` 分支，使用 `git rebase master`，Git 就会把 `dev` 接到 `master` 分支之上。Git 是这么做的：

首先，找到这两条分支的最近公共祖先 LCA，然后从 `master` 节点开始，重演 LCA 到 `dev` 几个 `commit` 的修改，如果这些修改和 LCA 到 `master` 的 `commit` 有冲突，就会提示你手动解决冲突，最后的结果就是把 `dev` 的分支完全接到 `master` 上面。

那么，Git 是如何找到两条不同分支的最近公共祖先的呢？这就是一个经典的算法问题了，下面来详解。

3.6.1　二叉树的最近公共祖先

先看看题目：

输入一棵以 `root` 为根的二叉树和该二叉树上的两个节点 `p` 和 `q`，请计算这两个节点的最近公共祖先。

函数的签名如下：

```
TreeNode lowestCommonAncestor(TreeNode root, TreeNode p, TreeNode q);
```

比如 `root` 节点确定的二叉树长这样：

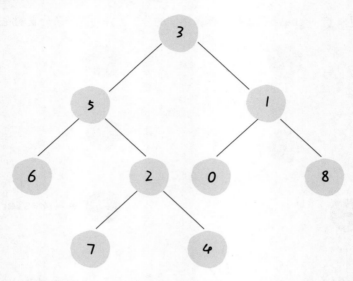

如果 p 是值为 4 的那个节点，q 是值为 0 的那个节点，那么它们的最近公共祖先就是值为 3 的节点（`root` 节点）；再假如 p 是值为 4 的那个节点，q 是值为 6 的那个节点，那么它们的最近公共祖先就是值为 5 的节点。

本书在"1.1　学习算法和刷题的框架思维"中就说过了，所有二叉树的套路都是一样的：

```
void traverse(TreeNode root) {
    // 前序遍历
    traverse(root.left)
    // 中序遍历
    traverse(root.right)
    // 后序遍历
}
```

所以，只要看到二叉树的问题，先把这个框架写出来准没问题：

```
TreeNode lowestCommonAncestor(TreeNode root, TreeNode p, TreeNode q) {
    TreeNode left = lowestCommonAncestor(root.left, p, q);
    TreeNode right = lowestCommonAncestor(root.right, p, q);
}
```

现在我们思考如何添加一些细节，把框架改造成解法。

labuladong 告诉你，遇到任何递归型的问题，无非就是"灵魂三问"：

1 **这个函数是干什么的？**

2 **这个函数参数中的变量是什么？**

3 **得到函数的递归结果，你应该干什么？**

动态规划章节也告诉我们，动态规划算法首先要明确函数的"定义""状态""选择"，其实这三个的本质就是上面的"灵魂三问"。你看各种算法的套路真的差不多，都是相通的。

下面就来看看如何回答这"灵魂三问"。

3.6.2　思路分析

首先看第一个问题，这个函数是干什么的？ 或者说，你来描述一下 `lowestCommonAncestor` 这个函数的"定义"吧。

描述：给该函数输入三个参数 `root`，`p`，`q`，它会返回一个节点。

情况 1，如果 **p** 和 **q** 都在以 `root` 为根的树中，函数返回的即是 **p** 和 **q** 的最近公共祖先节点。

情况 2，那如果 **p** 和 **q** 都不在以 `root` 为根的树中怎么办呢？函数理所当然地返回 `null` 呗。

情况 3，那如果 **p** 和 **q** 只有一个存在于以 `root` 为根的树中呢？函数就会返回那个节点。

题目说了输入的 **p** 和 **q** 一定存在于以 `root` 为根的树中，但是递归过程中，以上三种情况都有可能发生，所以说这里要定义清楚，后续这些定义都会在代码中体现。

现在第一个问题就解决了，把这个定义记在脑子里，无论发生什么，都不要怀疑这个定义的正确性，这是我们写递归函数的基本素养。

然后来看第二个问题，在这个函数的参数中，变量是什么？ 或者说，你描述一下这个函数的"状态"吧。

描述：函数参数中的变量是 `root`，因为根据框架，`lowestCommonAncestor(root)` 会递归调用 `root.left` 和 `root.right`；至于 **p** 和 **q**，我们要求它俩的公共祖先，它俩肯定不会变化的。

第二个问题也解决了，你也可以理解这是"状态转移"，每次递归在做什么？不就是在把"以 root 为根"转移成"以 root 的子节点为根"，不断缩小问题规模吗？

最后来看第三个问题，得到函数的递归结果，你该干什么？或者说，得到递归调用的结果后，你做什么"选择"？

这就像动态规划系列问题，怎么做选择，需要观察问题的性质，找规律。那么我们就得分析这个"最近公共祖先节点"有什么特点。刚才说了函数中的变量是 root 参数，所以这里都要围绕 root 节点的情况来展开讨论。

先想 base case，如果 root 为空，肯定得返回 null。如果 root 本身就是 p 或者 q，比如 root 就是 p 节点，如果 q 存在于以 root 为根的树中，显然 root 就是最近公共祖先；即使 q 不存在于以 root 为根的树中，按照情况 3 的定义，也应该返回 root 节点。

以上两种情况的 base case 就可以把框架代码填充一点了：

```
TreeNode lowestCommonAncestor(TreeNode root, TreeNode p, TreeNode q) {
    // 两种情况的 base case
    if (root == null) return null;
    if (root == p || root == q) return root;

    TreeNode left = lowestCommonAncestor(root.left, p, q);
    TreeNode right = lowestCommonAncestor(root.right, p, q);
}
```

现在就要面临真正的挑战了，用递归调用的结果 left 和 right 来搞点事情。根据刚才第一个问题中对函数的定义，我们继续分情况讨论：

情况 1，如果 p 和 q 都在以 root 为根的树中，那么 left 和 right 一定分别是 p 和 q（从 base case 看出来的）。

情况 2，如果 p 和 q 都不在以 root 为根的树中，直接返回 null。

情况 3，如果 p 和 q 只有一个存在于以 root 为根的树中，函数返回该节点。

明白了上面三点，可以直接看解法代码了：

```
TreeNode lowestCommonAncestor(TreeNode root, TreeNode p, TreeNode q) {
    // base case
    if (root == null) return null;
    if (root == p || root == q) return root;
```

```
    TreeNode left = lowestCommonAncestor(root.left, p, q);
    TreeNode right = lowestCommonAncestor(root.right, p, q);
    // 情况 1
    if (left != null && right != null) {
        return root;
    }
    // 情况 2
    if (left == null && right == null) {
        return null;
    }
    // 情况 3
    return left == null ? right : left;
}
```

对于情况 1，你肯定有疑问，`left` 和 `right` 非空，分别是 `p` 和 `q`，可以说明 `root` 是它们的公共祖先，但能确定 `root` 就是"最近"公共祖先吗？

这就是一个巧妙的地方了，**因为这里是二叉树的后序遍历啊！**前序遍历可以理解为从上往下，而后序遍历是从下往上，就好比从 `p` 和 `q` 出发往上走，第一次相交的节点就是这个 `root`，你说这是不是最近公共祖先呢？

综上所述，二叉树的最近公共祖先就计算出来了。

3.7 特殊数据结构：单调栈

栈（stack）是很简单的一种数据结构，先进后出的逻辑顺序，符合某些问题的特点，比如说函数调用栈。

单调栈实际上就是栈，只是利用了一些巧妙的逻辑，使得每次新元素入栈后，栈内的元素都保持单调（单调递增或单调递减）。

这听起来有点像堆（heap）？不是的，单调栈用途并不广泛，只处理一种典型的问题，叫作 Next Greater Element。本节用讲解单调队列的算法模板解决这类问题，并且探讨处理"循环数组"的策略。

3.7.1 单调栈解题模板

首先，看第一个问题"下一个更大元素 I"：

输入一个数组，返回一个等长的数组，对应索引存储着下一个更大元素，如果没有更大的元素，就存 -1。

比如输入一个数组 `nums = [2,1,2,4,3]`，算法返回 `[4,2,4,-1,-1]`。

解释：第一个 2 后面比 2 大的数是 4；1 后面比 1 大的数是 2；第二个 2 后面比 2 大的数是 4；4 后面没有比 4 大的数，填 -1；3 后面没有比 3 大的数，填 -1。

函数签名如下：

```
vector<int> nextGreaterElement(vector<int>& nums)
```

这道题的暴力解法很好想到，就是对每个元素后面都进行扫描，找到第一个更大的元素就行了。但是暴力解法的时间复杂度是 $O(n^2)$。

这个问题可以这样抽象思考：把数组的元素想象成并列站立的人，元素大小想象成人的身高。这些人面对你站成一列，如何求元素"2"的 Next Greater Number 呢？

很简单，如果能够看到元素"2"，那么他后面可见的第一个人就是"2"的 Next Greater Number，因为比"2"小的元素身高不够，都被"2"挡住了，第一个露出来的就是答案。

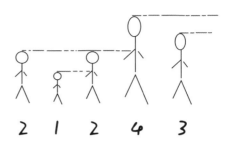

next greater number   4   2   4   −1   −1

这个情景很好理解吧？带着这个抽象的情景，先来看下代码。

```cpp
vector<int> nextGreaterElement(vector<int>& nums) {
    vector<int> ans(nums.size()); // 存放答案的数组
    stack<int> s;
    for (int i = nums.size() - 1; i >= 0; i--) { // 倒着往栈里放
        while (!s.empty() && s.top() <= nums[i]) { // 判定个子高矮
            s.pop(); // 矮个子出列，反正也被挡着了
        }
        ans[i] = s.empty() ? -1 : s.top(); // 这个元素身后的第一个高个
        s.push(nums[i]); // 进队，接受之后的身高判定吧！
    }
    return ans;
}
```

这就是单调队列解决问题的模板。**for 循环要从后往前扫描元素，因为我们借助的是栈的结构，倒着入栈，其实是正着出栈。**while 循环是把两个"高个儿"元素之间的元素排除，因为它们的存在没有意义，前面挡着个子"更高"的元素，所以它们不可能被作为后续进来的元素的 Next Great Number 了。

这个算法的时间复杂度不是那么直观，如果你看到 for 循环嵌套 while 循环，可能认为这个算法的复杂度也是 $O(n^2)$，但是实际上这个算法的复杂度只有 $O(n)$。

分析它的时间复杂度，要从整体来看：总共有 n 个元素，每个元素都被 push 入栈了一次，而最多会被 pop 一次，没有任何冗余操作。所以总的计算规模是和元素规模 n 成正比的，也就是 $O(n)$ 的复杂度。

现在，你已经掌握了单调栈的使用技巧，来一个简单的变形加深一下理解。

3.7.2 题目变形

现在给你一个数组 T，这个数组存放的是近几天的气温，算法需返回一个数组，计算对于每一天，还要至少等多少天才能等到一个更暖和的气温；如果等不到那一天，填 0。

比如，输入 T = [73, 74, 75, 71, 69, 72, 76, 73]，算法应该返回 [1, 1, 4, 2, 1, 1, 0, 0]。

解释：第一天 73 华氏度，第二天 74 华氏度，比 73 大，所以对于第一天，只要等一天就能等到一个更暖和的气温，后面的同理。

你已经对 Next Greater Number 类型问题有些感觉了，这个问题本质上也是找 Next Greater Number，只不过现在不是问你 Next Greater Number 是多少，而是问到 Next Greater Number 索引的距离而已。

相同类型的问题，相同的思路，直接调用单调栈的算法模板，稍做改动就可以了，直接上代码吧！

```cpp
vector<int> dailyTemperatures(vector<int>& T) {
    vector<int> ans(T.size());
    stack<int> s; // 这里放元素索引，而不是元素
    for (int i = T.size() - 1; i >= 0; i--) {
        while (!s.empty() && T[s.top()] <= T[i]) {
            s.pop();
        }
        ans[i] = s.empty() ? 0 : (s.top() - i); // 得到索引间距
        s.push(i); // 加入索引，而不是元素
    }
    return ans;
}
```

单调栈的框架就差不多了，下面开始另一个重点：如何处理循环数组。

3.7.3 如何处理循环数组

同样是 Next Greater Number，现在假设给你的数组是个环形的，该如何处理呢？

给你一个数组 [2,1,2,4,3]，返回数组 [4,2,4,-1,4]。拥有了环形属性，最后一个元素 3 绕了一圈后找到了比自己大的元素 4。

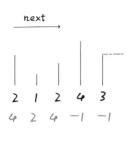
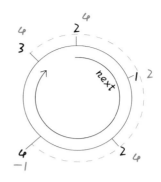

首先，计算机的内存都是线性的，没有真正意义上的环形数组，但是我们可以模拟出环形数组的效果，一般是通过 % 运算符求模（余数），获得环形特效，举个简单的例子：

```
int[] arr = {1,2,3,4,5};
int n = arr.length, index = 0;
while (true) {
    print(arr[index]);
    index = (index + 1) % n;
}
```

回到 Next Greater Number 的问题，增加了环形属性后，问题的难点在于：这个 Next 的意义不仅是当前元素的右边了，有可能转了一圈出现在当前元素的左边。

可以考虑这样的思路：将原始数组"翻倍"，就是在后面再接一个原始数组，这样的话，按照之前"比身高"的流程，每个元素不仅可以比较自己右边的元素，而且还可以和左边的元素比较了。

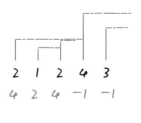

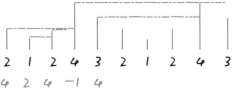

怎么实现呢？你当然可以把这个双倍长度的数组构造出来，然后套用算法模板。但是，可以不用构造新数组，而是利用循环数组的技巧来模拟。直接看代码吧：

```cpp
vector<int> nextGreaterElements(vector<int>& nums) {
    int n = nums.size();
    vector<int> res(n); // 存放结果
    stack<int> s;
    // 假装这个数组长度翻倍了
    for (int i = 2 * n - 1; i >= 0; i--) {
        while (!s.empty() && s.top() <= nums[i % n])
            s.pop();
        // 利用 % 求模防止索引越界
        res[i % n] = s.empty() ? -1 : s.top();
        s.push(nums[i % n]);
    }
    return res;
}
```

这样，逻辑上相当于将原来的数组复制成了双倍大小，但实际上没有多使用空间，这就是处理环形数组的常用技巧。

3.8　特殊数据结构：单调队列

前一节讲了一种特殊的数据结构"单调栈"（Monotonic Stack），解决了一类问题"Next Greater Number"，本节写一个类似的数据结构"单调队列"。

也许这种数据结构的名字你没听过，其实没啥难的，就是一个"队列"，只是使用了一点巧妙的方法，使得队列中的元素全都是单调递增（或递减）的。

这个数据结构有什么用？可以解决滑动窗口的一系列问题，比如"滑动窗口最大值"，难度为 Hard：

输入一个数组 nums 和一个正整数 k,有一个大小为 k 的窗口在 nums 上从左至右滑动，请输出每次滑动时窗口中的最大值。

函数签名如下：

```
int[] maxSlidingWindow(int[] nums, int k);
```

比如输入 nums = [1,3,-1,-3,5,3,6,7], k = 3，那么在窗口滑动的过程中：

所以你的算法应该返回 [3,3,5,5,6,7]。

3.8.1　搭建解题框架

这道题不复杂，难点在于如何在 $O(1)$ 时间算出每个"窗口"中的最大值，使得整个算法在线性时间完成。这种问题的一个特殊点在于，"窗口"是不断滑动的，也就是需要**动态地**计算窗口中的最大值。

对于这种动态的场景，很容易得到一个结论：

在一堆数字中，已知最值为 A，如果给这堆数添加一个数 B，那么比较一下 A 和 B 就可以立即算出新的最值；但如果减少一个数，就不能直接得到最值了，因为如果减少的这个数恰好是 A，就需要遍历所有数重新找出新的最值。

回到这道题的场景，每个窗口前进的时候，要添加一个数同时减少一个数，所以想在 $O(1)$ 的时间得出新的最值，不是那么容易的，需要"单调队列"这种特殊的数据结构来辅助。

一个普通的队列一定有这两个操作：

```java
class Queue {
    // enqueue 操作，在队尾加入元素 n
    void push(int n);
    // dequeue 操作，删除队头元素
    void pop();
}
```

一个"单调队列"的操作也差不多：

```java
class MonotonicQueue {
    // 在队尾添加元素 n
    void push(int n);
    // 返回当前队列中的最大值
    int max();
    // 队头元素如果是 n，删除它
    void pop(int n);
}
```

当然，这几个 API 的实现方法肯定和一般的 Queue 不一样，不过暂且不管它，而且认为这几个操作的时间复杂度都是 $O(1)$，先把这道"滑动窗口"问题的解答框架搭出来：

```java
int[] maxSlidingWindow(int[] nums, int k) {
    MonotonicQueue window = new MonotonicQueue();
    List<Integer> res = new ArrayList<>();

    for (int i = 0; i < nums.length; i++) {
        if (i < k - 1) {
```

```
            // 先把窗口的前 k - 1 填满
            window.push(nums[i]);
        } else {
            // 窗口开始向前滑动
            // 移入新元素
            window.push(nums[i]);
            // 将当前窗口中的最大元素记入结果
            res.add(window.max());
            // 移出最后的元素
            window.pop(nums[i - k + 1]);
        }
    }
    // 将 List 类型转化成 int[] 数组作为返回值
    int[] arr = new int[res.size()];
    for (int i = 0; i < res.size(); i++) {
        arr[i] = res.get(i);
    }
    return arr;
}
```

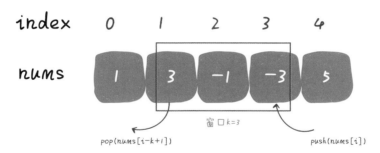

这个思路很简单，能理解吧？下面我们开始重头戏，单调队列的实现。

3.8.2　实现单调队列数据结构

观察滑动窗口的过程就能发现，实现"单调队列"必须使用一种数据结构支持在头部和尾部进行插入和删除，很明显双链表是满足这个条件的。

"单调队列"的核心思路和"单调栈"类似，push 方法依然在队尾添加元素，但是要把前面比自己小的元素都删掉：

```
class MonotonicQueue {
// 双链表，支持头部和尾部增删元素
```

```java
private LinkedList<Integer> q = new LinkedList<>();

public void push(int n) {
    // 将前面小于自己的元素都删除
    while (!q.isEmpty() && q.getLast() < n) {
        q.pollLast();
    }
    q.addLast(n);
}
```

你可以想象，加入数字的大小代表人的体重，把前面体重不足的都压扁了，直到遇到更大的量级才停住。

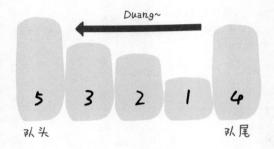

如果每个元素被加入时都这样操作，最终单调队列中的元素大小就会保持一个**单调递减**的顺序，因此 `max` 方法可以这样写：

```java
public int max() {
    // 队头的元素肯定是最大的
    return q.getFirst();
}
```

`pop` 方法在队头删除元素 `n`，也很好写：

```java
public void pop(int n) {
    if (n == q.getFirst()) {
        q.pollFirst();
    }
}
```

之所以要判断 `n == q.getFirst()`，是因为我们想删除的队头元素 `n` 可能已经被"压扁"了，这时候就不用删除了：

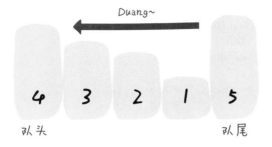

　　至此，单调队列设计完毕，看下完整的解题代码：

```java
/* 单调队列的实现 */
class MonotonicQueue {
    LinkedList<Integer> q = new LinkedList<>();
    public void push(int n) {
        while (!q.isEmpty() && q.getLast() < n) {
            q.pollLast();
        }
        q.addLast(n);
    }

    public int max() {
        return q.getFirst();
    }

    public void pop(int n) {
        if (n == q.getFirst()) {
            q.pollFirst();
        }
    }
}

/* 解题函数的实现 */
int[] maxSlidingWindow(int[] nums, int k) {
    MonotonicQueue window = new MonotonicQueue();
    List<Integer> res = new ArrayList<>();

    for (int i = 0; i < nums.length; i++) {
        if (i < k - 1) {
            // 先填满窗口的前 k - 1
            window.push(nums[i]);
        } else {
```

```java
        // 窗口向前滑动，加入新数字
        window.push(nums[i]);
        // 记录当前窗口的最大值
        res.add(window.max());
        // 移出旧数字
        window.pop(nums[i - k + 1]);
    }
}
// 需要转成 int[] 数组再返回
int[] arr = new int[res.size()];
for (int i = 0; i < res.size(); i++) {
    arr[i] = res.get(i);
}
return arr;
}
```

有一点细节问题不要忽略，在实现 `MonotonicQueue` 时，使用了 Java 的 `LinkedList`，因为链表结构支持在头部和尾部快速增删元素；而在解法代码中的 `res` 则使用的 `ArrayList` 结构，因为后续会按照索引取元素，所以数组结构更合适。

3.8.3　算法复杂度分析

读者可能疑惑，`push` 操作中含有 while 循环，时间复杂度应该不是 $O(1)$ 呀，那么本算法的时间复杂度应该不是线性时间吧？

单独看 `push` 操作的复杂度确实不是 $O(1)$，但是算法整体的复杂度依然是 $O(N)$ 线性时间。要这样想，`nums` 中的每个元素最多被 `pollLast` 和 `addLast` 一次，没有任何多余操作，所以整体的复杂度还是 $O(N)$。

空间复杂度就很简单了，就是窗口的大小 $O(k)$。

最后，不要搞混"单调队列"和"优先级队列"，单调队列在添加元素的时候靠删除元素保持队列的单调性，相当于抽取出某个函数中单调递增（或递减）的部分；而优先级队列（二叉堆）相当于会自动排序。

3.9 如何判断回文链表

本书前面讲了回文串和回文序列相关的问题。

寻找回文串的核心思想是从中心向两端扩展：

```cpp
/* 返回以 s[l] 和 s[r] 为中心的最长回文串 */
string palindrome(string& s, int l, int r) {
    // 防止索引越界
    while (l >= 0 && r < s.size()
            && s[l] == s[r]) {
        // 向两边展开
        l--; r++;
    }
    return s.substr(l + 1, r - l - 1);
}
```

因为回文串长度可能为奇数也可能是偶数，长度为奇数时只存在一个中心点，而长度为偶数时存在两个中心点，所以上面这个函数需要传入 `l` 和 `r`。

而**判断一个字符串**是不是回文串就简单很多，不需要考虑奇偶情况，只需要"双指针技巧"，从两端向中间逼近即可：

```cpp
bool isPalindrome(string s) {
    int left = 0, right = s.length - 1;
    while (left < right) {
        if (s[left] != s[right])
            return false;
        left++; right--;
    }
    return true;
}
```

以上代码很好理解吧，**因为回文串是对称的，所以正着读和倒着读应该是一样的，这一特点是解决回文串问题的关键。**

下面扩展这一最简单的情况，来解决：如何判断一个单链表是不是回文。

3.9.1 判断回文单链表

"回文链表"问题给你输入一个单链表的头节点，请你判断这个链表中的数字是不

是回文,函数签名如下:

```
boolean isPalindrome(ListNode head);
```

如果输入 : `1->2->null`,则输出 : false。

如果输入 : `1->2->2->1->null`,则输出 : true。

这道题的关键在于,单链表无法倒着遍历,无法使用双指针技巧。那么最简单的办法就是,把原始链表反转存入一条新的链表,然后比较这两条链表是否相同。关于如何反转链表,可以参见"3.10 秀操作之纯递归反转链表"。

其实,**借助二叉树后序遍历的思路,不需要显式反转原始链表也可以倒序遍历链表**,下面来具体讲讲。

对于二叉树的几种遍历方式,我们再熟悉不过了:

```
void traverse(TreeNode root) {
    // 前序遍历代码
    traverse(root.left);
    // 中序遍历代码
    traverse(root.right);
    // 后序遍历代码
}
```

在学习数据结构的框架思维中说过,链表兼具递归结构,树结构不过是链表的衍生,所以**链表也有前序遍历和后序遍历**:

```
void traverse(ListNode head) {
    // 前序遍历代码
    traverse(head.next);
    // 后序遍历代码
}
```

这个框架有什么指导意义呢?如果想正序打印链表中的 `val` 值,可以在前序遍历位置写代码;反之,如果想倒序遍历链表,就可以在后序遍历位置操作:

```
/* 倒序打印单链表中的元素值 */
void traverse(ListNode head) {
    if (head == null) return;
    traverse(head.next);
```

```
    // 后序遍历代码
    System.out.println(head.val);
}
```

说到这里，其实可以稍作修改，模仿双指针实现回文判断的功能：

```
// 左侧指针
ListNode left;

boolean isPalindrome(ListNode head) {
    left = head;
    return traverse(head);
}

// 利用递归，倒序遍历单链表
boolean traverse(ListNode right) {
    if (right == null) return true;
    boolean res = traverse(right.next);
    // 后序遍历代码
    res = res && (right.val == left.val);
    left = left.next;
    return res;
}
```

这么做的核心逻辑是什么呢？**实际上就是把链表节点放入一个栈，然后再拿出来，这时候元素顺序就是反的**，只不过我们利用的是递归函数的堆栈而已，所以空间复杂度依然是 $O(N)$。

traverse(right)

扫码看动图

综上所述，无论造一条反转链表还是利用后续遍历，算法的时间和空间复杂度都是 $O(N)$。下面我们想想，能不能不用额外的空间解决这个问题呢？

3.9.2 优化空间复杂度

更好的思路是这样的:

1 先通过"双指针技巧"中的快、慢指针来找到链表的中点:

```
ListNode slow, fast;
slow = fast = head;
while (fast != null && fast.next != null) {
    slow = slow.next;
    fast = fast.next.next;
}
// slow 指针现在指向链表中点
```

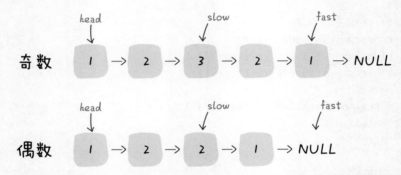

2 这里要分奇偶情况。如果 `fast` 指针没有指向 `null`,说明链表长度为奇数,`slow` 还要再前进一步:

```
if (fast != null)
    slow = slow.next;
```

3　从 `slow` 开始反转后面的链表，现在就可以开始比较回文串了：

```
ListNode left = head;
ListNode right = reverse(slow);

while (right != null) {
    if (left.val != right.val)
        return false;
    left = left.next;
    right = right.next;
}
return true;
```

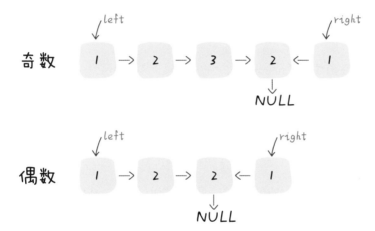

至此，把上面 3 段代码合在一起就高效地解决这个问题了，其中 `reverse` 函数就是标准的链表反转算法：

```
// 反转以 head 为头的链表，返回反转之后的头节点
ListNode reverse(ListNode head) {
    ListNode pre = null, cur = head;
    while (cur != null) {
        ListNode next = cur.next;
        cur.next = pre;
        pre = cur;
        cur = next;
    }
    return pre;
}
```

算法总体的时间复杂度为 $O(N)$，空间复杂度为 $O(1)$，已经是最优的了。

我知道肯定有读者会问：这种解法虽然高效，但破坏了输入链表的原始结构，能不能避免这个瑕疵呢？

其实这个问题好解决，需要你在移动 `slow` 和 `fast` 的过程中记录下 `p`, `q` 这两个指针的位置：

这样，只要在函数执行 return 语句之前加一段代码即可恢复原先的链表顺序：

```
p.next = reverse(q);
```

篇幅所限，我就不写了，读者可以自行尝试。

3.9.3　最后总结

首先，寻找回文串是从中间向两端扩展，判断回文串是从两端向中间收缩。对于单链表，无法直接倒序遍历，可以造一条新的反转链表，可以利用链表的后序遍历，也可以用栈结构倒序处理单链表。

具体到回文链表的判断问题，由于回文的特殊性，可以不完全反转链表，而是仅仅反转部分链表，将空间复杂度降到 $O(1)$。

3.10　秀操作之纯递归反转链表

反转单链表的迭代实现起来不是一件困难的事情，但是递归实现就有点难度了，如果再加一点难度，让你仅仅反转单链表中的一部分，你是否能够**使用纯递归实现**呢？

本节就来由浅入深，一步步地解决这个问题。**如果你还不会递归地反转单链表也没关系，本节会从递归反转整个单链表开始拓展**，只要明白单链表的结构，就能够有所收获。

```java
// 单链表节点的结构
public class ListNode {
    int val;
    ListNode next;
    ListNode(int x) { val = x; }
}
```

什么叫反转单链表的一部分呢？就是给你一个索引区间，让你把单链表中这部分元素反转，其他部分不变。具体题目描述如下：

输入一条单链表，和两个索引 m 和 n（**索引从 1 开始算，**且可以假定 m 和 n 都是合法的，不会超过链表长度），请反转链表中位置 m 到位置 n 的节点，返回反转后的链表。

函数签名如下：

```java
ListNode reverseBetween(ListNode head, int m, int n);
```

比如输入的链表是 `1->2->3->4->5->NULL`，`m = 2`，`n = 4`，则返回的链表为 `1->4->3->2->5->NULL`。

如果使用迭代的方式，思路大概是：

先用一个 for 循环找到第 m 个位置，然后再用一个 for 循环将 m 和 n 之间的元素反转，并没有什么难度。本节要用纯递归解法，不用一个 for 循环，也能达成题目要求。

递归方法解决问题一向简捷优美，时不时让人拍案叫绝，下面就由浅入深先从反转整个单链表说起。

3.10.1　递归反转整个链表

这个算法可能很多读者都听说过，这里详细分析一下，直接看实现代码：

```
/* 反转整条链表 */
ListNode reverse(ListNode head) {
    if (head == null || head.next == null)
        return head;
    ListNode last = reverse(head.next);
    head.next.next = head;
    head.next = null;
    return last;
}
```

这段代码看起来是不是不明所以，完全不能理解这样为什么能够反转链表？这就对了，这个算法常常拿来显示递归的巧妙和优美，下面来详细解释一下这段代码。

对于递归算法，最重要的就是明确定义递归函数的行为。具体来说，我们的 reverse 函数定义是这样的：

输入一个节点 head，将"以 head 为起点"的链表反转，并返回"反转完成后的链表头节点"。

明白了函数的定义，下面来一行一行分析上述代码，比如我们想反转这个链表：

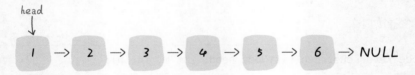

那么输入 reverse(head) 后，会在这里进行递归：

```
ListNode last = reverse(head.next);
```

看递归函数，不要跳进递归，而是要根据刚才的函数定义，来弄清楚这段代码会产生什么结果：

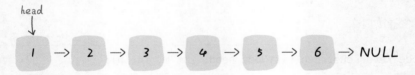

按照对 reverse 函数的定义，reverse(head.next) 执行完后会返回反转之后的头节点，我们用变量 last 接收了，现在整个链表就成了这样：

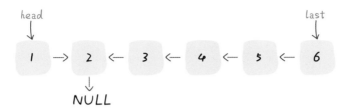

再来看下面的代码：

```
head.next.next = head;
```

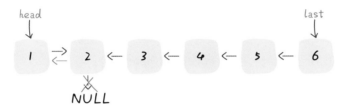

head.next.next=head

接下来：

```
head.next = null;
return last;
```

---

head.next=head

神不神奇，这样整个链表就反转过来了！递归代码就是这么简捷优雅，不过其中有两个地方需要注意：

1　递归函数要有 base case，也就是这句：

```
if (head == null || head.next == null)
    return head;
```

意思是如果链表只有一个节点，反转也是它自己，直接返回即可。

2 当链表递归反转之后，新的头节点是 `last`，而之前的 `head` 变成了最后一个节点，别忘了链表的末尾要指向 null：

```
head.next = null;
```

理解了这两点后，就可以进一步深入了，接下来的问题其实都是在这个算法上的扩展。

3.10.2 反转链表前 N 个节点

这次我们实现一个这样的函数：

```
// 将链表的前 n 个节点反转（ n <= 链表长度）
ListNode reverseN(ListNode head, int n)
```

比如对于下图所示的链表，执行 `reverseN(head, 3)`：

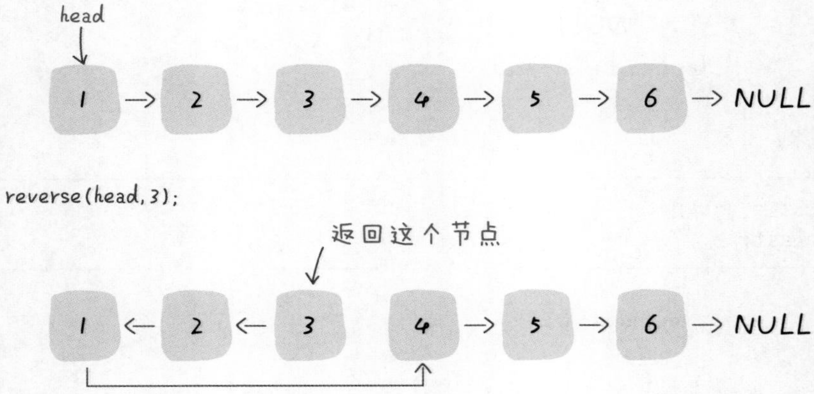

解决思路和反转整个链表差不多，只要稍加修改即可：

```
// 后驱节点
ListNode successor = null;

/* 反转以 head 为起点的 n 个节点，返回新的头节点 */
ListNode reverseN(ListNode head, int n) {
    if (n == 1) {
        // 记录第 n + 1 个节点，后面要用
        successor = head.next;
        return head;
    }
```

```
    // 以 head.next 为起点，需要反转前 n - 1个节点
    ListNode last = reverseN(head.next, n - 1);

    head.next.next = head;
    // 让反转之后的 head 节点和后面的节点连起来
    head.next = successor;
    return last;
}
```

反转前 N 个节点和反转整个链表的区别：

1　base case 变为 `n == 1`，反转一个元素，就是它本身。

2　要记录后驱节点 `successor`。

反转整个链表时，直接把 `head.next` 设置为 null，因为整个链表反转后原来的 `head` 变成了整个链表的最后一个节点。但现在 `head` 节点在递归反转之后不一定是最后一个节点了，所以要记录后驱 `successor`（第 `n + 1` 个节点），反转之后将 `head` 连接上。

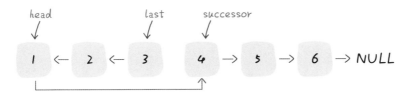

如果这个函数你也能看懂，就离实现"反转一部分链表"不远了。

3.10.3　反转链表的一部分

现在解决前面提出的问题，给一个索引区间 `[m,n]`（索引从 1 开始），仅仅反转区间中的链表元素。

首先，如果 `m == 1`，就相当于反转链表开头的 `n` 个元素嘛，也就是刚才实现的功能：

```
ListNode reverseBetween(ListNode head, int m, int n) {
    // base case
    if (m == 1) {
        // 相当于反转前 n 个元素
        return reverseN(head, n);
    }
    // ...
}
```

如果 `m != 1` 怎么办？如果我们把 `head` 的索引视为 1，那么我们是想从第 `m` 个元素开始反转对吧？如果把 `head.next` 的索引视为 1 呢？那么相对于 `head.next`，反转的区间应该是从第 `m - 1` 个元素开始的；那么相对于 `head.next.next` 呢……

和迭代思想不同，这就是递归思想，所以我们可以完成代码：

```
ListNode reverseBetween(ListNode head, int m, int n) {
    // base case
    if (m == 1) {
        return reverseN(head, n);
    }
    // 对于 head.next 来说，就是反转区间 [m - 1, n - 1]
    // 前进到反转的起点触发 base case
    head.next = reverseBetween(head.next, m - 1, n - 1);
    return head;
}
```

至此，我们的最终大难题就被解决了。

3.10.4 最后总结

递归的思想相对迭代思想，稍微有点难以理解，处理的技巧是：**不要跳进递归，而是利用明确的定义来实现算法逻辑。**

处理看起来比较困难的问题，可以尝试化整为零，对一些简单的解法进行修改，解决困难的问题。

值得一提的是，用递归的方式操作链表并不高效。和迭代解法相比，虽然时间复杂度都是 $O(N)$，但是迭代解法的空间复杂度是 $O(1)$，而递归解法需要堆栈，空间复杂度是 $O(N)$。所以用递归的方式操作链表可以作为对递归算法的练习或者拿去和小伙伴炫耀，但是考虑效率的话还是使用迭代算法更好。

3.11 秀操作之 k 个一组反转链表

前一节 "3.10 秀操作之纯递归反转链表" 讲了如何递归地反转一部分链表，有读者就会问如何迭代地反转链表，本节解决的问题也需要反转链表的函数，不妨就用迭代方式来解决。

本节要解决 "k 个一组反转链表"，题目很简单：

输入是一个单链表和一个正整数 k，请以每 k 个节点为一组反转这条链表，然后返回反转之后的结果。如果链表长度不是 k 的整数倍，那么最后不足 k 个的节点保持原有顺序。

函数签名如下：

```
ListNode reverseKGroup(ListNode head, int k);
```

比如输入的链表为 1->2->3->4->5，输入的 k 如果为 2，那么算法返回一条链表 2->1->4->3->5；但如果输入的 k 是 3，算法返回 3->2->1->4->5。

这个问题经常在 "面经" 中出现，而且在力扣上难度是 Hard，它真有那么难吗？

对于基本数据结构的算法问题其实都不难，只要结合特点一点点拆解分析，一般都没啥难点。下面我们就来拆解一下这个问题。

3.11.1 分析问题

首先，在 "1.1 学习算法和刷题的框架思维" 中提到过，链表是一种兼具递归和迭代性质的数据结构，认真思考一下可以发现，**这个问题具有递归性质。**

什么叫递归性质？比如对这个链表调用 **reverseKGroup(head, 2)**，即以 2 个节点为一组反转链表：

reversekGroup(head,2)

head
1 → 2 → 3 → 4 → 5 → 6 → NULL

如果设法把前 2 个节点反转，那么后面的那些节点怎么处理？后面的这些节点也是一条链表，而且规模（长度）比原来这条链表小，这就叫**子问题**：

也就是说，`reverseKGroup` 函数只需要关心如何反转前 k 个节点，然后递归调用自己即可，因为子问题和原问题的结构完全相同，这就是所谓的递归性质。

发现了递归性质，就可以得到大致的算法流程：

1 先反转以 head 开头的 k 个元素。

2 将第 k + 1 个元素作为 head 递归调用 reverseKGroup 函数。

3 将上述两个过程的结果连接起来。

整体思路就是这样了，最后一点值得注意的是，递归函数都有个 base case，对于这个问题是什么呢？

题目说了，如果最后的元素不足 k 个，就保持不变。这就是 base case，稍后会在代码里体现。

3.11.2 代码实现

首先，要实现一个 reverse 函数反转一个区间之内的元素。我们再简化一下，给定链表头节点，如何反转整个链表？

```
// 反转以 a 为头节点的链表
ListNode reverse(ListNode a) {
    ListNode pre, cur, nxt;
    pre = null; cur = a; nxt = a;
    while (cur != null) {
        nxt = cur.next;
        // 逐个节点反转
        cur.next = pre;
        // 更新指针位置
        pre = cur;
        cur = nxt;
    }
    // 返回反转后的头节点
    return pre;
}
```

这就是用迭代思路来实现的标准反转链表算法，而"反转以 a 为头节点的链表"其实就是"反转节点 a 到 null 之间的节点"，那么如果让你"反转 a 到 b 之间的节点"，你会不会？

只要更改函数签名，并把以上代码中的 null 改成 b 即可：

```
/** 反转区间 [a, b) 的元素，注意是左闭右开 */
ListNode reverse(ListNode a, ListNode b) {
    ListNode pre, cur, nxt;
    pre = null; cur = a; nxt = a;
    // while 终止的条件改一下就行了
    while (cur != b) {
        nxt = cur.next;
        cur.next = pre;
        pre = cur;
        cur = nxt;
    }
    // 返回反转后的头节点
    return pre;
}
```

现在已经用迭代实现了反转部分链表的功能，接下来就按照之前的逻辑编写 reverseKGroup 函数即可：

```java
ListNode reverseKGroup(ListNode head, int k) {
    if (head == null) return null;
    // 区间 [a, b) 包含 k 个待反转元素
    ListNode a, b;
    a = b = head;
    for (int i = 0; i < k; i++) {
        // 不足 k 个, 不需要反转, base case
        if (b == null) return head;
        b = b.next;
    }
    // 反转前 k 个元素
    ListNode newHead = reverse(a, b);
    // 递归反转后续链表并连接起来
    a.next = reverseKGroup(b, k);
    return newHead;
}
```

for 循环在寻找一个长度为 **k** 的左闭右开区间 **[a, b)**,然后调用 **reverse** 函数反转区间 **[a, b)**,最后递归反转以 **b** 为头节点的链表:

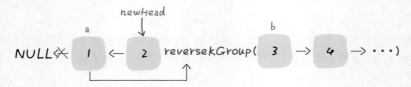

递归部分就不展开了,整个函数递归完成之后就是这个结果,完全符合题意:

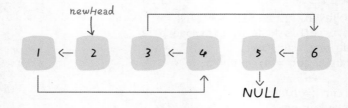

3.11.3 最后总结

从数据上看,基本数据结构相关的算法文章看的人都不多,我想说这是要吃亏的。

大家喜欢看动态规划相关的问题,可能因为这些在面试中很常见,但就我个人理解,很多算法思想都是源于数据结构的。**学习数据结构的框架思维**中就提过,什么动态规划、回溯、分治算法,其实都是树的遍历,树这种结构它不就是个多叉链表吗?

你能处理基本数据结构的问题,解决一般的算法问题应该也不会太费事。

第 4 章

/

算法思维系列

本章通过经典算法问题来阐明一些常用的算法技巧，比如前缀和技巧、回溯思想、暴力穷举技巧，等等。

前面已经讲了很多算法套路，相信读者对数据结构也较为熟悉了，但是面对千变万化的算法题，到底怎么才能将复杂问题层层拆解，简化成最简单的框架呢？

4.1　回溯算法解决子集、组合、排列问题

本节就来聊三道考察频率高，而且容易让人搞混的算法问题，分别是求子集（subset）、求排列（permutation）和求组合（combination）。它们在力扣上分别是第 78 题、第 46 题和第 77 题。

这几道题都可以用回溯算法模板解决，同时子集问题还可以用数学归纳思想解决。读者可以记住这几个问题的回溯套路，就不怕搞不清了。

4.1.1　子集

问题很简单，输入一个**不包含重复数字**的数组，要求算法输出这些数字的所有子集。

```
vector<vector<int>> subsets(vector<int>& nums);
```

比如输入 `nums = [1,2,3]`，你的算法应输出 8 个子集，包含空集和本身，顺序可以不同：

```
[ [],[1],[2],[3],[1,3],[2,3],[1,2],[1,2,3] ]
```

第一个解法是利用数学归纳的思想：假设现在知道了规模更小的子问题的结果，如何推导出当前问题的结果呢？

具体来说就是，现在让你求 [1,2,3] 的子集，如果知道了 [1,2] 的子集，是否可以推导出 [1,2,3] 的子集呢？先把 [1,2] 的子集写出来瞅瞅：

```
[ [],[1],[2],[1,2] ]
```

你会发现这样一个规律：

```
subset([1,2,3]) - subset([1,2])
= [3],[1,3],[2,3],[1,2,3]
```

也就是说，[1,2,3] 的子集就是把 [1,2] 的子集中每个集合再添加上 3。

换句话说，如果 A = subset([1,2])，那么：

```
subset([1,2,3])

= A + [A[i].add(3) for i = 1..len(A)]
```

这就是一个典型的递归结构嘛，[1,2,3] 的子集可以由 [1,2] 追加得出，[1,2] 的子集可以由 [1] 追加得出，base case 显然就是当输入集合为空集时，输出子集也就是一个空集。

翻译成代码就很容易理解了：

```cpp
vector<vector<int>> subsets(vector<int>& nums) {
    // base case, 返回一个空集
    if (nums.empty()) return {{}};
    // 把最后一个元素拿出来
    int n = nums.back();
    nums.pop_back();
    // 先递归算出前面元素的所有子集
    vector<vector<int>> res = subsets(nums);

    int size = res.size();
    for (int i = 0; i < size; i++) {
        // 然后在之前的结果之上追加
        res.push_back(res[i]);
```

```
      res.back().push_back(n);
    }
    return res;
}
```

这个问题的时间复杂度计算比较容易迷惑人。之前说的计算递归算法时间复杂度的方法，是找到递归深度，然后乘以每次递归中迭代的次数。对于这个问题，递归深度显然是 N，但我们发现每次递归 for 循环的迭代次数取决于 res 的长度，并不是固定的。

根据刚才的思路，res 的长度应该是每次递归都翻倍，所以说总的迭代次数应该是 2^N。或者不用这么麻烦，你想想一个大小为 N 的集合的子集总共有几个？有 2^N 个对吧，所以说至少要对 res 添加 2^N 次元素。

那么算法的时间复杂度就是 $O(2^N)$ 吗？还是不对，2^N 个子集是 push_back 添加进 res 的，所以要考虑 push_back 这个操作的效率：

```
for (int i = 0; i < size; i++) {
    res.push_back(res[i]); // O(N)
    res.back().push_back(n); // O(1)
}
```

因为 res[i] 也是一个数组呀，push_back 是把 res[i] 复制一份添加到数组的最后，所以一次操作的时间是 $O(N)$。

综上所述，总的时间复杂度就是 $O(2^N N)$，还是比较耗时的。

至于空间复杂度，如果不计算存储返回结果所用的空间，只需要 $O(N)$ 的递归堆栈空间。如果计算 res 所需的空间，应该是 $O(2^N N)$。

第二种通用方法就是回溯算法。在回溯算法详解中讲过，回溯算法无非就是一棵决策树，回溯算法的模板如下：

```
result = []
def backtrack( 路径 , 选择列表 ):
    if 满足结束条件 :
        result.add( 路径 )
        return
    for 选择 in 选择列表 :
        做选择
        backtrack( 路径 , 选择列表 )
        撤销选择
```

你说怎么把所有子集穷举出来呢？肯定要有条理地思考，拿 `nums = [1,2,3]` 举例：

首先，空集 `[]` 肯定是一个子集。

然后，以 1 开头的子集有哪些呢？有 `[1]`，`[1,2]`，`[1,3]`，`[1,2,3]`。

以 2 开头的子集有哪些呢？有 `[2]`，`[2,3]`。

以 3 开头的子集有哪些呢？有 `[3]`。

最后，把上面这些子集加起来就是 `[1,2,3]` 的所有子集。

当然，理论上"子集"是集合，是无序的，不能说以某个数开头的子集，不过这样说便于理解。比如"以 2 开头的子集"中，因为 1 排在 2 前面，所以不会包含 `[2,1]` 这种情况，也就避免了和之前的集合 `[1,2]` 重复。

那么，按照这个思路，**其实 `[1,2,3]` 的全部子集就是如下这棵递归树上的所有节点**：

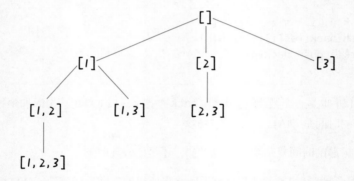

所以，回溯算法生成子集的核心思路就是，用一个 `start` 参数控制递归，生成这样的一棵树。其实只要改造回溯算法的模板就行了：

```cpp
// 存储所有子集
vector<vector<int>> res;

/* 主函数 */
vector<vector<int>> subsets(vector<int>& nums) {
    // 记录走过的路径
    vector<int> track;
    backtrack(nums, 0, track);
    return res;
}

/* 套回溯算法模板 */
```

```
void backtrack(vector<int>& nums, int start, vector<int>& track) {
    // 前序遍历的位置
    res.push_back(track);
    // 从 start 开始，防止产生重复的子集
    for (int i = start; i < nums.size(); i++) {
        // 做选择
        track.push_back(nums[i]);
        // 递归回溯
        backtrack(nums, i + 1, track);
        // 撤销选择
        track.pop_back();
    }
}
```

可以看见，由 **start** 参数实现了刚才说的"以某个数开头的子集"；而对 **res** 的更新处在前序遍历的位置，所以说 **res** 记录了树上的所有节点，也就是所有子集。

4.1.2 组合

输入两个数字 **n, k**，算法输出 **[1..n]** 中 k 个数字的所有组合。

```
vector<vector<int>> combine(int n, int k);
```

比如输入 **n = 4, k = 2**，输出如下结果，顺序无所谓，但是不能重复（按照组合的定义，**[1,2]** 和 **[2,1]** 也算重复）：

```
[  [1,2],  [1,3],  [1,4],  [2,3],  [2,4],  [3,4] ]
```

还是仿照刚才计算子集的分析方法，以 **combine(4, 2)** 为例：

首先，以 1 开头的，长度为 2 的组合有哪些？有 **[1,2]**, **[1,3]**, **[1,4]**。

然后，以 2 开头的，长度为 2 的组合有哪些？有 **[2,3]**, **[2,4]**。

以 3 开头的，长度为 2 的组合有哪些？有 **[3,4]**。

以 4 开头的，没有长度为 2 的组合。

最后，把这些结果汇总起来，就是 **combine(4, 2)** 的结果。

类似前面计算子集的套路，**按理说组合也没有顺序之分，但我们说"以某个数开头的组合"**，也是为了避免像 [1,2] 和 [2,1] 这样的重复组合出现。

按照刚才的分析，`combine(4, 2)` 的结果其实就是下面这棵树的所有**叶子节点**：

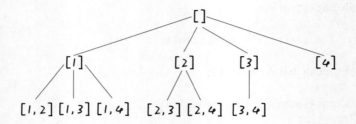

这也是典型的回溯算法，`k` 限制了树的高度，`n` 限制了树的宽度，继续套回溯算法模板框架就行了：

```cpp
// 记录所有组合
vector<vector<int>>res;

/* 主函数 */
vector<vector<int>> combine(int n, int k) {
    if (k <= 0 || n <= 0) return res;
    vector<int> track;
    backtrack(n, k, 1, track);
    return res;
}

// 套回溯算法模板
void backtrack(int n, int k, int start, vector<int>& track) {
    // 到达叶子节点才更新 res
    if (k == track.size()) {
        res.push_back(track);
        return;
    }
    // i 从 start 开始递增
    for (int i = start; i <= n; i++) {
        // 做选择
        track.push_back(i);
        // 递归回溯
        backtrack(n, k, i + 1, track);
        // 撤销选择
        track.pop_back();
    }
}
```

细心的读者甚至会发现，所谓"组合"其实就是某一特定长度的"子集"。比如

combine(3, 2) 就是 subset([1,2,3]) 中所有长度为 2 的子集。

所以，计算组合的 backtrack 函数和计算子集的差不多，区别在于，更新 res 的时机是树到达底端叶子节点。

4.1.3 排列

输入一个**不包含重复数字**的数组 nums，返回这些数字的全部排列。

```
vector<vector<int>> permute(vector<int>& nums);
```

比如输入数组 **[1,2,3]**，输出结果应该如下，顺序无所谓，不能有重复：

```
[ [1,2,3], [1,3,2], [2,1,3], [2,3,1], [3,1,2], [3,2,1] ]
```

在回溯算法详解中就是拿这个问题来解释回溯模板的，那里做过详细分析，这里主要对比一下"排列"和"组合""子集"问题的区别。

组合和子集问题都需要一个 start 变量防止重复，而排列问题中 **[1,2,3]** 和 **[1,3,2]** 是不同的，所以不需要防止重复。

画出排列问题中的回溯树来看一看：

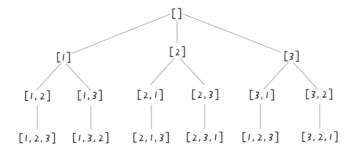

使用 Java 代码写的解法如下：

```
List<List<Integer>> res = new LinkedList<>();

/* 主函数，输入一组不重复的数字，返回它们的全排列 */
List<List<Integer>> permute(int[] nums) {
    // 记录"路径"
    LinkedList<Integer> track = new LinkedList<>();
    backtrack(nums, track);
```

```
        return res;
    }

    void backtrack(int[] nums, LinkedList<Integer> track) {
        // 到达叶子节点
        if (track.size() == nums.length) {
            res.add(new LinkedList(track));
            return;
        }

        for (int i = 0; i < nums.length; i++) {
            // 排除不合法的选择
            if (track.contains(nums[i]))
                continue;
            // 做选择
            track.add(nums[i]);
            // 进入下一层决策树
            backtrack(nums, track);
            // 取消选择
            track.removeLast();
        }
    }
```

排列与子集、组合的不同之处是，排列问题每次通过 `contains` 方法来排除在 `track` 中已经选择过的数字；而组合问题通过传入一个 `start` 参数，来排除 `start` 索引之前的数字。

以上就是排列、组合和子集三个问题的解法，总结一下：

组合问题利用的是回溯思想，结果可以抽象成树结构，关键点在于要用一个 `start` 排除已经选择过的数字，将所有叶子节点作为结果。

排列问题是回溯思想，也可以抽象成树结构套用回溯模板，关键点在于使用 `contains` 方法排除已经选择的数字，将所有叶子节点作为结果。

子集问题可以利用数学归纳思想，假设已知一个规模较小的问题的结果，思考如何推导出原问题的结果。也可以抽象成树结构使用回溯算法，要用 `start` 参数排除已选择的数字，并记录整棵树的节点作为结果。

记住这几种树的形状，就足以应对大部分回溯算法问题了，无非就是 `start` 或者 `contains` 剪枝，也没什么别的技巧了。

4.2　回溯算法最佳实践：解数独

经常拿回溯算法来说事的，无非就是八皇后问题和排列问题了。那本节就通过**实际且有趣的例子**来讲一下如何用回溯算法解决数独问题。

4.2.1　直观感受

说实话我小的时候也尝试过玩数独游戏，但从来都没有完成过一次。做数独是有技巧的，我记得一些比较专业的数独游戏软件，会教你玩数独的技巧，不过在我看来这些技巧都太复杂，根本就没有兴趣看下去。

不过自从学习了算法，多困难的数独问题都拦不住我了。计算机如何解决数独问题呢？其实非常简单，就是穷举嘛：

算法对每一个空着的格子穷举 1 到 9，如果遇到不合法的数字（在同一行或同一列或同一个 3×3 的区域中存在相同的数字）则跳过，如果找到一个合法的数字，则继续穷举下一个空格子。

对于数独游戏，也许我们还会有另一个误区：下意识地认为如果给定的数字越少那么解决起来的难度就越大。

这个结论对人来说应该没毛病，但对于计算机而言，给的数字越少，反而穷举的步数就越少，得到答案的速度越快。至于为什么，后面探讨代码实现的时候会讲。

言归正传，下面就来具体探讨如何用算法来求解数独问题。

4.2.2　代码实现

我们来解决"解数独"这个问题，算法函数签名如下：

```
void solveSudoku(char[][] board);
```

输入是一个 9×9 的棋盘，其中有一些格子已经预先填入了数字，空白格子用点号字符 . 表示，算法需要在原地修改棋盘，将空白格子填上数字，得到一个可行解。

至于数独的要求，想必大家都很熟悉了，每行、每列以及每一个 3×3 的小方格都不能有相同的数字出现。那么，现在我们直接套回溯框架即可求解。

根据前文的回溯算法框架，求解数独的思路很简单直接，就是对每一个格子所有可能的数字进行穷举。对于每个位置，应该如何穷举，有几个选择呢？**很简单啊，从 1 到 9 就是选择，全部试一遍不就行了：**

```
// 对 board[i][j] 进行穷举尝试
void backtrack(char[][] board, int i, int j) {
    int m = 9, n = 9;
    for (char ch = '1'; ch <= '9'; ch++) {
        // 做选择
        board[i][j] = ch;
        // 继续穷举下一个位置
        backtrack(board, i, j + 1);
        // 撤销选择
        board[i][j] = '.';
    }
}
```

再继续细化，并不是 1 到 9 都可以取到的，有的数字不是不满足数独的合法条件吗？而且现在只是给 j 加一，那如果 j 加到最后一列了，怎么办？

很简单，当 j 到达超过每一行的最后一个索引时，转为增加 i 开始穷举下一行，并且在"做选择"之前添加一个判断，跳过不满足条件的数字：

```
void backtrack(char[][] board, int i, int j) {
    int m = 9, n = 9;
    if (j == n) {
        // 穷举到最后一列的话就换到下一行重新开始
        backtrack(board, i + 1, 0);
        return;
    }

    // 如果该位置是预设的数字，不用我们操心
    if (board[i][j] != '.') {
        backtrack(board, i, j + 1);
        return;
    }

    for (char ch = '1'; ch <= '9'; ch++) {
        // 如果遇到不合法的数字，就跳过
        if (!isValid(board, i, j, ch))
```

```
            continue;
        // 做选择
        board[i][j] = ch;
        // 开始穷举下一个位置
        backtrack(board, i, j + 1);
        // 撤销选择
        board[i][j] = '.';
    }
}

// 判断 board[i][j] 是否可以填入数字 n
boolean isValid(char[][] board, int r, int c, char n) {
    for (int i = 0; i < 9; i++) {
        // 判断行是否存在重复
        if (board[r][i] == n) return false;
        // 判断列是否存在重复
        if (board[i][c] == n) return false;
        // 判断 3 x 3 方框是否存在重复
        if (board[(r/3)*3 + i/3][(c/3)*3 + i%3] == n)
            return false;
    }
    return true;
}
```

现在基本上已经写出解法了，还剩最后一个问题：这个算法没有 base case，永远不会停止递归。

什么时候应该结束递归呢？**显然 `r == m` 的时候就说明穷举完了最后一行，完成了所有的穷举，就是 base case**。

另外，前文也提到过，为了减少复杂度，我们可以让 **backtrack** 函数返回值为 **boolean**，如果找到一个可行解就返回 true，这样就可以阻止后续的递归。只找一个可行解，也是题目的本意。

最终代码修改如下：

```
boolean backtrack(char[][] board, int i, int j) {
    int m = 9, n = 9;
    if (j == n) {
        // 穷举到最后一列的话就换到下一行重新开始
        return backtrack(board, i + 1, 0);
```

```
    }
    if (i == m) {
        // 找到一个可行解，触发 base case
        return true;
    }

    if (board[i][j] != '.') {
        // 如果有预设数字，不用我们穷举
        return backtrack(board, i, j + 1);
    }

    for (char ch = '1'; ch <= '9'; ch++) {
        // 如果遇到不合法的数字，就跳过
        if (!isValid(board, i, j, ch))
            continue;

        board[i][j] = ch;
        // 如果找到一个可行解，立即结束
        if (backtrack(board, i, j + 1)) {
            return true;
        }
        board[i][j] = '.';
    }
    // 穷举完 1~9，依然没有找到可行解
    // 需要前面的格子换个数字穷举
    return false;
}

boolean isValid(char[][] board, int r, int c, char n) {
    // 见上文
}
```

现在可以回答之前的问题，为什么算法执行的次数有时候多，有时候少？为什么对于计算机而言，确定的数字越少，反而算出答案的速度越快？

我们已经实现了一遍算法，掌握了其原理，回溯就是从 1 开始对每个格子穷举，最后只要试出一个可行解，就会立即停止后续的递归穷举。所以暴力试出答案的次数和随机生成的棋盘关系很大，这个是说不准的。

如果给定的数字越少，相当于给出的约束条件越少，对于回溯算法这种穷举策略来说，

更容易进行下去，而不容易走回头路重新回溯，所以说**如果仅仅找出一个可行解**，穷举的速度反而比较快。

当然，如果题目是求出**所有可行的结果**，那么给定的数字越少，说明可行解越多，需要穷举的空间越大，肯定会更慢。

你可能还会问，**既然运行次数说不准，那么这个算法的时间复杂度是多少呢？**

对于这种时间复杂度的计算，我们只能给出一个最坏情况，也就是 $O(9^M)$，其中 M 是棋盘中空着的格子数量。你想嘛，对每个空格子穷举 9 个数，结果就是指数级的。

这个复杂度非常高，但稍做思考就能发现，实际上我们并没有真的对每个空格都穷举 9 次，有的数字会跳过，有的数字根本就没有穷举，因为当我们找到一个可行解的时候就立即结束了，后续的递归都没有展开。

这个 $O(9^M)$ 的复杂度实际上是完全穷举，或者说是找到**所有**可行解的时间复杂度。

至此，回溯算法已经可以解决数独问题了，本质上我们就是利用递归来暴力穷举所有可能的填法，很原始，但很有用。不过还有一种更聪明的解数独算法叫作 X-Chain technique，有兴趣的读者可以去搜索看一看。

4.3 回溯算法最佳实践：括号生成

括号问题可以简单分成两类，一类是如何判定括号合法性（将在 5.9 节介绍），一类是合法括号的生成。对于括号合法性的判断，主要是借助"栈"这种数据结构，而对于括号的生成，一般都要利用回溯递归的思想。

关于回溯算法，本书已经讲过，你能够通过本节进一步了解回溯算法框架的使用方法了。

回到正题，"括号生成"问题就是一道类似的题目，要求如下：

请你写一个算法，输入是一个正整数 n，输出是 n 对括号的所有合法组合，函数签名如下：

```
vector<string> generateParenthesis(int n);
```

比如说，输入 n=3，输出为如下 5 个字符串：

"((()))"，"(()())"，"(())()"，"()(())"，"()()()"

有关括号问题，你只要记住以下性质，思路就很容易想出来：

1　一个"合法"括号组合的左括号数量一定等于右括号数量。

2　对于一个"合法"的括号字符串组合 p，必然对于任何 0 <= i < len(p) 都有：子串 p[0..i] 中左括号的数量都大于或等于右括号的数量。

对于第一个性质，显而易见，但对于第二个性质，可能不太容易发现。稍微想一下，其实很容易理解，因为从左往右算的话，肯定是左括号多嘛，到最后左右括号数量相等，说明这个括号组合是合法的。

反之，比如这个括号组合))((，前几个子串都是右括号多于左括号，显然不是合法的括号组合。

下面就来实践一下回溯算法框架。

回溯思路

明白了合法括号的性质，如何把这道题和回溯算法扯上关系呢？

算法输入一个整数 n，让你计算 n 对括号能组成几种合法的括号组合，可以改写成如下问题：

现在有 2n 个位置，每个位置可以放置字符（或者），组成的所有括号组合中，有多少个是合法的？

这个命题和题目的意思是完全一样的对吧，那么我们先想想如何得到全部 2^{2n} 种组合，然后再根据上面总结出的合法括号组合的性质筛选出合法的组合，不就完事了？

如何得到所有的组合呢？这就是标准的暴力穷举回溯框架啊，在 "1.3　回溯算法解题套路框架"中总结过了：

```
result = []
def backtrack( 路径 , 选择列表 ):
    if 满足结束条件 :
        result.add( 路径 )
        return

    for 选择 in 选择列表 :
        做选择
        backtrack( 路径 , 选择列表 )
        撤销选择
```

那么对于我们的需求，如何打印所有括号组合呢？套一下框架就出来了，伪码如下：

```
void backtrack(int n, int i, string& track) {
    // i 代表当前的位置，共有 2n 个位置
    // 穷举到最后一个位置了，得到一个长度为 2n 的组合
    if (i == 2 * n) {
        print(track);
        return;
    }

    // 对于每个位置可以是左括号或者右括号两种选择
    for choice in ['(', ')'] {
        // 做选择
        track.push(choice);
        // 穷举下一个位置
        backtrack(n, i + 1, track);
        // 撤销选择
        track.pop(choice);
    }
}
```

那么，现在能够打印所有括号组合了，如何从它们中筛选出合法的括号组合呢？很简单，按照前面总结出的合法括号的两个规律，加几个条件进行"剪枝"就行了。

对于 2n 个位置，必然有 n 个左括号，n 个右括号，所以不是简单地记录穷举位置 i，而是用 left 记录还可以使用多少个左括号，用 right 记录还可以使用多少个右括号，这样就可以通过刚才总结的合法括号规律进行筛选了：

```cpp
/* 主函数 */
vector<string> generateParenthesis(int n) {
    if (n == 0) return {};
    // 记录所有合法的括号组合
    vector<string> res;
    // 回溯过程中的路径
    string track;
    // 可用的左括号和右括号数量初始化为 n
    backtrack(n, n, track, res);
    return res;
}

/* 可用的左括号数量为 left 个，可用的右括号数量为 right 个 */
void backtrack(
    int left, int right, string& track, vector<string>& res) {
    // 数量小于 0 肯定是不合法的
    if (left < 0 || right < 0) return;
    // 若左括号剩下的多，说明不合法
    if (right < left) return;
    // 当所有括号都恰好用完时，得到一个合法的括号组合
    if (left == 0 && right == 0) {
        res.push_back(track);
        return;
    }

    // 尝试添加一个左括号
    track.push_back('('); // 选择
    backtrack(left - 1, right, track, res);
    track.pop_back();      // 撤销选择

    // 尝试添加一个右括号
    track.push_back(')'); // 选择
    backtrack(left, right - 1, track, res);
    track.pop_back();      // 撤销选择
}
```

这样，我们的算法就完成了，算法的复杂度是多少呢？**这个比较难分析，对于递归相关的算法，时间复杂度这样计算：递归次数 × 递归函数本身的时间复杂度。**

`backtrack` 就是我们的递归函数，其中没有任何 for 循环代码，所以递归函数本身的时间复杂度是 $O(1)$，但关键是这个函数的递归次数是多少？换句话说，给定一个 `n`，`backtrack` 函数递归被调用了多少次？

还记得前面怎么分析动态规划算法的递归次数吗？主要是看"状态"的个数对吧。其实回溯算法和动态规划的本质都是穷举，只不过动态规划存在"重叠子问题"可以优化，而回溯算法不存在而已。

所以说这里也可以用"状态"这个概念，**对于 `backtrack` 函数，状态有三个，分别是 `left`, `right`, `track`,** 这三个变量的所有组合个数就是 `backtrack` 函数的状态个数（调用次数）。

`left` 和 `right` 的组合好办，它俩的取值在 0~n 范围内，组合起来也就 n^2 种而已；这个 `track` 的长度虽然取值在 0~2n 范围内，但对于每一个长度，它还有指数级的括号组合，这就不好计算了。

说了这么多，就是想让大家知道这个算法的复杂度是指数级，而且不好算，这里就不具体展开了，有兴趣的读者可以搜索"卡特兰数"相关的知识了解这个复杂度是怎么算的。

4.4 BFS 算法暴力破解各种智力题

滑动拼图游戏大家应该都玩过，下图是一个 4×4 的滑动拼图：

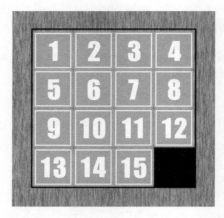

拼图中有一个格子是空的，可以利用这个空着的格子移动其他数字。你需要通过移动这些数字，得到某个特定排列顺序，这样就算赢了。

我小时候还玩过一款叫作"华容道"的益智游戏，它和滑动拼图比较类似：

那么这种游戏怎么玩呢？我记得是有一些套路的，类似于魔方还原公式。但是本节不来研究让人头秃的技巧，**这些益智游戏都可以用暴力搜索算法解决，所以我们就学以致用，用 BFS 算法框架来快速解决这些游戏。**

4.4.1　题目解析

来看一道滑动拼图问题：

给你一个 2×3 的滑动拼图，用一个 2×3 的数组 `board` 表示。拼图中有数字 0~5，其中数字 0 就表示那个空着的格子，你可以移动其中的数字，当 `board` 变为 `[[1,2,3],[4,5,0]]` 时，赢得游戏。

请你写一个算法，计算赢得游戏需要的最少移动次数，如果不能赢得游戏，返回 -1。

比如输入的二维数组是 `board = [[4,1,2],[5,0,3]]`，算法应该返回 5：

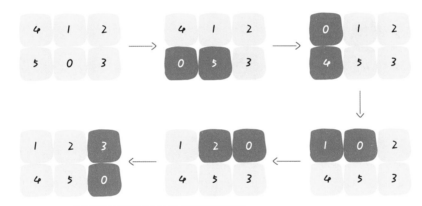

如果输入的是 `board = [[1,2,3],[5,0,4]]`，则算法返回 -1，因为这种局面下无论如何都不能赢得游戏。

4.4.2　思路分析

对于这种计算最小步数的问题，我们要敏感地想到 BFS 算法。

这个题目转化成 BFS 算法问题是有一些技巧的，我们面临如下问题：

1　一般的 BFS 算法，是从一个起点 `start` 开始，向终点 `target` 进行寻路，但是拼图问题不是在寻路，而是在不断交换数字，这应该怎么转化成 BFS 算法问题呢？

2 即便这个问题能够转化成 BFS 问题，如何处理起点 `start` 和终点 `target` 呢？它们都是数组哎，把数组放进队列，套 BFS 框架，想想就比较麻烦且低效。

首先回答第一个问题，**BFS 算法并不只是一个寻路算法，而是一种暴力搜索算法**，只要涉及暴力穷举的问题，BFS 就可以用，而且可以更快地找到答案。

你想想计算机是怎么解决问题的？哪有那么多旁门左道，本质上就是把所有可行解暴力穷举出来，然后从中找到一个最优解罢了。

明白了这个道理，我们的问题就转化成了：**如何穷举出 board 当前局面下可能衍生出的所有局面**。这就简单了，看数字 0 的位置呗，和上下左右的数字进行交换就行了。

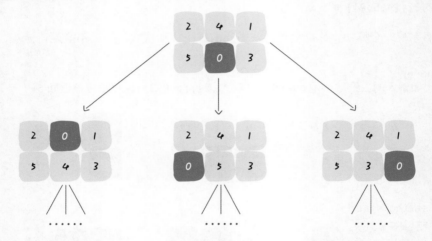

这样其实就是一个 BFS 问题，每次先找到数字 0，然后和周围的数字进行交换，形成新的局面加入队列…… 当第一次到达 `target` 时，就得到了赢得游戏的最少步数。

对于第二个问题，我们这里的 `board` 仅仅是 2×3 的二维数组，所以可以压缩成一个一维字符串。**其中比较有技巧性的点在于，二维数组有"上下左右"的概念，压缩成一维后，如何得到某一个索引上下左右的索引？**

很简单，只要手动写出来这个映射就行了：

```cpp
vector<vector<int>> neighbor = {
    { 1, 3 },
    { 0, 4, 2 },
    { 1, 5 },
    { 0, 4 },
    { 3, 1, 5 },
```

```
    { 4, 2 }
};
```

其含义就是，在一维字符串中，索引 i 在二维数组中的相邻索引为 `neighbor[i]`：

$$neighbor[4] = \{1, 3, 5\}$$

比如上图，数字 0 在一维数组中的索引是 4，那么它的相邻数字在一维数组中的索引就是 `neighbor[4] = {3,1,5}`，对应的数字是 5, 4, 3，也就是二维数组中数字 0 的相邻数字。

至此，就把这个问题完全转化成标准的 BFS 问题了，借助在"1.4　BFS算法套路框架"中的代码框架，直接就可以套出解法代码了：

```cpp
int slidingPuzzle(vector<vector<int>>& board) {
    int m = 2, n = 3;
    string start = "";
    string target = "123450";
    // 将 2×3 的数组转化成字符串
    for (int i = 0; i < m; i++) {
        for (int j = 0; j < n; j++) {
            start.push_back(board[i][j] + '0');
        }
    }
    // 记录一维字符串的相邻索引
    vector<vector<int>> neighbor = {
        { 1, 3 },
        { 0, 4, 2 },
        { 1, 5 },
        { 0, 4 },
        { 3, 1, 5 },
        { 4, 2 }
    };

    /******* BFS 算法框架开始 *******/
    queue<string> q;
```

```cpp
unordered_set<string> visited;
q.push(start);
visited.insert(start);

int step = 0;
while (!q.empty()) {
    int sz = q.size();
    for (int i = 0; i < sz; i++) {
        string cur = q.front(); q.pop();
        // 判断是否达到目标局面
        if (target == cur) {
            return step;
        }
        // 找到数字 0 的索引
        int idx = 0;
        for (; cur[idx] != '0'; idx++);
        // 将数字 0 和相邻的数字交换位置
        for (int adj : neighbor[idx]) {
            string new_board = cur;
            swap(new_board[adj], new_board[idx]);
            // 防止走回头路
            if (!visited.count(new_board)) {
                q.push(new_board);
                visited.insert(new_board);
            }
        }
    }
    step++;
}
return -1;
/******* BFS 算法框架结束 *******/
}
```

至此，这道题目就解决了，其实框架完全没有变，套路都是一样的，只是花了比较多的时间将滑动拼图游戏转化成 BFS 算法。

很多益智游戏都是这样的，虽然看起来特别巧妙，但都架不住暴力穷举，所以常用的算法就是回溯算法或者 BFS 算法，平时可以多思考，如何去用算法解决这些问题。

4.5　2Sum 问题的核心思想

2Sum 系列问题在力扣上有好几道，本节挑出有代表性的几道，介绍一下这种问题怎么解决。

4.5.1　2Sum I

这个问题的基本形式如下：

给你输入一个数组 `nums` 和一个整数 `target`，可以保证数组中**存在**两个数的和为 `target`，请你返回这两个数的索引。

比如输入 `nums = [3,1,3,6]`, `target = 6`,算法应该返回数组 `[0,2]`,因为 $3 + 3 = 6$。

这个问题如何解决呢？首先最简单粗暴的办法当然是穷举了：

```java
int[] twoSum(int[] nums, int target) {
    // 穷举这两个数的所有可能
    for (int i = 0; i < nums.length; i++)
        for (int j = i + 1; j < nums.length; j++)
            if (nums[j] == target - nums[i])
                return new int[] { i, j };

    // 不存在这么两个数
    return new int[] {-1, -1};
}
```

这个解法非常直接，时间复杂度为 $O(N^2)$，空间复杂度为 $O(1)$。

如果想让时间复杂度下降，一般的方法就是用空间换时间，可以通过一个哈希表记录元素值到索引的映射，减少时间复杂度：

```java
int[] twoSum(int[] nums, int target) {
    int n = nums.length;
    HashMap<Integer, Integer> index = new HashMap<>();
    // 构造一个哈希表：元素映射到相应的索引
    for (int i = 0; i < n; i++)
        index.put(nums[i], i);

    for (int i = 0; i < n; i++) {
        int other = target - nums[i];
        // 如果 other 存在且不是 nums[i] 本身
```

```
        if (index.containsKey(other) && index.get(other) != i)
            return new int[] {i, index.get(other)};
    }

    return new int[] {-1, -1};
}
```

这样，由于哈希表的查询时间为 $O(1)$，算法的时间复杂度降低到 $O(N)$，但是需要 $O(N)$ 的空间复杂度来存储哈希表。不过综合来看，是要比暴力解法高效的。

我觉得 2Sum 系列问题就是想教我们如何使用哈希表处理问题的。我们接着往后看。

4.5.2 2Sum II

这里稍微修改一下前面的问题。我们设计一个类，拥有两个 API：

```
class TwoSum {
    // 向数据结构中添加一个数 number
    public void add(int number);
    // 寻找当前数据结构中是否存在两个数的和为 value
    public boolean find(int value);
}
```

如何实现这两个 API 呢，可以仿照上一道题目，使用一个哈希表辅助 find 方法：

```
class TwoSum {
    Map<Integer, Integer> freq = new HashMap<>();

    public void add(int number) {
        // 记录 number 出现的次数
        freq.put(number, freq.getOrDefault(number, 0) + 1);
    }

    public boolean find(int value) {
        for (Integer key : freq.keySet()) {
            int other = value - key;
            // 情况一
            if (other == key && freq.get(key) > 1)
                return true;
            // 情况二
            if (other != key && freq.containsKey(other))
                return true;
        }
```

```
        return false;
    }
}
```

涉及 **find** 的时候有两种情况，举个例子：

情况一：**add** 了 **[3,3,2,5]** 之后，执行 **find(6)**，由于 3 出现了两次，3 + 3 = 6，所以返回 true。

情况二：**add** 了 **[3,3,2,5]** 之后，执行 **find(7)**，那么 **key** 为 2，**other** 为 5 时算法可以返回 true。

除了上述两种情况，**find** 只能返回 false 了。

至于这个解法的时间复杂度呢，**add** 方法是 $O(1)$，**find** 方法是 $O(N)$，空间复杂度为 $O(N)$，和上一道题目比较类似。

那继续拓展一下，我们设计的这个类，使用 **find** 方法非常频繁，每次都要 $O(N)$ 的时间，岂不是很浪费时间吗？对于这种情况，是否可以做些优化？

对于频繁使用 **find** 方法的场景，可以尝试借助**哈希集合**来有针对性地优化 **find** 方法：

```java
class TwoSum {
    Set<Integer> sum = new HashSet<>();
    List<Integer> nums = new ArrayList<>();

    public void add(int number) {
        // 记录所有可能组成的和
        for (int n : nums)
            sum.add(n + number);
        nums.add(number);
    }

    public boolean find(int value) {
        return sum.contains(value);
    }
}
```

这样 **sum** 中存储了所有加入数字可能组成的和，每次 **find** 只要花费 $O(1)$ 的时间在集合中判断是否存在，**但是，代价也很明显，最坏情况下每次 add 后 sum 的大小都会翻一倍，所以空间复杂度是** $O(2^N)$！

所以说，除非数据规模非常小，否则这个优化还是不要做了，毕竟指数级的复杂度是一定要想办法避免的。

4.5.3 最后总结

对于 2Sum 问题,一个难点就是给的数组**无序**。对于一个无序的数组,我们似乎什么技巧也没有,只能暴力穷举所有可能。

一般情况下,我们会首先把数组排序再考虑双指针技巧。2Sum 启发我们,HashMap 或者 HashSet 也可以帮助我们处理无序数组相关的简单问题。

另外,设计的核心在于权衡,利用不同的数据结构,可以得到一些针对性的加强。

最后,如果 2Sum I 中给的数组是有序的,应该如何编写算法呢?答案很简单:

```
int[] twoSum(int[] nums, int target) {
    int left = 0, right = nums.length - 1;
    while (left < right) {
        int sum = nums[left] + nums[right];
        if (sum == target) {
            return new int[]{left, right};
        } else if (sum < target) {
            left++; // 让 sum 大一点
        } else if (sum > target) {
            right--; // 让 sum 小一点
        }
    }
    // 不存在这样两个数
    return new int[]{-1, -1};
}
```

4.6 一个函数解决 nSum 问题

经常刷力扣的读者肯定知道鼎鼎有名的 2Sum 问题，前一节"4.5 2Sum 问题的核心思想"就对 2Sum 的几个变种做了解析。

但是除了 2Sum 问题，力扣上还有 3Sum、4Sum 问题，我估计以后出 5Sum、6Sum 也不是不可能。

那么，对于这种问题有没有什么好办法用套路解决呢？本节由浅入深，层层推进，用一个函数来解决所有 nSum 类型的问题。

4.6.1 2Sum 问题

本节我来编一道 2Sum 题目：

假设输入一个数组 nums 和一个目标和 target，请返回 nums 中能够凑出 target 的两个元素的值，比如输入 nums = [1,3,5,6], target = 9，那么算法返回两个元素 [3,6]。可以假设有且仅有一对元素可以凑出 target。

可以先对 nums 排序，然后利用"1.5 双指针技巧套路框架"中讲过的左、右双指针技巧，从两端相向而行就行了：

```cpp
vector<int> twoSum(vector<int>& nums, int target) {
    // 先对数组排序
    sort(nums.begin(), nums.end());
    // 左右指针
    int lo = 0, hi = nums.size() - 1;
    while (lo < hi) {
        int sum = nums[lo] + nums[hi];
        // 根据 sum 和 target 的比较，移动左、右指针
        if (sum < target) {
            lo++;
        } else if (sum > target) {
            hi--;
        } else if (sum == target) {
            return {nums[lo], nums[hi]};
        }
    }
    return {};
}
```

这样就可以解决这个问题，不过我们要继续扩展题目，把这个题目变得更泛化、更困难一点：

nums 中可能有多对元素之和等于 target，请返回所有和为 target 的元素对，其中不能出现重复。

函数签名如下：

```
vector<vector<int>> twoSumTarget(vector<int>& nums, int target);
```

比如输入为 `nums = [1,3,1,2,2,3]`, `target = 4`，那么算法返回的结果就是：`[[1,3],[2,2]]`。

对于修改后的问题，关键难点是现在可能有多个和为 `target` 的数对，还不能重复，比如上述例子中 `[1,3]` 和 `[3,1]` 就算重复，只能算一次。

首先，基本思路肯定还是排序加双指针：

```cpp
vector<vector<int>> twoSumTarget(vector<int>& nums, int target {
    // 先对数组排序
    sort(nums.begin(), nums.end());
    vector<vector<int>> res;
    int lo = 0, hi = nums.size() - 1;
    while (lo < hi) {
        int sum = nums[lo] + nums[hi];
        // 根据 sum 和 target 的比较，移动左、右指针
        if      (sum < target) lo++;
        else if (sum > target) hi--;
        else {
            res.push_back({lo, hi});
            lo++; hi--;
        }
    }
    return res;
}
```

但是，这样实现会造成重复的结果，比如 `nums = [1,1,1,2,2,3,3]`, `target = 4`，得到的结果中 `[1,3]` 肯定会重复。

出问题的地方在于 `sum == target` 条件的 if 分支，当给 `res` 加入一次结果后，`lo` 和 `hi` 在改变 1 的同时，还应该跳过所有重复的元素：

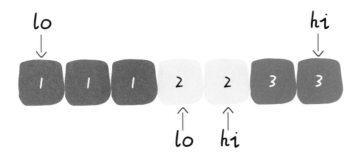

所以，可以对双指针的 while 循环做出如下修改：

```
while (lo < hi) {
    int sum = nums[lo] + nums[hi];
    // 记录索引 lo 和 hi 最初对应的值
    int left = nums[lo], right = nums[hi];
    if (sum < target)      lo++;
    else if (sum > target) hi--;
    else {
        res.push_back({left, right});
        // 跳过所有重复的元素
        while (lo < hi && nums[lo] == left) lo++;
        while (lo < hi && nums[hi] == right) hi--;
    }
}
```

这样就可以保证一个答案只被添加一次，重复的结果都会被跳过，可以得到正确的答案。不过，受这个思路的启发，其实前两个 if 分支也可以做一点效率优化，跳过相同的元素：

```
vector<vector<int>> twoSumTarget(vector<int>& nums, int target) {
    // nums 数组必须有序
    sort(nums.begin(), nums.end());
    int lo = 0, hi = nums.size() - 1;
    vector<vector<int>> res;
    while (lo < hi) {
        int sum = nums[lo] + nums[hi];
        int left = nums[lo], right = nums[hi];
        if (sum < target) {
            while (lo < hi && nums[lo] == left) lo++;
        } else if (sum > target) {
```

```
            while (lo < hi && nums[hi] == right) hi--;
        } else {
            res.push_back({left, right});
            while (lo < hi && nums[lo] == left) lo++;
            while (lo < hi && nums[hi] == right) hi--;
        }
    }
    return res;
}
```

这样，一个通用化的 2Sum 函数就写出来了，请确保你理解了该算法的逻辑，后面解决 3Sum 和 4Sum 的时候会复用这个函数。

这个函数的时间复杂度非常容易看出来，双指针操作的部分虽然有那么多 while 循环，但是时间复杂度还是 $O(N)$，而排序的时间复杂度是 $O(M\log N)$，所以这个函数的时间复杂度是 $O(M\log N)$。

4.6.2 3Sum 问题

给你输入一个数组 nums，请判断其中是否存在三个元素 a，b，c 使得 a + b + c = 0？如果有的话，请找出所有满足条件且不重复的三元组。

比如输入 nums = [-1,0,1,2,-1,-4]，算法应该返回的结果是两个三元组 [[-1, 0,1],[-1,-1,2]]。注意，结果中不能包含重复的三元组。

函数签名如下：

```
vector<vector<int>> threeSum(vector<int>& nums);
```

再泛化一下题目，也不要只求和为 0 的三元组了，干脆计算和为 target 的三元组吧，写个辅助函数加上 target 参数：

```
vector<vector<int>> threeSum(vector<int>& nums) {
    // 求和为 0 的三元组
    return threeSumTarget(nums, 0);
}

vector<vector<int>> threeSumTarget(vector<int>& nums, int target) {
    // 输入数组 nums，返回所有和为 target 的三元组
}
```

这个问题怎么解决呢？**很简单，穷举呗**。现在我们想找和为 `target` 的三个数字，那么对于第一个数字，可能是什么？ `nums` 中的每一个元素 `nums[i]` 都有可能！

那么，确定了第一个数字之后，剩下的两个数字可以是什么呢？其实就是和为 `target - nums[i]` 的两个数字呗，那不就是 `twoSumTarget` 函数解决的问题嘛。

可以直接写代码了，把 `twoSumTarget` 函数稍加修改即可复用：

```cpp
/* 从 nums[start] 开始，计算有序数组
 * nums 中所有和为 target 的二元组 */
vector<vector<int>> twoSumTarget(
    vector<int>& nums, int start, int target) {
    // 左指针改为从 start 开始，其他不变
    int lo = start, hi = nums.size() - 1;
    vector<vector<int>> res;
    while (lo < hi) {
        ...
    }
    return res;
}

/* 计算数组 nums 中所有和为 target 的三元组 */
vector<vector<int>> threeSumTarget(vector<int>& nums, int target) {
    // 数组需排个序
    sort(nums.begin(), nums.end());
    int n = nums.size();
    vector<vector<int>> res;
    // 穷举 threeSum 的第一个数
    for (int i = 0; i < n; i++) {
        // 对 target - nums[i] 计算 twoSum
        vector<vector<int>>
            tuples = twoSumTarget(nums, i + 1, target - nums[i]);
        // 如果存在满足条件的二元组，再加上 nums[i] 就是结果三元组
        for (vector<int>& tuple : tuples) {
            tuple.push_back(nums[i]);
            res.push_back(tuple);
        }
        // 跳过第一个数字重复的情况，否则会出现重复结果
        while (i < n - 1 && nums[i] == nums[i + 1]) i++;
    }
    return res;
}
```

需要注意的是，类似 `twoSumTarget`，`threeSumTarget` 的结果也可能重复，比如输入是 `nums = [1,1,1,2,3]`，`target = 6`，结果就会重复。

关键点在于，不能让第一个数重复，至于后面的两个数，复用的 `twoSumTarget` 函数会保证它们不重复，所以代码中必须用一个 while 循环来保证 `threeSumTarget` 中第一个元素不重复。

至此，3Sum 问题就解决了，时间复杂度不难算，排序的复杂度为 $O(M\log N)$，`twoSumTarget` 函数中的双指针操作为 $O(N)$，`threeSumTarget` 函数在 for 循环中调用 `twoSumTarget`，所以总的时间复杂度就是 $O(M\log N + N^2) = O(N^2)$。

4.6.3 4Sum 问题

四数之和和之前的问题类似：

输入一个数组 `nums` 和一个目标值 `target`，请问 `nums` 中是否存在 4 个元素 `a, b, c, d` 使得 `a + b + c + d = target`？请找出所有符合条件且不重复的四元组。

比如输入 `nums = [-1,0,1,2,-1,-4]`，`target = 0`，算法应该返回如下三个四元组：

```
[ [-1, 0, 0, 1], [-2, -1, 1, 2], [-2, 0, 0, 2] ]
```

函数签名如下：

```
vector<vector<int>> fourSum(vector<int>& nums, int target);
```

都到这份上了，4Sum 问题完全可以用相同的思路：穷举第一个数字，然后调用 3Sum 函数计算剩下的三个数，最后组合出和为 `target` 的四元组。

```cpp
vector<vector<int>> fourSum(vector<int>& nums, int target) {
    // 数组需要排序
    sort(nums.begin(), nums.end());
    int n = nums.size();
    vector<vector<int>> res;
    // 穷举 fourSum 的第一个数
    for (int i = 0; i < n; i++) {
        // 对 target - nums[i] 计算 threeSum
        vector<vector<int>>
            triples = threeSumTarget(nums, i + 1, target - nums[i]);
        // 如果存在满足条件的三元组，再加上 nums[i] 就是结果四元组
```

```
        for (vector<int>& triple : triples) {
            triple.push_back(nums[i]);
            res.push_back(triple);
        }
        // fourSum 的第一个数不能重复
        while (i < n - 1 && nums[i] == nums[i + 1]) i++;
    }
    return res;
}

/* 从 nums[start] 开始，计算有序数组
 * nums 中所有和为 target 的三元组 */
vector<vector<int>>
    threeSumTarget(vector<int>& nums, int start, int target) {
        int n = nums.size();
        vector<vector<int>> res;
        // i 从 start 开始穷举，其他都不变
        for (int i = start; i < n; i++) {
            ...
        }
        return res;
```

这样，按照相同的套路，4Sum 问题就解决了，时间复杂度的分析和之前类似，for 循环中调用了 **threeSumTarget** 函数，所以总的时间复杂度就是 $O(N^3)$。

4.6.4 100Sum 问题

在一些刷题平台上，4Sum 就已经到头了，**但是回想刚才写 3Sum 和 4Sum 的过程，实际上是遵循相同模式的。**我相信你只要稍微修改一下 4Sum 的函数就可以复用并解决 5Sum 问题，然后解决 6Sum 问题……

那么，如果我让你求 100Sum 问题，怎么办呢？其实通过观察上面这些解法，可以统一出一个 **nSum** 函数：

```
/* 注意：调用这个函数之前一定要先给 nums 排序 */
vector<vector<int>> nSumTarget(
    vector<int>& nums, int n, int start, int target) {

    int sz = nums.size();
    vector<vector<int>> res;
    // 至少是 2Sum，且数组大小不应该小于 n
```

```
    if (n < 2 || sz < n) return res;
    // 2Sum 是 base case
    if (n == 2) {
        // 双指针那一套操作
        int lo = start, hi = sz - 1;
        while (lo < hi) {
            int sum = nums[lo] + nums[hi];
            int left = nums[lo], right = nums[hi];
            if (sum < target) {
                while (lo < hi && nums[lo] == left) lo++;
            } else if (sum > target) {
                while (lo < hi && nums[hi] == right) hi--;
            } else {
                res.push_back({left, right});
                while (lo < hi && nums[lo] == left) lo++;
                while (lo < hi && nums[hi] == right) hi--;
            }
        }
    } else {
        // n > 2 时，递归计算 (n-1)Sum 的结果
        for (int i = start; i < sz; i++) {
            vector<vector<int>>
                sub = nSumTarget(nums, n - 1, i + 1, target - nums[i]);
            for (vector<int>& arr : sub) {
                // (n-1)Sum 加上 nums[i] 就是 nSum
                arr.push_back(nums[i]);
                res.push_back(arr);
            }
            while (i < sz - 1 && nums[i] == nums[i + 1]) i++;
        }
    }
    return res;
}
```

嗯，看起来很长，实际上就是把之前的题目解法合并起来了，n == 2 时是 twoSum 的双指针解法，n > 2 时就是穷举第一个数字，然后递归调用计算 (n-1)Sum，组装答案。

需要注意的是，调用这个 nSum 函数之前一定要先给 nums 数组排序， 因为 nSum 是一个递归函数，如果在 nSum 函数里调用排序函数，那么每次递归都会进行没必要的排序，效率会非常低。

比如现在写刚才讨论的 4Sum 问题解法代码：

```cpp
vector<vector<int>> fourSum(vector<int>& nums, int target) {
    sort(nums.begin(), nums.end());
    // n 为 4，从 nums[0] 开始计算和为 target 的四元组
    return nSumTarget(nums, 4, 0, target);
}
```

再比如写刚才讨论的 3Sum 问题，找 **target == 0** 的三元组：

```cpp
vector<vector<int>> threeSum(vector<int>& nums) {
    sort(nums.begin(), nums.end());
    // n 为 3，从 nums[0] 开始计算和为 0 的三元组
    return nSumTarget(nums, 3, 0, 0);
}
```

那么，即便让你计算 **100Sum** 问题，直接调用这个函数就完事了。

4.7 拆解复杂问题：实现计算器

表达式求值算法是个 Hard 级别的问题，本节就来搞定它。最终实现一个包含如下功能的计算器：

1 输入一个字符串，可以包含 + - * /、数字、括号以及空格，你的算法返回运算结果。

2 要符合运算法则，括号的优先级最高，先乘除后加减。

3 除号是整数除法，无论正负都向 0 取整（5/2 = 2，-5/2 = -2）。

4 可以假定输入的算式一定合法，且计算过程不会出现整型溢出，不会出现除数为 0 的意外情况。

比如输入如下字符串，算法会返回 9：

```
3 * (2-6 /(3 -7))
```

可以看到，这已经非常接近实际生活中使用的计算器了，虽然我们以前肯定都用过计算器，但是如果简单思考一下其算法实现，恐怕会大惊失色：

1 按照常理处理括号，要先计算最内层的括号，然后向外慢慢化简。这个过程手算都容易出错，何况写成算法呢！

2 要做到先乘除后加减，这一点教会小朋友还不算难，但教给计算机恐怕有点困难。

3 要处理空格。为了美观，我们习惯性地在数字和运算符之间打个空格，但是计算之中需想办法忽略这些空格。

那么本节就来聊聊怎么实现上述这样功能完备的计算器功能，**其关键在于层层拆解问题，化整为零，逐个击破**，相信这种思维方式能帮大家解决各种复杂问题。

下面就来拆解，从最简单的一个问题开始。

4.7.1 字符串转整数

是的，就是这么一个简单的问题，首先告诉我，怎么把一个字符串形式的**正整数**转成 int 型？

```
string s = "458";
```

```
int n = 0;
for (int i = 0; i < s.size(); i++) {
    char c = s[i];
    n = 10 * n + (c - '0');
}
// n 现在就等于 458
```

这个还是很简单的吧，老套路了。但是即便这么简单，依然有坑：**(c - '0') 的这个括号不能省略，否则可能造成整型溢出。**

因为 char 类型变量 c 是一个 ASCII 码，其实就是一个数字，如果不加括号就会先加后减，想象一下 s 如果接近 INT_MAX，就会溢出，所以用括号保证先减后加才行。

4.7.2　处理加减法

现在进一步，**如果输入的这个算式只包含加减法，而且不存在空格，**该怎么计算结果？我们以字符串算式 **1-12+3** 为例，来说一个很简单的思路：

1　先给第一个数字加一个默认符号 **+**，变成 **+1-12+3**。

2　把一个运算符和数字组合成一对，也就是三对 **+1**，**-12**，**+3**，把它们转化成数字，然后放到一个栈中。

3　将栈中所有的数字求和，就是原算式的结果。

我们直接看代码：

```
int calculate(string s) {
    stack<int> stk;
    // 记录算式中的数字
    int num = 0;
    // 记录 num 前的符号，初始化为 +
    char sign = '+';
    for (int i = 0; i < s.size(); i++) {
        char c = s[i];
        // 如果是数字，连续读取出来
        if (isdigit(c))
            num = 10 * num + (c - '0');
        // 如果不是数字，就是遇到了下一个符号，
        // 之前的数字和符号就要存进栈中
```

```
if (!isdigit(c) || i == s.size() - 1) {
    switch (sign) {
        case '+':
            stk.push(num); break;
        case '-':
            stk.push(-num); break;
    }
    // 更新符号为当前符号，数字清零
    sign = c;
    num = 0;
}
}
// 将栈中所有结果求和就是答案
int res = 0;
while (!stk.empty()) {
    res += stk.top();
    stk.pop();
}
return res;
}
```

我估计就是中间带 `switch` 语句的部分有点不好理解吧，`i` 就是从左到右扫描，`sign` 和 `num` 跟在它身后。当 `s[i]` 遇到一个运算符时，情况是这样的：

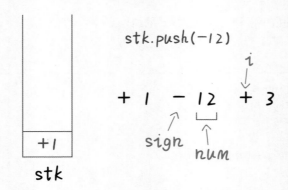

所以说，此时要根据 `sign` 的 case 不同选择 `nums` 的正负号，存入栈中，然后更新 `sign` 并清零 `nums` 记录下一对符号和数字的组合。

另外应注意，不只是遇到新的符号会触发入栈，当 `i` 走到了算式的尽头（`i == s.size()-1`），也应该将前面的数字入栈，方便后续计算最终结果。

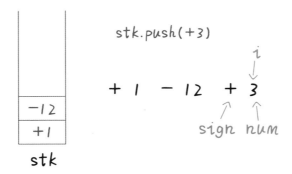

至此，仅处理紧凑加减法字符串的算法就完成了，请确保理解以上内容，后续的内容基于这个框架修修改改就完事了。

4.7.3 处理乘除法

其实思路和仅处理加减法没啥区别，拿字符串 **2-3*4+5** 举例，核心思路依然是把字符串分解成符号和数字的组合。

比如上述例子就可以分解为 **+2，-3，*4，+5** 几对，前面不是没有处理乘、除号嘛，很简单，**其他部分都不用变**，在 `switch` 部分加上对应的 case 就行了：

```
for (int i = 0; i < s.size(); i++) {
    char c = s[i];
    if (isdigit(c))
        num = 10 * num + (c - '0');

    if (!isdigit(c) || i == s.size() - 1) {
        switch (sign) {
            int pre;
            case '+':
                stk.push(num); break;
            case '-':
                stk.push(-num); break;
            // 只要拿出前一个数字做对应运算即可
            case '*':
                pre = stk.top();
                stk.pop();
                stk.push(pre * num);
                break;
            case '/':
```

```
                    pre = stk.top();
                    stk.pop();
                    stk.push(pre / num);
                    break;
            }
            // 更新符号为当前符号, 数字清零
            sign = c;
            num = 0;
        }
    }
```

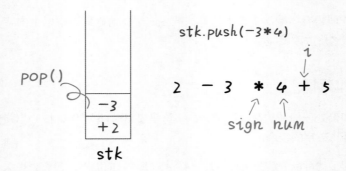

乘除法优先于加减法体现在: 乘除法可以和栈顶的数结合然后把结果加入栈; 而加减法只能把自己放入栈。

现在思考一下**如何处理字符串中可能出现的空格字符**。其实也非常简单, 想想空格字符的出现会影响现有代码的哪一部分?

```
// 如果 c 非数字
if (!isdigit(c) || i == s.size() - 1) {
    switch (c) {...}
    sign = c;
    num = 0;
}
```

显然空格会进入这条 if 语句, 但是我们并不想让空格的情况进入这个 if, 因为这里会更新 sign 并清零 nums, 空格根本就不是运算符, 应该被忽略。

那么只要多加一个条件即可:

```
if ((!isdigit(c) && c != ' ') || i == s.size() - 1) {
    switch (c) {...}
```

```
        sign = c;
        num = 0;
    }
```

好了，现在我们的算法已经可以按照正确的法则计算加减乘除，并且自动忽略空格，剩下的就是如何让算法正确识别括号了。

4.7.4 处理括号

处理算式中的括号看起来应该是最难的，但真没有看起来那么难，**无论括号嵌套多少层，都可用一个递归搞定。**

为了规避编程语言的烦琐细节，我把前面解法的代码翻译成 Python 版本：

```python
def calculate(s: str) -> int:

    def helper(s: List) -> int:
        stack = []
        sign = '+'
        num = 0

        while len(s) > 0:
            # 将 s[0] pop 出来
            c = s.pop(0)
            if c.isdigit():
                num = 10 * num + int(c)

            if (not c.isdigit() and c != ' ') or len(s) == 0:
                if sign == '+':
                    stack.append(num)
                elif sign == '-':
                    stack.append(-num)
                elif sign == '*':
                    stack[-1] = stack[-1] * num
                elif sign == '/':
                    # 这是 Python 除法向 0 取整的写法
                    # 无论正负数都可以向 0 取整
                    stack[-1] = int(stack[-1] / float(num))
                num = 0
                sign = c
```

```
            return sum(stack)
    # 需要把字符串转成列表方便操作
    return helper(list(s))
```

这段代码和之前的 C++ 代码几乎完全相同，唯一的区别是，不是从左到右遍历字符串，而是不断从左边 **pop** 出字符，本质还是一样的。

那么，为什么说处理括号没有看起来那么难呢，**因为括号具有递归性质**。拿字符串 3*(4-5/2)-6 举例：

---

calculate(3*(4-5/2)-6) = 3 * calculate(4-5/2) - 6 = 3 * 2 - 6 = 0

可以想象一下，无论多少层括号嵌套，通过 calculate 函数递归调用自己，都可以将括号中的算式化简成一个数字。**换句话说，括号包含的算式，直接视为一个数字就行了。**

现在的问题是，递归的开始条件和结束条件是什么？**遇到 (开始递归，遇到) 结束递归**：

```
def calculate(s: str) -> int:

    def helper(s: List) -> int:
        stack = []
        sign = '+'
        num = 0

        while len(s) > 0:
            c = s.pop(0)
            if c.isdigit():
                num = 10 * num + int(c)
            # 遇到左括号开始递归计算 num
            if c == '(':
                num = helper(s)

            if (not c.isdigit() and c != ' ') or len(s) == 0:
                if sign == '+':
                    stack.append(num)
                elif sign == '-':
                    stack.append(-num)
                elif sign == '*':
                    stack[-1] = stack[-1] * num
                elif sign == '/':
```

```
            stack[-1] = int(stack[-1] / float(num))
        num = 0
        sign = c
    # 遇到右括号返回递归结果
    if c == ')': break
return sum(stack)

return helper(list(s))
```

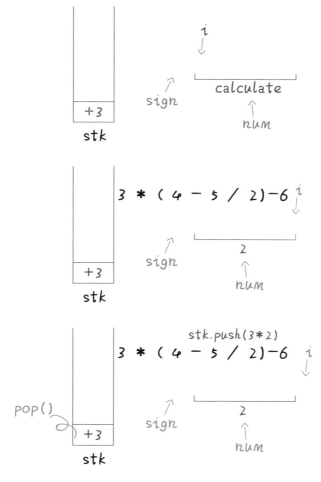

你看，加了两三行代码，就可以处理括号了，这就是递归的魅力。至此，计算器的全部功能就实现了，通过对问题的层层拆解化整为零，再回头看，这个问题似乎也没那么复杂嘛。

4.7.5 最后总结

本节借实现计算器的问题，主要想表达的是一种处理复杂问题的思路。

我们首先从字符串转数字这个简单问题开始，进而处理只包含加减法的算式，进而处理包含加减乘除四则运算的算式，进而处理空格字符，进而处理包含括号的算式。

可见，对于一些比较困难的问题，其解法并不是一蹴而就的，而是步步推进，螺旋上升的。 如果一开始给你原题，你不会做，甚至看不懂答案，都很正常，关键在于我们自己如何简化问题，如何以退为进。

退而求其次是一种很聪明的策略。 你想想啊，假设这是一道考试题，你不会实现这个计算器，但是写了字符串转整数的算法并指出了容易溢出的陷阱，那起码可以得 20 分吧；如果你能够处理加减法，那可以得 40 分吧；如果你能处理加减乘除四则运算，那起码够 70 分了；再加上处理空格字符，80 分有了吧。我就是不会处理括号，那就算了，80 分已经很好了，对吧？

4.8　摊烧饼也得有点递归思维

烧饼排序是个很有意思的实际问题：假设盘子上有 **n 块面积大小不一**的烧饼，如何用一把锅铲进行若干次翻转，让这些烧饼大小有序地排列（小的在上，大的在下）？

设想一下用锅铲翻转一堆烧饼的情景，其实是有一点限制的，我们每次只能将最上面的若干块烧饼翻转：

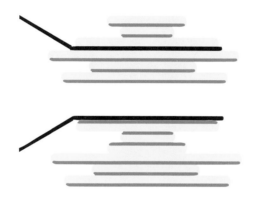

我们的问题是，**如何使用算法得到一个翻转序列，使得烧饼堆变得有序？**

首先，需要把这个问题抽象，用数组来表示烧饼堆，"煎饼排序"问题如下：

给定数组 A，我们可以对其进行多次"煎饼翻转"：选择一个小于等于 `len(A)` 的正整数 k，然后反转 A 的前 k 个元素的顺序。

现在要按顺序进行若干次"煎饼翻转"，使得数组 A 有序，算法的运行结果应返回这些"煎饼翻转"的 k 值。

函数签名如下：

```
List<Integer> pancakeSort(int[] cakes);
```

比如输入 A = [3,2,4,1]，算法应该返回 [4,2,4,3]，因为：

第 1 次翻转后 (k=4): A = [1, 4, 2, 3];

第 2 次翻转后 (k=2): A = [4, 1, 2, 3];

第 3 次翻转后 (k=4): A = [3, 2, 1, 4];

第 4 次翻转后 (k=3): A = [1, 2, 3, 4]。

通过这 4 次翻转之后 A 完成排序。

如何解决这个问题呢？其实这是需要**递归思想**的。

4.8.1 思路分析

为什么说这个问题有递归性质呢，比如我们需要实现这样一个函数：

```
// cakes 是一堆烧饼，函数会将前 n 个烧饼排序
void sort(int[] cakes, int n);
```

如果找到了前 n 个烧饼中最大的那个，然后设法将这个它翻转到最底下：

那么，原问题的规模就可以减小，递归调用 pancakeSort(A, n-1) 即可：

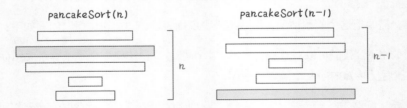

接下来，对于上面的这 n − 1 块烧饼，如何排序呢？依然是：是先从这 n − 1 个烧饼中找到最大的一个，然后把它放到底下，再递归调用 pancakeSort(A, n-1-1)……

你看，这就是递归性质，总结一下思路就是：

1　找到 n 个烧饼中最大的那个。

2　把这个最大的烧饼移到最底下。

3 递归调用 `pancakeSort(A, n - 1)`。

base case：`n == 1` 时，排序 1 个烧饼时不需要翻转。

那么，最后剩下一个问题，**如何设法将某块烧饼翻到最后呢**？

其实很简单，比如第 3 块饼是最大的，我们想把它换到最后，也就是换到第 **n** 块。可以这样操作：

1 用锅铲将前 3 块烧饼翻转一下，这样最大的就翻到了最上面。

2 用锅铲将前 **n** 块烧饼全部翻转，这样最大的就翻到了第 **n** 块，也就是最后一块。

以上两个流程理解之后，基本就可以写出解法了，不过题目要求我们写出具体的反转操作序列，这也很简单，只要在每次翻转烧饼时记录下来就行。

4.8.2 代码实现

只要把上述的思路用代码实现即可，唯一需要注意的是，数组索引从 0 开始，而我们要返回的结果是从 1 开始算的。

```java
// 记录反转操作序列
LinkedList<Integer> res = new LinkedList<>();

List<Integer> pancakeSort(int[] cakes) {
    sort(cakes, cakes.length);
    return res;
}

// 将前 n 块烧饼排序
void sort(int[] cakes, int n) {
    // base case
    if (n == 1) return;

    // 寻找最大烧饼的索引
    int maxCake = 0;
    int maxCakeIndex = 0;
    for (int i = 0; i < n; i++)
        if (cakes[i] > maxCake) {
            maxCakeIndex = i;
            maxCake = cakes[i];
        }
```

```
    // 第一次翻转，将最大烧饼翻到最上面
    reverse(cakes, 0, maxCakeIndex);
    // 记录这一次翻转
    res.add(maxCakeIndex + 1);
    // 第二次翻转，将最大烧饼翻到最下面
    reverse(cakes, 0, n - 1);
    // 记录这一次翻转
    res.add(n);

    // 递归调用，翻转剩下的烧饼
    sort(cakes, n - 1);
}

/* 翻转 arr[i..j] 的元素 */
void reverse(int[] arr, int i, int j) {
    while (i < j) {
        int temp = arr[i];
        arr[i] = arr[j];
        arr[j] = temp;
        i++; j--;
    }
}
```

通过刚才的详细解释，这段代码应该很清晰了。

算法的时间复杂度很容易计算，因为递归调用的次数是 n，每次递归调用都需要一次 for 循环，时间复杂度是 $O(n)$，所以总的复杂度是 $O(n^2)$。

最后，我们可以思考一个问题: 按照这个思路，得出的操作序列长度应该为 2(n - 1)，因为每次递归都要进行 2 次翻转并记录操作，总共有 n 层递归，但由于 base case 直接返回结果，不进行翻转，所以最终的操作序列长度应该是固定的 2(n - 1)。

显然，这个结果不是最优的（最短的），比如有一堆烧饼 [3,2,4,1]，我们的算法得到的翻转序列是 [3,4,2,3,1,2]，但是最快捷的翻转方法应该是 [2,3,4]:

初始状态：[3,2,4,1]，翻转前 2 个：[2,3,4,1]，翻转前 3 个：[4,3,2,1]，翻转前 4 个：[1,2,3,4]。

如果要求写出来的算法计算排序烧饼的**最短**操作序列，该如何计算呢？或者说，解决这种求最优解法的问题，核心思路是什么，一定需要使用什么算法技巧呢？

4.9 前缀和技巧解决子数组问题

本节来讲"和为 k 的子数组",一道简单却十分巧妙的算法问题:

输入一个整数数组 nums 和一个整数 k,算出 nums 中一共有几个和为 k 的子数组。

函数签名如下:

```
int subarraySum(int[] nums, int k);
```

比如输入 nums = [1,1,1,2], k = 2,算法返回 3,它们分别为 [1,1], [1,1], [2]。

一个简单粗暴的思路就是:我把所有子数组都穷举出来,算它们的和,看看谁的和等于 k 不就行了?

关键是,**如何快速得到某个子数组的和呢**?比如给你一个数组 nums,让你实现一个接口 sum(i, j),这个接口要返回 nums[i..j] 的和,而且会被多次调用,你怎么实现这个接口?

因为接口要被多次调用,显然不能每次都去遍历 nums[i..j],有没有一种快速的方法在 $O(1)$ 时间内算出子数组 nums[i..j] 的和呢?这就需要**前缀和**技巧了。

4.9.1 什么是前缀和

前缀和的思路是这样的,对于一个给定的数组 nums,额外开辟一个前缀和数组进行预处理:

```
int n = nums.length;
// 前缀和数组
int[] preSum = new int[n + 1];
preSum[0] = 0;
for (int i = 0; i < n; i++)
    preSum[i + 1] = preSum[i] + nums[i];
```

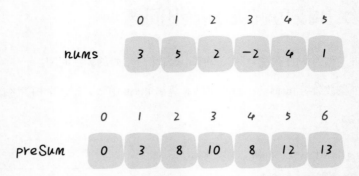

这个前缀和数组 preSum 的含义也很好理解：preSum[i] 就是 nums[0..i-1] 的和。那么如果想求 nums[i..j] 的和，只需要一步操作 preSum[j+1]-preSum[i] 即可，而不需要重新遍历数组了。

回到这个子数组问题，我们想求有多少个子数组的和为 k，借助前缀和技巧很容易写出一个解法：

```java
int subarraySum(int[] nums, int k) {
    int n = nums.length;
    // 构造前缀和
    int[] sum = new int[n + 1];
    sum[0] = 0;
    for (int i = 0; i < n; i++)
        sum[i + 1] = sum[i] + nums[i];

    int ans = 0;
    // 穷举所有子数组
    for (int i = 1; i <= n; i++)
        for (int j = 0; j < i; j++)
            // sum of nums[j..i-1]
            if (sum[i] - sum[j] == k)
                ans++;

    return ans;
}
```

这个解法的时间复杂度为 $O(N^2)$，空间复杂度为 $O(N)$，并不是最优的解法。不过通过这个解法理解了前缀和数组的工作原理之后，可以使用一些巧妙的办法把时间复杂度进一步降低。

4.9.2　优化解法

前面的前缀和解法有嵌套的 for 循环：

```
for (int i = 1; i <= n; i++)
    for (int j = 0; j < i; j++)
        if (sum[i] - sum[j] == k)
            ans++;
```

第二层 for 循环在干嘛呢？翻译一下就是：**计算有几个 j 能够使得 sum[i] 和 sum[j] 的差为 k**，每找到一个这样的 j，就把结果加一。

我们可以把 if 语句里的条件判断移项，这样写：

```
if (sum[j] == sum[i] - k)
    ans++;
```

优化的思路是：**直接记录下有几个 sum[j] 和 sum[i] - k 相等，直接更新结果，就避免了内层的 for 循环**，可以用哈希表，在记录前缀和的同时记录该前缀和出现的次数。

```
int subarraySum(int[] nums, int k) {
    int n = nums.length;
    // map: 前缀和 -> 该前缀和出现的次数
    HashMap<Integer, Integer>
        preSum = new HashMap<>();
    // base case
    preSum.put(0, 1);

    int ans = 0, sum0_i = 0;
    for (int i = 0; i < n; i++) {
        sum0_i += nums[i];
        // 这是我们想找的前缀和 nums[0..j]
        int sum0_j = sum0_i - k;
        // 如果前面有这个前缀和，则直接更新答案
        if (preSum.containsKey(sum0_j))
            ans += preSum.get(sum0_j);
        // 把前缀和 nums[0..i] 加入并记录出现次数
        preSum.put(sum0_i,
            preSum.getOrDefault(sum0_i, 0) + 1);
    }
    return ans;
}
```

比如下面这个情况，需要找到前缀和为 8 就能找到和为 k 的子数组了，之前的暴力解法需要遍历数组去数有几个 8，而优化解法借助哈希表可以直接得知有几个前缀和为 8。

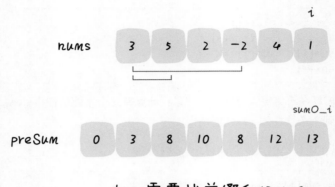

这样，就把时间复杂度降到了 $O(N)$，是最优解法了。

4.9.3 最后总结

前缀和技巧并不算难，但很有用，主要用于处理数组区间的问题。

比如说，让你统计班上同学考试成绩在不同分数段的百分比，也可以利用前缀和技巧：

```java
int[] scores; // 存储着所有同学的分数
// 试卷满分 150 分
int[] count = new int[150 + 1]
// 记录每个分数有几个同学
for (int score : scores)
    count[score]++
// 构造前缀和
for (int i = 1; i < count.length; i++)
    count[i] = count[i] + count[i-1];
```

这样，给你任何一个分数段，都能通过前缀和相减快速计算出这个分数段的人数，百分比也就很容易计算了。

但是，稍微复杂一些的算法问题，不止考察简单的前缀和技巧。比如本节探讨的这道题目，就需要借助前缀和的思路做进一步的优化，借助哈希表去除不必要的嵌套循环。可见对题目的理解和细节的分析能力对于算法的优化是至关重要的。

4.10 扁平化嵌套列表

本节来讲一道非常有启发性的设计题目，为什么说它有启发性，我们后面再说。

4.10.1 题目描述

有一种数据结构叫 `NestedInteger`，这个结构中存的数据可能是一个 `Integer` 整数，也可能是一个 `NestedInteger` 列表。注意，这个列表里面装着的是 `NestedInteger`，也就是说这个列表中的每一个元素可能是个整数，也可能是个列表，这样无限递归嵌套下去……

`NestedInteger` 有如下 API：

```java
public class NestedInteger {
    // 如果其中存的是一个整数，则返回 true，否则返回 false
    public boolean isInteger();

    // 如果其中存的是一个整数，则返回这个整数，否则返回 null
    public Integer getInteger();

    // 如果其中存的是一个列表，则返回这个列表，否则返回 null
    public List<NestedInteger> getList();
}
```

我们的算法会被输入一个 `NestedInteger` 列表，需要做的就是写一个迭代器类，将这个带有嵌套结构 `NestedInteger` 的列表"拍平"：

```java
public class NestedIterator implements Iterator<Integer> {
    // 构造器输入一个 NestedInteger 列表
    public NestedIterator(List<NestedInteger> nestedList) {}

    // 返回下一个整数
    public Integer next() {}

    // 是否还有下一个元素?
    public boolean hasNext() {}
}
```

我们写的这个类会被这样调用，先调用 `hasNext` 方法，后调用 `next` 方法：

```
NestedIterator i = new NestedIterator(nestedList);
while (i.hasNext())
    print(i.next());
```

比如输入的嵌套列表为 `[[1,1],2,[1,1]]`，其中有三个 `NestedInteger`，两个列表型的 `NestedInteger` 和一个整数型的 `NestedInteger`，算法返回打平的列表 `[1,1,2,1,1]`。

再比如输入的嵌套列表为 `[1,[4,[6]]]`，算法返回打平的列表 `[1,4,6]`。

学过设计模式的读者应该知道，**迭代器也是设计模式的一种，目的就是为调用者屏蔽底层数据结构的细节，简单地通过 `hasNext` 和 `next` 方法有序地进行遍历。**

为什么说这个题目很有启发性呢？因为我最近在用一款叫作 Notion 的笔记软件。这个软件的一个亮点就是"万物皆 block"，比如说标题、页面、表格都是 block。有的 block 甚至可以无限嵌套，这就打破了传统笔记本"文件夹"→"笔记本"→"笔记"的三层结构。

回想这个算法问题，`NestedInteger` 结构实际上也是一种支持无限嵌套的结构，而且可以同时表示整数和列表两种不同类型，我想 Notion 的核心数据结构 block 也是这样的一种设计思路。

那么话说回来，对于这个算法问题，该怎么解决呢？`NestedInteger` 结构可以无限嵌套，怎么把这个结构"打平"，为迭代器的调用者屏蔽底层细节，得到扁平化的输出呢？

4.10.2　解题思路

显然，`NestedInteger` 这个神奇的数据结构是问题的关键，不过题目专门提醒我们：

You should not implement it, or speculate about its implementation.

我不应该去尝试实现 `NestedInteger` 这个结构，也不应该去猜测它的实现？为什么？凭什么？是不是题目在误导我？是不是我进行推测之后，这道题就不攻自破了？

你看，labuladong 就是这样的，你不让推测，我反倒要去推测！于是就把 `NestedInteger` 这个结构给实现出来了：

```
public class NestedInteger {
    private Integer val;
    private List<NestedInteger> list;
```

```java
    public NestedInteger(Integer val) {
        this.val = val;
        this.list = null;
    }
    public NestedInteger(List<NestedInteger> list) {
        this.list = list;
        this.val = null;
    }

    // 如果其中存的是一个整数，则返回 true，否则返回 false
    public boolean isInteger() {
        return val != null;
    }

    // 如果其中存的是一个整数，则返回这个整数，否则返回 null
    public Integer getInteger() {
        return this.val;
    }

    // 如果其中存的是一个列表，则返回这个列表，否则返回 null
    public List<NestedInteger> getList() {
        return this.list;
    }
}
```

其实这个实现起来也不难，写出来之后，我不禁对比了 *N* 叉树的定义：

```java
class NestedInteger {
    Integer val;
    List<NestedInteger> list;
}

/* 基本的 N 叉树节点 */
class TreeNode {
    int val;
    List<TreeNode> children;
}
```

这不就是棵 *N* 叉树吗？叶子节点是 `Integer` 类型，其 `val` 字段非空；其他节点都是 `List<NestedInteger>` 类型，其 `val` 字段为空，但是 `list` 字段非空，装着孩子节点。

比如输入是 `[[1,1],2,[1,1]]`，其实就是如下树状结构：

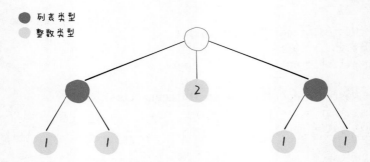

好的，刚才题目说什么来着？把一个 `NestedInteger` 扁平化对吧？**这不就等价于遍历一棵 N 叉树的所有"叶子节点"吗？**我把所有叶子节点都拿出来，不就可以作为迭代器进行遍历了吗？

N 叉树的遍历怎么实现？我又不禁翻到"1.1 学习算法和刷题的框架思维"找出框架：

```
void traverse(TreeNode root) {
    for (TreeNode child : root.children)
        traverse(child);
```

这个框架可以遍历所有节点，而我们只对整数型的 `NestedInteger` 感兴趣，也就是只想要"叶子节点"，所以 **traverse** 函数只要在到达叶子节点的时候把 `val` 加入结果列表即可：

```
class NestedIterator implements Iterator<Integer> {

    private Iterator<Integer> it;

    public NestedIterator(List<NestedInteger> nestedList) {
        // 存放将 nestedList 打平的结果
        List<Integer> result = new LinkedList<>();
        for (NestedInteger node : nestedList) {
            // 以每个节点为根遍历
            traverse(node, result);
        }
        // 得到 result 列表的迭代器
        this.it = result.iterator();
    }

    public Integer next() {
        return it.next();
    }
```

```
    public boolean hasNext() {
        return it.hasNext();
    }

    // 遍历以 root 为根的多叉树,将叶子节点的值加入 result 列表
    private void traverse(NestedInteger root, List<Integer> result) {
        if (root.isInteger()) {
            // 到达叶子节点
            result.add(root.getInteger());
            return;
        }
        // 遍历框架
        for (NestedInteger child : root.getList()) {
            traverse(child, result);
        }
    }
}
```

这样,我们就把原问题巧妙转化成了一个 N 叉树的遍历问题,并且得到了解法。

4.10.3　进阶思路

以上解法虽然可以通过,但是在面试中,也许是有瑕疵的。

在我们的解法中,一次性算出了所有叶子节点的值,全部装到 result 列表,也就是内存中,next 和 hasNext 方法只是在对 result 列表做迭代。如果输入的规模非常大,构造函数中的计算就会很慢,而且很占用内存。

一般的迭代器求值应该是"惰性的",也就是说,如果你要一个结果,我就算一个(或是一小部分)结果出来,而不是一次把所有结果都算出来。

如果想做到这一点,使用递归函数进行 DFS 遍历肯定是不行的,而且我们其实只关心"叶子节点",所以传统的 BFS 算法也不行。实际的思路很简单:

调用 hasNext 时,如果 nestedList 的第一个元素是列表类型,则不断展开这个元素,直到第一个元素是整数类型。

由于调用 next 方法之前一定会调用 hasNext 方法,这就可以保证每次调用 next 方法的时候第一个元素是整数型,直接返回并删除第一个元素即可。

看一下代码：

```java
public class NestedIterator implements Iterator<Integer> {
    private LinkedList<NestedInteger> list;

    public NestedIterator(List<NestedInteger> nestedList) {
        // 不直接用 nestedList 的引用，是因为不能确定它的底层实现
        // 必须保证是 LinkedList，否则下面的 addFirst 会很低效
        list = new LinkedList<>(nestedList);
    }

    public Integer next() {
        // hasNext 方法保证了第一个元素一定是整数类型
        return list.remove(0).getInteger();
    }

    public boolean hasNext() {
        // 循环拆分列表元素，直到列表第一个元素是整数类型
        while (!list.isEmpty() && !list.get(0).isInteger()) {
            // 当列表第一个元素是列表类型时，进入循环
            List<NestedInteger> first = list.remove(0).getList();
            // 将第一个列表打平并按顺序添加到开头
            for (int i = first.size() - 1; i >= 0; i--) {
                list.addFirst(first.get(i));
            }
        }
        return !list.isEmpty();
    }
}
```

以上这种方法，符合迭代器惰性求值的特性，是比较好的解法。

第 5 章
/
高频面试系列

恭喜你，已经闯到了最后一关，本章会列举一些经典的高频面试题，配合前面学到的算法思维，搞定它们会轻松不少。

用不了多久，你就可以离开 labuladong，独自在算法世界遨游啦!

5.1 如何高效寻找素数

素数的定义看起来很简单，如果一个数只能被 1 和它本身整除，那么这个数就是素数。定义虽然简单，但恐怕没多少人真的能把素数相关的算法写得高效。

那么现在让你实现一个函数，输入一个正整数 n，函数返回区间 [2，n) 中素数的个数，函数签名如下:

```
int countPrimes(int n);
```

比如输入 n = 10，算法返回 4，因为 2, 3, 5, 7 是素数。

你会如何写这个函数? 大家可能会这样写:

```
int countPrimes(int n) {
    int count = 0;
    for (int i = 2; i < n; i++)
        if (isPrime(i)) count++;
    return count;
}
```

```
// 判断整数 n 是否是素数
boolean isPrime(int n) {
    for (int i = 2; i < n; i++)
        if (n % i == 0)
            // 有其他整除因子
            return false;
    return true;
}
```

这样写的话时间复杂度为 $O(n^2)$，问题很大。**首先你用 `isPrime` 函数来一个一个判断是否是质数，不够高效；而且就算你要用 `isPrime` 函数，这样写算法也是存在计算冗余的。**

先来简单说下，如果要判断一个数是不是素数，应该如何写算法。只需稍微修改上面的 **`isPrime`** 代码中的 for 循环条件：

```
boolean isPrime(int n) {
    for (int i = 2; i * i <= n; i++)
        if (n % i == 0)
            // 有其他整除因子
            return false;
    return true;
}
```

换句话说，**i 不需要遍历到 n，而只需要到 `sqrt(n)` 即可**。为什么呢，我们举个例子，假设 **n = 12**。

```
12 = 2 × 6
12 = 3 × 4
12 = sqrt(12) × sqrt(12)
12 = 4 × 3
12 = 6 × 2
```

可以看到，后两个因数就是前面两个因数反过来而已，反转临界点就在 `sqrt(n)`。所以说，如果在 `[2,sqrt(n)]` 这个区间之内没有发现可整除因子，就可以直接断定 `n` 是素数了，因为在区间 `[sqrt(n),n]` 也一定不会发现可整除因子。

现在，**`isPrime`** 函数的时间复杂度降为 $O(sqrt(n))$，**但是我们实现 `countPrimes` 函数其实并不需要这个函数**，以上只是希望读者明白 `sqrt(n)` 的含义，因为稍后还会用到。

高效实现

高效一些的方法核心思路是和上面的常规思路反着来，俗称**"筛数法"**：

首先从 2 开始，我们知道 2 是一个素数，那么所有 2 的倍数 2 × 2 = 4, 3 × 2 = 6, 4 × 2 =……都不可能是素数了。

然后我们发现 3 也是素数，那么所有 3 的倍数 3 × 2 = 6, 3 × 3 = 9, 3 × 4 = 12……也都不可能是素数了。

看到这里，你是否有点明白这个排除法的逻辑了呢？先看第一版代码：

```
int countPrimes(int n) {
    boolean[] isPrime = new boolean[n];
    // 将数组都初始化为 true
    Arrays.fill(isPrime, true);
    // 素数从 2 开始算
    for (int i = 2; i < n; i++)
        if (isPrime[i])
            // i 的倍数不可能是素数了
            for (int j = 2 * i; j < n; j += i)
                    isPrime[j] = false;

    int count = 0;
    for (int i = 2; i < n; i++)
        if (isPrime[i]) count++;

    return count;
}
```

如果你能够理解上面这段代码，那么你已经掌握了整体思路，但是还有两个细微的地方可以优化。

首先，回想刚才判断一个数是否是素数的 **isPrime** 函数，由于乘法因子的对称性，其中的 for 循环只需要遍历 [2,sqrt(n)] 就够了。这里也是一样的原因，**外层的 for 循环也只需要遍历到 sqrt(n)**：

```
for (int i = 2; i * i < n; i++)
    if (isPrime[i])
        ...
```

除此之外，很难注意到内层的 for 循环也可以优化。之前的做法是：

```
for (int j = 2 * i; j < n; j += i)
    isPrime[j] = false;
```

这样可以把 `i` 的整数倍都标记为 `false`，但是仍然存在计算冗余。

比如 `n = 25`，`i = 4` 时算法会标记 4 × 2 = 8，4 × 3 = 12 等数字，但是 8 和 12 这两个数字其实已经被 `i = 2` 和 `i = 3` 的 2 × 4 和 3 × 4 标记过了。

所以可以稍微优化一下，让 `j` 从 `i` 的平方开始遍历，而不是从 `2 * i` 开始：

```
for (int j = i * i; j < n; j += i)
    isPrime[j] = false;
```

这样，素数计数的算法就高效实现了，其实这个算法有一个名字，叫作 Sieve of Eratosthenes。看下完整的最终代码：

```
int countPrimes(int n) {
    boolean[] isPrime = new boolean[n];
    Arrays.fill(isPrime, true);
    for (int i = 2; i * i < n; i++)
        if (isPrime[i])
            for (int j = i * i; j < n; j += i)
                isPrime[j] = false;

    int count = 0;
    for (int i = 2; i < n; i++)
        if (isPrime[i]) count++;

    return count;
}
```

该算法的时间复杂度比较难算，显然时间和这两个嵌套的 for 循环有关，其运算次数应该是：

$$n/2 + n/3 + n/5 + n/7 + ...$$

$$= n \times (1/2 + 1/3 + 1/5 + 1/7...)$$

括号中是素数的倒数。其最终结果是 $O(N\log\log N)$，有兴趣的读者可以查一下该算法的时间复杂度证明，这里就不展开了。

以上就是素数算法相关的全部内容。怎么样，是不是看似简单的问题却有不少细节可以打磨呀？

5.2　如何高效进行模幂运算

本节来聊一道与数学运算有关的题目"超级次方"，其中涉及巨大的幂运算，然后求余数。

函数签名如下：

```
int superPow(int a, vector<int>& b);
```

要求算法返回幂运算 a^b 的计算结果与 1337 取模（mod，也就是余数）后的结果。 这个 b 可以是一个非常大的数，所以 b 是用数组的形式表示的。

比如输入 a = 2，b = [1,2]，让你返回 2^12 和 1337 求模的结果，也就是 4096 % 1337 = 85。

这其实就是广泛应用于离散数学的模幂算法，至于为什么要对 1337 求模我们不管，单就这道题有三个难点：

1. **如何处理用数组表示的指数？** 现在 b 是一个数组，也就是说 b 可以非常大，没办法直接转成整型，否则可能溢出。怎么把这个数组作为指数，进行运算呢？

2. **如何得到求模之后的结果？** 按道理，起码应该先把幂运算结果算出来，然后才能和 1337 求模。但问题是，指数运算的真实结果肯定会大得吓人，也就是说，算出来真实结果也没办法表示，早都溢出报错了。

3. **如何高效进行幂运算？** 进行幂运算也是有算法技巧的，如果不了解这个算法，可以看后面的讲解。

对于这几个问题，我们分开思考，逐个击破。

5.2.1　如何处理数组指数

首先明确问题： 现在 b 是一个数组，不能表示成整型，而且数组的特点是随机访问，删除最后一个元素比较高效。

不考虑求模的要求，以 b = [1,5,6,4] 来举例，结合指数运算的法则，可以发现这样的一个规律：

$$a^{[1,5,6,4]}$$
$$= a^4 \times a^{[1,5,6,0]}$$
$$= a^4 \times (a^{[1,5,6]})^{10}$$

看到这里，读者肯定已经敏感地意识到，这就是递归的标志呀！因为问题的规模缩小了：

```
    superPow(a, [1,5,6,4])
=>  superPow(a, [1,5,6])
```

那么，发现了这个规律，我们可以先简单翻译出代码框架：

```cpp
// 计算 a 的 k 次方的结果，后文会具体实现
int mypow(int a, int k);

int superPow(int a, vector<int>& b) {
    // 递归的 base case
    if (b.empty()) return 1;
    // 取出最后一个数
    int last = b.back();
    b.pop_back();
    // 将原问题化简，缩小规模递归求解
    int part1 = mypow(a, last);
    int part2 = mypow(superPow(a, b), 10);
    // 合并出结果
    return part1 * part2;
}
```

到这里，应该都不难理解吧！我们已经解决了 b 是一个数组的问题，现在来看看如何处理 mod，避免结果太大而导致的整型溢出。

5.2.2 如何处理 mod 运算

首先明确问题：由于计算机的编码方式，形如 `(a * b) % base` 这样的运算，乘法的结果可能导致溢出，我们希望找到一种技巧，能够化简这种表达式，避免溢出同时得到结果。

就好比在二分搜索中，求中点索引时将 `(l+r)/2` 转化成 `l+(r-l)/2`，避免溢出的同时也能得到正确的结果。

说一个关于模运算的技巧吧，毕竟模运算在算法中比较常见：

(a * b) % k = (a % k)(b % k) % k

证明很简单，假设：

a = Ak + B; b = Ck + D

其中 **A,B,C,D** 是任意常数，那么：

ab = ACk^2 + ADk + BCk +BD

推导出：

ab % k = BD % k

又因为：

a % k = B; b % k = D

所以：

(a % k)(b % k) % k = BD % k

综上所述，就可以得到我们化简求模的等式了。

简单说，对乘法的结果求模，等价于先对每个因子求模，然后对因子相乘的结果再求模。

那么扩展到这道题，求一个数的幂不就是对这个数连乘吗？所以说只要简单扩展刚才的思路，即可给幂运算求模：

```
int base = 1337;
// 计算 a 的 k 次方然后与 base 求模的结果
int mypow(int a, int k) {
    // 对因子求模
    a %= base;
    int res = 1;
    for (int _ = 0; _ < k; _++) {
        // 这里有乘法，是潜在的溢出点
        res *= a;
        // 对乘法结果求模
        res %= base;
```

```
    }
    return res;
}

int superPow(int a, vector<int>& b) {
    if (b.empty()) return 1;
    int last = b.back();
    b.pop_back();

    int part1 = mypow(a, last);
    int part2 = mypow(superPow(a, b), 10);
    // 每次乘法都要求模
    return (part1 * part2) % base;
}
```

你看，**先对因子 a 求模，然后每次都对乘法结果 res 求模**，这样可以保证 `res *= a`
这句代码执行时两个因子都是小于 `base` 的，也就一定不会造成溢出，同时结果也是正确的。

至此，这个问题就已经完全解决了。

但是有的读者可能会问，这个求幂的算法就这么简单吗，直接一个 for 循环累乘就行
了？复杂度会不会比较高，有没有更高效的算法呢？

是有更高效的算法的，但是单就这道题来说，已经足够了。

因为你想想，调用 mypow 函数传入的 k 最大有多大？ k 不过是数组 b 中的一个常数，
也就是在 0 ~ 9 之间，所以可以说这里每次调用 mypow 的时间复杂度就是 $O(1)$。整个算
法的时间复杂度是 $O(N)$，N 为 b 的长度。

但是既然说到幂运算了，不妨顺带讲讲如何高效计算幂运算吧。

5.2.3　如何高效求幂

快速求幂的算法不止一个，本节就讲一个我们应该掌握的基本思路吧。利用幂运算
的性质，可以写出这样一个递归式：

$$a^b = \begin{cases} a \times a^{b-1}, & b \text{ 为奇数} \\ (a^{b/2})^2, & b \text{ 为偶数} \end{cases}$$

这个思想肯定比直接用 for 循环求幂要高效，因为有机会直接把问题规模（b 的大小）
直接减小一半，该算法的复杂度肯定是 log 级了。

那么可以修改之前的 **mypow** 函数，翻译这个递归公式，再加上求模的运算：

```
int base = 1337;

int mypow(int a, int k) {
    if (k == 0) return 1;
    a %= base;

    if (k % 2 == 1) {
        // k 是奇数
        return (a * mypow(a, k - 1)) % base;
    } else {
        // k 是偶数
        int sub = mypow(a, k / 2);
        return (sub * sub) % base;
    }
}
```

虽然对于本题，这个优化没有特别明显的效率提升，但是这个求幂算法已经升级了，以后如果别人让你写幂算法，起码要写出这个算法。

至此，"超级次方"就算完全解决了，包括了递归思想以及处理模运算、幂运算的技巧，可以说这个题目还是很有意思的。

5.3　如何运用二分搜索算法

二分搜索到底能运用在哪里？

最常见的就是教科书上的例子，在**有序数组**中搜索给定的某个目标值的索引。再推广一点，如果目标值存在重复，修改版的二分搜索可以返回目标值的左侧边界索引或者右侧边界索引。

以上提到的三种二分搜索算法形式在本书的二分搜索详解有代码详解，如果没看过可以先去看一看。

抛开有序数组这个枯燥的数据结构，二分搜索如何运用到实际的算法问题中呢？当搜索空间有序的时候，就可以通过二分搜索"剪枝"，大幅提升效率。

本节先用"Koko 吃香蕉"来举个例子。

5.3.1　问题分析

先来描述一下问题：

输入一个长度为 N 的正整数数组 `piles` 代表 N 堆香蕉，`piles[i]` 代表第 i 堆香蕉的数量，现在，Koko 要在 H 小时内吃完这些香蕉。

Koko 吃香蕉的速度为每小时 K 根，而且每小时最多吃一堆香蕉，如果吃不下的话留到下一小时再吃；如果吃完了这堆还有胃口，他也只会等到下一小时才吃下一堆。

在这个条件下，请你写一个算法，**计算 Koko 每小时至少要吃几根香蕉，才能在 H 小时内把这些香蕉都吃完**？

函数签名如下：

```
int minEatingSpeed(int[] piles, int H);
```

如果直接给你这个情景，能想到用二分搜索算法吗？如果没有见过类似的问题，恐怕是很难把这个问题和二分搜索联系起来的。

那么先抛开二分搜索技巧，想想如何暴力解决这个问题。

首先，**算法要求的是"H 小时内吃完香蕉的最小速率"**，不妨称 Koko 吃香蕉的速率为 `speed`，请问 `speed` 至多可能为多少，至少可能为多少呢？

显然 speed 最少为 1，而最大为 max(piles)，因为一小时最多只能吃一堆香蕉。

那么暴力解法就很简单了，只要从 1 开始穷举到 max(piles)，一旦发现某个值可以在 H 小时内吃完所有香蕉，这个值就是最小速度：

```
int minEatingSpeed(int[] piles, int H) {
    // piles 数组中的最大值
    int max = getMax(piles);
    for (int speed = 1; speed < max; speed++) {
        // 以 speed 速率是否能在 H 小时内吃完香蕉
        if (canFinish(piles, speed, H))
            return speed;
    }
    return max;
}
```

注意这个 for 循环，就是在**连续的空间线性搜索，这就是二分搜索可以发挥作用的标志**。由于要求的是最小速度，所以可以用一个**搜索左侧边界的二分搜索**来代替线性搜索，提升效率：

```
int minEatingSpeed(int[] piles, int H) {
    // 套用搜索左侧边界的算法框架
    int left = 1, right = getMax(piles) + 1;
    while (left < right) {
        // 防止溢出
        int mid = left + (right - left) / 2;
        if (canFinish(piles, mid, H)) {
            right = mid;
        } else {
            left = mid + 1;
        }
    }
    return left;
}
```

注意：如果对于这个二分搜索算法的细节问题有疑问，建议看下二分搜索详解中搜索左侧边界的算法模板，这里不展开了。

剩下的辅助函数也很简单，可以一步步拆解实现：

```
// 时间复杂度 O(N)
boolean canFinish(int[] piles, int speed, int H) {
```

```java
    int time = 0;
    for (int n : piles) {
        time += timeOf(n, speed);
    }
    return time <= H;
}

// 以 speed 的速度吃 n 个香蕉，要多久？
int timeOf(int n, int speed) {
    return (n / speed) + ((n % speed > 0) ? 1 : 0);
}

// 计算数组的最大值
int getMax(int[] piles) {
    int max = 0;
    for (int n : piles)
        max = Math.max(n, max);
    return max;
}
```

至此，借助二分搜索技巧，算法的时间复杂度为 $O(M\log N)$。

5.3.2 扩展延伸

类似的，再看一道运输货物的问题：

给你一个正整数数组 `weights` 和一个正整数 D，其中 `weights` 代表一系列货物，`weights[i]` 的值代表第 i 件物品的重量，**货物不可分割且必须按顺序运输**。

现在请你写一个算法，**计算货船能够在 D 天内运完所有货物的最低运载能力**。

函数签名如下：

```java
int shipWithinDays(int[] weights, int D);
```

比如输入 `weights = [1,2,3,4,5,6,7,8,9,10]`, D = 5，那么算法需要返回 15。

因为要想在 5 天内完成运输：

第 1 天运输 5 件货物 1, 2, 3, 4, 5；第 2 天运输两件货物 6, 7；第 3 天运输一件货物 8；第 4 天运输一件货物 9；第 5 天运输一件货物 10。

所以船的最小载重应该是 15，再少就要超过 5 天了。

其实本质上和 Koko 吃香蕉的问题一样的，首先能够确定最小载重（以下称为 `cap`）的最小值和最大值分别为 `max(weights)` 和 `sum(weights)`。

如果是暴力算法，我们就可以在区间 `[max(weights), sum(weights)]` 进行搜索。

要求**最小载重**，所以可以用搜索左侧边界的二分搜索算法优化线性搜索：

```java
// 寻找左侧边界的二分搜索
int shipWithinDays(int[] weights, int D) {
    // 载重可能的最小值
    int left = getMax(weights);
    // 载重可能的最大值 + 1
    int right = getSum(weights) + 1;
    while (left < right) {
        int mid = left + (right - left) / 2;
        if (canFinish(weights, D, mid)) {
            right = mid;
        } else {
            left = mid + 1;
        }
    }
    return left;
}

// 如果载重为 cap，是否能在 D 天内运完货物？
boolean canFinish(int[] w, int D, int cap) {
    int i = 0;
    for (int day = 0; day < D; day++) {
        int maxCap = cap;
        while ((maxCap -= w[i]) >= 0) {
            i++;
            if (i == w.length)
                return true;
        }
    }
    return false;
}
```

通过这两个例子，你是否明白了二分搜索在实际问题中的应用？一般来说，我们是先写出暴力算法，然后观察是否可以通过二分搜索优化暴力算法的效率，进而写出二分搜索解法。

5.4 如何高效解决接雨水问题

"接雨水"这道题目很有意思，在面试题中出现频率还挺高的，本节就来步步优化，讲解一下这道题。

"接雨水"题目如下：

给你输入一个长度为 `n` 的 `nums` 数组代表二维平面内一排宽度为 1 的柱子，每个元素 `nums[i]` 都是非负整数，代表第 `i` 个柱子的高度。现在请你计算，如果下雨了，这些柱子能够装下多少雨水？

说白了就是用一个数组表示一个条形图，问你这个条形图最多能接多少水，函数签名如下：

```
int trap(int[] height);
```

比如输入 `height = [0,1,0,2,1,0,1,3,1,1,2,1]`，输出为 7，如下图：

下面就来由浅入深介绍暴力解法 → 备忘录解法 → 双指针解法，在 $O(N)$ 时间、$O(1)$ 空间内解决这个问题。

5.4.1 核心思路

我第一次看到这个问题时，无计可施，完全没有思路，相信很多朋友跟我一样。对于这种问题，我们不要想整体，而应该想局部；就像处理字符串问题，不要考虑如何处理整个字符串，而是思考应该如何处理每一个字符。

这么一想，可以发现这道题的思路其实很简单。具体来说，仅仅对于位置 i，能装下多少水呢？

能装 2 格水。为什么恰好是两格水呢？因为 `height[i]` 的高度为 0，而这里最多能盛 2 格水，2–0=2。

为什么位置 i 最多能盛 2 格水呢？因为，位置 i 能达到的水柱高度和其左边的最高柱子、右边的最高柱子有关，分别称这两个柱子的高度为 **l_max** 和 **r_max**；**位置 i 最大的水柱高度就是 min(l_max, r_max)**。

换句话说，对于位置 **i**，最多能够装的水为：

```
water[i] = min(
            # 左边最高的柱子
            max(height[0..i]),
            # 右边最高的柱子
            max(height[i..n-1])
        ) - height[i]
```

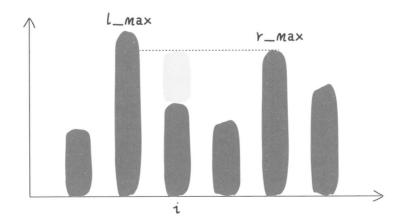

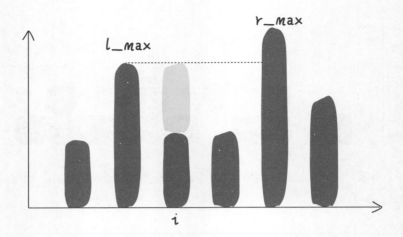

这就是本问题的核心思路，我们可以简单写一个暴力算法：

```
int trap(vector<int>& height) {
    int n = height.size();
    int ans = 0;
    for (int i = 1; i < n - 1; i++) {
        int l_max = 0, r_max = 0;
        // 找右边最高的柱子
        for (int j = i; j < n; j++)
            r_max = max(r_max, height[j]);
        // 找左边最高的柱子
        for (int j = i; j >= 0; j--)
            l_max = max(l_max, height[j]);
        // 计算能够装的水
        ans += min(l_max, r_max) - height[i];
    }
    return ans;
}
```

按照刚才的思路，这个解法应该是很直接的，时间复杂度为 $O(N^2)$，空间复杂度为 $O(1)$。但是很明显，这种计算 r_max 和 l_max 的方式非常笨拙，很容易想到的优化方法就是备忘录。

5.4.2 备忘录优化

之前的暴力解法，不是在每个位置 i 都要计算 r_max 和 l_max 吗？我们直接把结果缓存下来，别每次都遍历，时间复杂度不就降下来了嘛。

开两个**数组 r_max** 和 **l_max** 充当备忘录，这就有点动态规划的味道了：

l_max[i] 表示 **nums[0..i]** 中最高柱子的高度；**r_max[i]** 表示 **nums[i..n-1]** 最高柱子的高度。

预先把这两个数组计算好，即可避免重复计算：

```cpp
int trap(vector<int>& height) {
    if (height.empty()) return 0;
    int n = height.size();
    int ans = 0;
    // 数组充当备忘录
    vector<int> l_max(n), r_max(n);
    // 初始化 base case
    l_max[0] = height[0];
    r_max[n - 1] = height[n - 1];
    // 从左向右计算 l_max
    for (int i = 1; i < n; i++)
        l_max[i] = max(height[i], l_max[i - 1]);
    // 从右向左计算 r_max
    for (int i = n - 2; i >= 0; i--)
        r_max[i] = max(height[i], r_max[i + 1]);
    // 计算答案
    for (int i = 1; i < n - 1; i++)
        ans += min(l_max[i], r_max[i]) - height[i];
    return ans;
}
```

这个优化避免了暴力解法的重复计算，把时间复杂度降低为 $O(N)$，已经是最优了，但是空间复杂度是 $O(N)$。下面来看一个精妙一些的解法，能够把空间复杂度降低到 $O(1)$。

5.4.3　双指针解法

这种解法的思路是和前一种完全相同的，但在实现手法上非常巧妙，我们这次也不要用备忘录提前计算了，而是用双指针**边走边算**，节省下空间复杂度。

先看一部分代码：

```cpp
int trap(vector<int>& height) {
    int n = height.size();
```

```
    int left = 0, right = n - 1;

    int l_max = height[0];
    int r_max = height[n - 1];

    while (left <= right) {
        l_max = max(l_max, height[left]);
        r_max = max(r_max, height[right]);
        left++; right--;
    }
}
```

我问你，对于这部分代码，你觉得 l_max 和 r_max 分别表示什么意义呢？

很容易理解，l_max 是 height[0..left] 中最高柱子的高度，r_max 是 height[right..n-1] 的最高柱子的高度。

明白了这一点，直接看解法：

```
int trap(vector<int>& height) {
    if (height.empty()) return 0;
    int n = height.size();
    int left = 0, right = n - 1;
    int ans = 0;

    int l_max = height[0];
    int r_max = height[n - 1];

    while (left <= right) {
        l_max = max(l_max, height[left]);
        r_max = max(r_max, height[right]);

        // ans += min(l_max, r_max) - height[i]
        if (l_max < r_max) {
            ans += l_max - height[left];
            left++;
        } else {
            ans += r_max - height[right];
            right--;
        }
    }
    return ans;
}
```

你看，其中的核心思想和之前一模一样，换汤不换药。但是细心的读者可能会发现这个解法还是有点细节差异：

之前的备忘录解法，`l_max[i]` 和 `r_max[i]` 代表的是 `height[0..i]` 和 `height[i..n-1]` 的最高柱子高度。

```
ans += min(l_max[i], r_max[i]) - height[i];
```

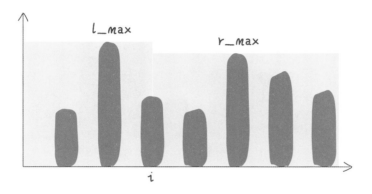

但是双指针解法中，`l_max` 和 `r_max` 代表的是 `height[0..left]` 和 `height[right..n-1]` 的最高柱子高度。比如这段代码：

```
if (l_max < r_max) {
    ans += l_max - height[left];
    left++;
}
```

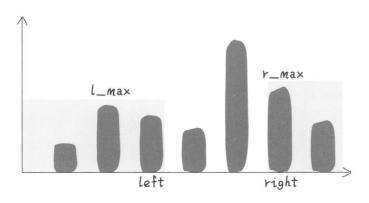

此时的 `l_max` 是 `left` 指针左边的最高柱子，但是 `r_max` 并不一定是 `left` 指针右边最高的柱子，这真的可以得到正确答案吗？

其实这个问题要这么思考，我们只在乎 `min(l_max, r_max)`。对于上图的情况，我们已经知道 `l_max < r_max` 了，至于这个 `r_max` 是不是右边最大的，不重要，重要的是 `height[i]` 能够装的水只和 `l_max` 有关。

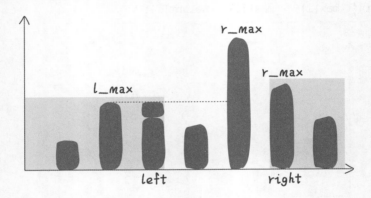

综上所述，双指针解法也完成了，时间复杂度为 $O(N)$，空间复杂度为 $O(1)$。

5.5　如何去除有序数组的重复元素

我们知道对于数组来说，在尾部插入、删除元素是比较高效的，时间复杂度是 $O(1)$，但是如果在中间或者开头插入、删除元素，就会涉及数据的搬移，时间复杂度为 $O(N)$，效率较低。

所以对于一般处理数组的算法问题，要尽可能只对数组尾部的元素进行操作，以避免额外的时间复杂度。

首先讲讲如何对一个有序数组去重，题目如下：

输入一个**有序**的数组，你需要**原地删除**重复的元素，使得每个元素只能出现一次，返回去重后新数组的长度。函数签名如下：

```
int removeDuplicates(int[] nums);
```

比如输入 `nums = [0,1,1,2,3,3,4]`，算法应该返回 5，且 `nums` 的前 5 个元素分别为 `[0,1,2,3,4]`，至于后面的元素是什么，我们并不关心。

显然，由于数组已经排序，所以重复的元素一定连在一起，找出它们并不难，但如果每找到一个重复元素就立即删除它，就是在数组中间进行删除操作，整个时间复杂度会达到 $O(N^2)$。而且题目要求我们原地修改，也就是说不能用辅助数组，空间复杂度应是 $O(1)$。

其实，对于数组相关的算法问题，有一个通用的技巧：要尽量避免在中间删除元素，那我就先想办法把这个元素换到最后。这样，最终待删除的元素都拖在数组尾部，一个一个弹出就行了，每次操作的时间复杂度也就降低到 $O(1)$ 了。

按照这个思路，又可以衍生出解决类似需求的通用方式：双指针技巧。具体一点说，应该是快、慢指针。

我们让慢指针 `slow` 走在后面，快指针 `fast` 走在前面探路，找到一个不重复的元素就填到 `slow` 的位置，并让 `slow` 前进一步。这样，当 `fast` 指针遍历完整个数组 `nums` 后，`nums[0..slow]` 就是不重复元素，之后的所有元素都是重复元素。

```
int removeDuplicates(int[] nums) {
    int n = nums.length;
    if (n == 0) return 0;
    int slow = 0, fast = 1;
    while (fast < n) {
        if (nums[fast] != nums[slow]) {
```

```
            slow++;
            // 维护 nums[0..slow] 无重复
            nums[slow] = nums[fast];
        }
        fast++;
    }
    // 长度为索引 + 1
    return slow + 1;
}
```

看下算法执行的过程：

nums   0 0 1 2 2 3 3

扫码看动图

再简单扩展一下，如果给你一个有序链表，如何去重呢？其实和数组是一模一样的，唯一的区别是把数组赋值操作变成操作指针而已：

```
ListNode deleteDuplicates(ListNode head) {
    if (head == null) return null;
    ListNode slow = head, fast = head.next;
    while (fast != null) {
        if (fast.val != slow.val) {
            // nums[slow] = nums[fast];
            slow.next = fast;
            // slow++
            slow = slow.next;
        }
        // fast++
        fast = fast.next;
    }
    // 断开与后面重复元素的连接
    slow.next = null;
    return head;
}
```

head

1 → 1 → 2 → 2 → 3 → 3

扫码看动图

5.6 如何寻找最长回文子串

回文串是面试常常遇到的问题（虽然问题本身没啥意义），本节就告诉你回文串问题的核心思想是什么。

首先，明确一下回文串是什么：**回文串就是正着读和反着读都一样的字符串。**

比如字符串 aba 和 abba 都是回文串，因为它们对称，反过来还是和本身一样。而字符串 abac 就不是回文串。

可以看到，回文串的长度可能是奇数，也可能是偶数，这就添加了回文串问题的难度，解决该类问题的核心是**双指针**。

题目很简单，就是给你输入一个字符串 s，请返回这个字符串中的最长回文子串。

函数签名如下：

```
string longestPalindrome(string s);
```

比如输入 s = acaba，算法返回 aca，或者返回 aba 也是正确的。

5.6.1 思考

对于这个问题，我们首先思考，给定一个字符串 s，如何在 s 中找到一个回文子串？

有一个很有趣的思路：既然回文串是一个正着反着读都一样的字符串，那么如果把 s 反转，称为 s'，然后在 s 和 s' 中寻找**最长公共子串**，这样应该就能找到最长回文子串。

比如字符串 s = abacd，反过来是 dcaba，它俩的最长公共子串是 aba，应该就是最长回文子串。

但是这个思路是错误的，比如说字符串 aacxycaa，反转之后是 aacyxcaa，最长公共子串是 aac，但是最长回文子串应该是 aa。

虽然这个思路不正确，**但是这种把问题转化为其他形式的思考方式是非常值得提倡的。**

下面，就来说一下正确的思路，如何使用双指针。

寻找回文串的核心思想是：从中间开始向两边扩散来判断回文串。对于最长回文子串，就是这个意思：

```
for 0 <= i < len(s):
    找到以 s[i] 为中心的回文串
    根据找到的回文串长度更新答案
```

但是呢，前面也提到了，回文串的长度可能是奇数也可能是偶数，如果是 abba 这种情况，没有一个中心字符，上面的算法就没辙了，所以可以修改一下：

```
for 0 <= i < len(s):
    找到以 s[i] 为中心的回文串
    找到以 s[i] 和 s[i+1] 为中心的回文串
    更新答案
```

s[i + 1] 这里的索引可能会越界，我们在具体的代码实现中会处理。

5.6.2 代码实现

按照上面的思路，先要实现一个函数来寻找最长回文串，这个函数是有点技巧的：

```cpp
// 从 s[l] 和 s[r] 开始向两端扩散
// 返回以 s[l] 和 s[r] 为中心的最长回文串
string palindrome(string& s, int l, int r) {
    // 防止索引越界
    while (l >= 0 && r < s.size() && s[l] == s[r]) {
        l--; r++;
    }
    return s.substr(l + 1, r - l - 1);
}
```

为什么要传入两个索引指针 l 和 r 呢？因为这样实现可以同时处理回文串长度为奇数和偶数的情况：

```
for 0 <= i < len(s):
    # 找到以 s[i] 为中心的回文串
    palindrome(s, i, i)
    # 找到以 s[i] 和 s[i+1] 为中心的回文串
    palindrome(s, i, i + 1)
    更新答案
```

当 l 和 r 相等时，就是在寻找长度为奇数的回文串；反之则是在找长度为偶数的回文串。

下面看下 `longestPalindrome` 的完整代码：

```
string longestPalindrome(string s) {
    string res;
    for (int i = 0; i < s.size(); i++) {
        // 寻找长度为奇数的回文子串
        string s1 = palindrome(s, i, i);
        // 寻找长度为偶数的回文子串
        string s2 = palindrome(s, i, i + 1);
        // res = longest(res, s1, s2)
        res = res.size() > s1.size() ? res : s1;
        res = res.size() > s2.size() ? res : s2;
    }
    return res;
}
```

至此，这道最长回文子串的问题就解决了，时间复杂度为 $O(N^2)$，空间复杂度为 $O(1)$。

还有一个简单的优化，在以上解法中 `palindrome` 函数直接返回的是子串，但是构造子串这个操作是需要时间和空间的。其实可以用全局变量记录结果子串的 `start` 和 `end` 索引，`palindrome` 函数不要直接返回子串，而是更新 `start` 和 `end` 的值，最后再通过 `start` 和 `end` 得到结果子串。不过从 Big O 表示法来看，时间复杂度都是一样的。

值得一提的是，这个问题可以用动态规划方法解决，时间复杂度一样，但是空间复杂度至少要 $O(N^2)$ 来存储 DP table。这道题是少有的动态规划非最优解法的问题。

另外，这个问题还有一个巧妙的解法，时间复杂度只需要 $O(N)$，不过该解法比较复杂，我个人认为没必要掌握。该算法的名字叫 Manacher's Algorithm（马拉车算法），有兴趣的读者可以自行搜索一下。

5.7 如何运用贪心思想玩跳跃游戏

贪心算法可以理解为一种特殊的动态规划问题，拥有一些更特殊的性质，可以进一步降低动态规划算法的时间复杂度。那么本节就讲讲两道经典的贪心算法：跳跃游戏 I 和跳跃游戏 II。

我们可以对这两道题分别使用动态规划算法和贪心算法进行求解，通过实践，你就能更深刻地理解贪心和动态规划这两种算法的区别和联系了。

5.7.1 跳跃游戏 I

"跳跃游戏 I"的难度是 Medium，但实际上比较简单，我来描述一下题目：

输入是一个非负整数数组 `nums`，数组元素 `nums[i]` 代表，如果你站在位置 `i` 最多能够向前跳几步。现在你站在第一个位置 `nums[0]`，请问能否跳到 `nums` 的最后一个位置？

函数签名如下：

```
bool canJump(vector<int>& nums);
```

比如输入 `nums = [2,3,1,1,4]`，算法应该返回 true，我们可以从 `nums[0]` 向前跳一步到 `nums[1]`，然后再跳 3 步，就到达了最后一个位置（当然还有其他的跳法）。

再比如输入 `nums = [3,2,1,0,4]`，算法应该返回 false，因为无论如何都会跳到 `nums[3]`，而该位置无法前进，所以永远不会跳到最后一个位置。

不知道读者有没有发现，有关动态规划的问题，大多是让你求最值的，比如最长递增子序列、最小编辑距离、最长公共子序列等。这就是规律，因为动态规划本身就是运筹学里的一种求最值的算法。

那么贪心算法作为特殊的动态规划也是一样，也一定是让你求一个最值。这道题表面上不是求最值，但是可以改一改：

请问通过题目中的跳跃规则，最多能跳多远？如果能够越过最后一格，返回 true，否则返回 false。

所以说，这道题肯定可以用动态规划求解。但是由于它比较简单，下一道题再用动态规划和贪心思路进行对比，现在直接上贪心的思路：

```
bool canJump(vector<int>& nums) {
    int n = nums.size();
```

```
    int farthest = 0;
    for (int i = 0; i < n - 1; i++) {
        // 不断计算能跳到的最远距离
        farthest = max(farthest, i + nums[i]);
        // 可能碰到了 0, 卡住跳不动了
        if (farthest <= i) return false;
    }
    return farthest >= n - 1;
}
```

你别说，如果之前没有做过类似的题目，还真不一定能够想出来这个解法。每一步都计算一下从当前位置最远能够跳到哪里，然后和一个全局最优的最远位置 `farthest` 做对比，通过每一步的最优解，更新全局最优解，这就是贪心。

很简单是吧？记住这一题的思路，看第二题，你就发现事情没有这么简单……

5.7.2 跳跃游戏 II

"跳跃游戏 II"也是让你在数组上跳，不过难度是 Hard。

输入依然是 `nums` 数组，`nums[i]` 依然代表位置 `i` 最多能够跳跃的步数，**现在保证你一定可以跳到最后一格，但请问你最少要跳多少次才能跳过去？**

函数签名如下：

```
int jump(vector<int>& nums);
```

比如输入是 `nums = [2,3,1,1,4]`，算法应该返回 2，先从 `nums[0]` 跳 1 步到 `nums[1]`，然后再跳 3 步直接到最后的位置。当然还有其他的跳法，但跳跃次数都大于 2，所以你看到了，**并不是每次跳得越多就越好**。

遇到这种问题，肯定要考虑动态规划的思路。根据"1.2 **动态规划解题套路框架**"中的动态规化框架，这个问题的"状态"就是你站的索引位置 `p`，"选择"就是你可以跳跃的步数，从 0 到 `nums[p]`。

如果采用自顶向下的递归动态规划，可以这样定义一个 `dp` 函数：

```
// 定义: 从索引 p 跳到最后一格, 至少需要 dp(nums, p) 步
int dp(vector<int>& nums, int p);
```

我们想求的结果就是 `dp(nums, 0)`，base case 就是当 `p` 超过最后一格时，不需要跳跃：

```
if (p >= nums.size() - 1) {
    return 0;
}
```

暴力穷举所有可能的跳法，通过备忘录 `memo` 消除重叠子问题，取其中的最小值作为最终答案：

```
// 备忘录
vector<int> memo;
/* 主函数 */
int jump(vector<int>& nums) {
    int n = nums.size();
    // 备忘录都初始化为 n，相当于 INT_MAX
    // 因为从 0 跳到 n - 1 不会超过 n - 1 步
    memo = vector<int>(n, n);
    return dp(nums, 0);
}

/* 返回从索引 p 跳到最后一格需要的最少步数 */
int dp(vector<int>& nums, int p) {
    int n = nums.size();
    // base case
    if (p >= n - 1) {
        return 0;
    }
    // 子问题已经计算过
    if (memo[p] != n) {
        return memo[p];
    }
    int steps = nums[p];
    // 穷举每一个选择
    // 你可以选择跳 1 步，2 步，...nums[p] 步
    for (int i = 1; i <= steps; i++) {
        // 计算每一个子问题的结果
        int subProblem = dp(nums, p + i);
        // 取其中最小的作为最终结果
        memo[p] = min(memo[p], subProblem + 1);
    }
    return memo[p];
}
```

该算法的时间复杂度是递归深度 × 每次递归需要的时间复杂度，即 $O(N^2)$，在力扣上提交是无法通过所有用例的，会超时。

贪心算法比动态规划多了一个性质：贪心选择性质。 我知道大家都不喜欢看严谨但枯燥的数学形式定义，那么我们就来直观地看一看什么样的问题满足贪心选择性质。

刚才的动态规划思路，不是要穷举所有子问题然后取其中最小的作为结果嘛，核心的代码框架是这样的：

```
int steps = nums[p];
// 你可以选择跳 1 步，2 步 ...
for (int i = 1; i <= steps; i++) {
    // 计算每一个子问题的结果
    int subProblem = dp(nums, p + i);
    res = min(subProblem + 1, res);
}
```

for 循环中会陷入递归计算子问题，这是动态规划时间复杂度高的根本原因。但是，真的需要"递归地"计算出每一个子问题的结果，然后求最值吗？

直观地想一想，似乎不需要递归，只需要判断哪一个选择最具有"潜力"即可：

比如下图这种情况，我们站在索引 0 的位置，可以选择向前跳 1，2 或 3 步对吧，那你说应该选择跳几步呢？

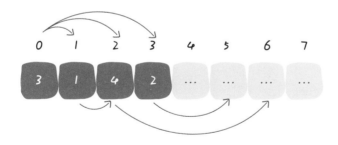

动态规划算法的策略是：把这三种"选择"的结果全都通过递归计算出来，然后对比取结果最小的那个。

但是稍加观察就能发现，**显然应该跳 2 步跳到 `nums[2]`，因为 `nums[2]` 的可跳跃区域涵盖了索引区间 `[3..6]`，比其他的都大。** 如果想求最少的跳跃次数，那么往索引 2 跳必然是最优的选择。

这就是贪心选择性质，我们不需要"递归地"计算出所有选择的具体结果然后比较求最值，而只需要做出那个最有"潜力"、看起来最优的选择即可。

绕过这个弯来，就可以写代码了：

```
int jump(vector<int>& nums) {
    int n = nums.size();
    // 站在索引 i，最多能跳到索引 end
    int end = 0;
    // 从索引 [i..end] 起跳，最远能到的距离
    int farthest = 0;
    // 记录跳跃次数
    int jumps = 0;
    for (int i = 0; i < n - 1; i++) {
        farthest = max(nums[i] + i, farthest);
        if (end == i) {
            jumps++;
            end = farthest;
        }
    }
    return jumps;
}
```

前一页的图结合这个图，就知道这段短小精悍的代码在干什么了：

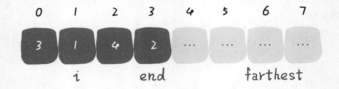

i 和 end 限定了可以选择的跳跃步数，farthest 标记了所有选择 [i..end] 中能够跳到的最远距离，jumps 记录了跳跃次数。

本算法的时间复杂度为 $O(N)$，空间复杂度为 $O(1)$，可以说非常高效，动态规划算法只能自叹不如了。

至此，两道跳跃问题都使用贪心算法解决了。

其实对于贪心选择性质，是有严格的数学证明的，有兴趣的读者可以参看《算法导论》第 16 章，专门有一个章节介绍贪心算法。这里限于篇幅和通俗性，就不展开了。

使用贪心算法的实际应用还挺多的，比如赫夫曼编码也是一个经典的贪心算法应用。更多时候运用贪心算法可能不是求最优解，而是求次优解以节约时间，比如经典的旅行商问题。

不过我们常见的贪心算法题目，就像本节的题目这样，大多一眼就能看出来，大不了就先用动态规划求解，如果动态规划都超时，说明该问题存在贪心选择性质无疑了。

5.8 如何运用贪心算法做时间管理

什么是贪心算法呢？贪心算法可以认为是动态规划算法的一个特例，相比动态规划，使用贪心算法需要满足更多的条件（贪心选择性质），但是效率比动态规划要高。

比如一个算法问题使用暴力解法需要指数级时间，如果能使用动态规划消除重叠子问题，就可以降到多项式级别的时间，如果满足贪心选择性质，那么可以进一步降低时间复杂度，达到线性级别。

什么是贪心选择性质呢？简单说就是：每一步都做出一个局部最优的选择，最终的结果就是全局最优。注意哦，这是一种特殊性质，其实只有一部分问题拥有这个性质。

比如在你面前放着一百张人民币，你只能拿十张，怎么才能拿到最多的面额？显然每次选择剩下钞票中面值最大的一张，最后你的选择一定是最优的。

然而，大部分问题明显不具有贪心选择性质。比如玩"斗地主"，对手出对三，按照贪心策略，你应该出尽可能小的牌刚好压制住对方，但现实情况我们甚至可能会出王炸。这种情况就不能用贪心算法，而要使用动态规划解决。

5.8.1 问题概述

言归正传，本节解决一个很经典的贪心算法问题 Interval Scheduling（区间调度问题）。给你很多形如 [start, end] 的闭区间，请设计一个算法，**算出这些区间中最多有几个互不相交的区间**。函数签名如下：

```
int intervalSchedule(int[][] intvs);
```

举个例子，intvs = [[1,3],[2,4],[3,6]]，这些区间最多有 2 个区间互不相交，即 [[1,3],[3,6]]，你的算法应该返回 2。注意，边界相同并不算相交。

这个问题在生活中的应用广泛，比如你今天有好几个活动，每个活动都可以用区间 [start, end] 表示开始和结束的时间，请问今天**最多能参加几个活动呢**？显然你一个人不能同时参加两个活动，所以说这个问题就是求这些时间区间的最大不相交子集。

5.8.2 贪心解法

这个问题有许多看起来不错的贪心思路，却都不能得到正确答案。比如，也许我们可以每次选择可选区间中开始最早的那个？但是可能存在某些区间开始很早，但是很长，使得我们错误地错过了一些短的区间；或者我们每次选择可选区间中最短的那个？或者选择出现冲突最少的那个区间？这些方案都能很容易举出反例，不是正确的方案。

正确的思路其实很简单，可以分为以下三步：

1. 从区间集合 `intvs` 中选择一个区间 `x`，这个 `x` 是在当前所有区间中**结束最早的**（`end` 最小）。

2. 把所有与 `x` 区间相交的区间从区间集合 `intvs` 中删除。

3. 重复步骤 1 和步骤 2，直到 `intvs` 为空。之前选出的那些 `x` 就是最大不相交子集。

把这个思路实现成算法的话，可以按每个区间的 `end` 数值升序排序，因为这样处理之后实现步骤 1 和步骤 2 都方便很多：

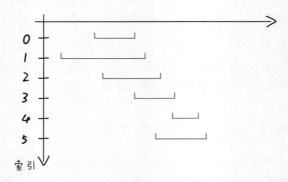

现在来实现算法，对于步骤 1，选择 `end` 最小的 `x` 是很容易的。关键在于，如何去除与 `x` 相交的区间，选择下一轮循环的 `x` 呢？

由于我们事先排了序，不难发现所有与 `x` 相交的区间必然会与 `x` 的 `end` 相交；如果一个区间不想与 `x` 的 `end` 相交，它的 `start` 必须大于（或等于）`x` 的 `end`：

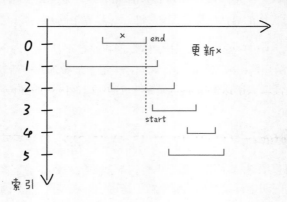

看下代码：

```java
int intervalSchedule(int[][] intvs) {
    if (intvs.length == 0) return 0;
    // 按 end 升序排序
    Arrays.sort(intvs, new Comparator<int[]>() {
        public int compare(int[] a, int[] b) {
            return a[1] - b[1];
        }
    });
    // 至少有一个区间不相交
    int count = 1;
    // 排序后，第一个区间就是 x
    int x_end = intvs[0][1];
    for (int[] interval : intvs) {
        int start = interval[0];
        if (start >= x_end) {
            // 找到下一个选择的区间了
            count++;
            x_end = interval[1];
        }
    }
    return count;
}
```

5.8.3　应用举例

下面列举几道具体的题目来应用区间调度算法。

首先是"无重叠区间"问题：

输入一个区间的集合，请计算，要想使其中的区间互不重叠，至少需要移除几个区间？函数签名如下：

```java
int eraseOverlapIntervals(int[][] intvs);
```

其中，可以假设输入的区间的终点总是大于起点，另外边界相等的区间只算接触，并不算相互重叠。

比如输入是 `intvs = [[1,2],[2,3],[3,4],[1,3]]`，算法返回 1，因为只要移除 `[1,3]`，剩下的区间就没有重叠了。

通过刚才对区间调度问题的分析，我们已经会求"最多有几个区间不会重叠"了，那么剩下的不就是至少需要去除的区间吗?

所以可以直接复用 `intervalSchedule` 函数得到解法:

```
int eraseOverlapIntervals(int[][] intervals) {
    int n = intervals.length;
    return n - intervalSchedule(intervals);
}
```

再说一个问题"用最少的箭头射爆气球",先来描述一下题目:

假设在二维平面上有很多圆形的气球,这些圆形投影到 x 轴上会形成一个区间对吧,那么给你输入这些区间,沿着 x 轴前进,可以垂直向上射箭,请问至少要射几箭才能把这些气球全部射爆呢?

函数签名如下:

```
int findMinArrowShots(int[][] intvs);
```

比如输入为 `[[10,16],[2,8],[1,6],[7,12]]`,算法应该返回 2,因为可以在 x 为 6 的地方射一箭,射爆 `[2,8]` 和 `[1,6]` 两个气球,然后在 x 为 10,11 或 12 的地方射一箭,射爆 `[10,16]` 和 `[7,12]` 两个气球。

其实稍微思考一下,这个问题和区间调度算法一模一样!如果最多有 n 个不重叠的区间,那么就至少需要 n 个箭头穿透所有区间:

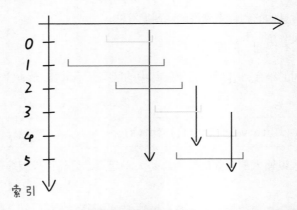

只是有一点不一样,在 `intervalSchedule` 算法中,如果两个区间的边界触碰,不算重叠;而按照这道题目的描述,箭头如果碰到气球的边界气球也会爆炸,所以说相当于区间的边界触碰也算重叠:

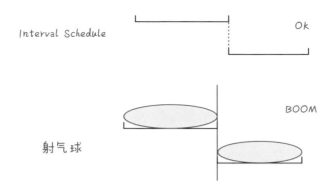

所以只要将之前的 **intervalSchedule** 算法稍作修改，就是这道题目的答案：

```java
int findMinArrowShots(int[][] intvs) {
    if (intvs.length == 0) return 0;
    Arrays.sort(intvs, new Comparator<int[]>() {
        public int compare(int[] a, int[] b) {
            return a[1] - b[1];
        }
    });

    int count = 1;
    int end = intvs[0][1];
    for (int[] interval : intvs) {
        int start = interval[0];
        // 把 >= 改成 >就行了
        if (start > x_end) {
            count++;
            x_end = interval[1];
        }
    }
    return count;
}
```

5.9 如何判定括号合法性

对括号的合法性判断是一个很常见且实用的问题，比如说我们写的代码，编辑器和编译器都会检查括号是否正确闭合。而且我们的代码可能会包含三种括号 `[](){}`，判断起来有一点难度。

本节就来讲一道关于括号合法性判断的算法题，相信能加深你对**栈**这种数据结构的理解。

给你输入一个字符串，其中包含 `[](){}` 六种括号，请判断这个字符串组成的括号是否合法，函数签名如下：

```
bool isValid(string s);
```

比如输入 `s = "()[]{}"`，函数返回 true，而输入 `s = "([)]"`，函数返回 false，因为 `s` 不是一串合法的括号组合。

解决这个问题之前，我们先降低难度，思考一下，**如果只有一种括号 `()`**，应该如何判断字符串组成的括号是否合法呢?

5.9.1 处理一种括号

字符串中只有圆括号，如果想让括号字符串合法，那么必须做到:

每个右括号 `)` 的左边必须有一个左括号 `(` 和它匹配。

比如字符串 `()))((` 中，连续的三个右括号**左边**就没有足够的左括号匹配，所以这个括号组合是不合法的。

那么根据这个思路，我们可以写出算法:

```
bool isValid(string str) {
    // 待匹配的左括号数量
    int left = 0;
    for (char c : str) {
        if (c == '(')
            left++;
        else // 遇到右括号
```

```
            left--;

        if (left < 0)
            return false;
    }
    return left == 0;
}
```

如果只有圆括号，这样就能正确判断合法性。对于三种括号的情况，我一开始想模仿这个思路，定义三个变量 **left1**，**left2**，**left3** 分别处理每种括号，虽然要多写不少 if else 分支，但是似乎可以解决问题。

可实际上直接照搬这种思路是不行的，比如说只有一个括号的情况下 **(())** 是合法的，但是在多种括号的情况下，**[(])** 显然是不合法的。

仅仅记录每种左括号出现的次数已经不能做出正确判断了，我们要加大存储的信息量，可以利用栈来模仿类似的思路。

5.9.2 处理多种括号

栈是一种先进后出的数据结构，处理括号问题的时候尤其有用。

我们这道题就用一个名为 **left** 的栈代替之前思路中的 **left** 变量，**遇到左括号就入栈，遇到右括号就去栈中寻找最近的左括号，看是否匹配。**

```
bool isValid(string str) {
    stack<char> left;
    for (char c : str) {
        if (c == '(' || c == '{' || c == '[') {
            // 左括号直接入栈
            left.push(c);
        } else {
            // 字符 c 是右括号
            if (!left.empty() && leftOf(c) == left.top())
                left.pop();
            else
                // 和最近的左括号不匹配
                return false;
        }
```

```
    }
    // 是否所有的左括号都被匹配了
    return left.empty();
}

// 返回对应的左括号类型
char leftOf(char c) {
    if (c == '}') return '{';
    if (c == ')') return '(';
    return '[';
}
```

这样，无论有几种不同的括号类型，都可以正确判断括号组合的合法性了。

5.10　如何调度考生的座位

855. 考场就座

这是力扣第 855 题"考场就座",有趣且具有一定技巧性。这种题目并不像动态规划这类算法拼智商,而是看你对常用数据结构的理解和写代码的水平。

另外,算法框架其实就是慢慢从细节里抠出来的。即便在这里看明白算法思路,也得去亲自实践才行,纸上得来终觉浅,绝知此事要躬行嘛。

先来描述一下题目:假设有一个考场,考场有一排共 **N** 个座位,索引分别是 `[0..N-1]`,考生会**陆续**进入考场考试,并且可能在**任何时候**离开考场。

你作为考官,要安排考生们的座位,满足:**每当一个学生进入时,你需要最大化他和最近其他人的距离;如果有多个这样的座位,安排到他的索引最小的那个座位**。这很符合实际情况对吧?

也就是请你实现下面这样一个类:

```
class ExamRoom {
    // 构造函数,传入座位总数 N
    public ExamRoom(int N);
    // 来了一名考生,返回你给他分配的座位
    public int seat();
    // 坐在 p 位置的考生离开了
    public void leave(int p);
}
```

比如考场有 5 个座位,分别是 `[0..4]`:

第一名考生进入时(调用 `seat()`),坐在任何位置都行,但是要给他安排索引最小的位置,也就是返回位置 0。

第二名学生进入时(再调用 `seat()`),要和旁边的人距离最远,也就是返回位置 4。

第三名学生进入时,要和旁边的人距离最远,应该坐到中间,也就是座位 2。

如果再进一名学生,他可以坐在座位 1 或者 3,取较小的索引 1。

以此类推。

刚才所说的情况，没有调用 `leave` 函数，不过读者肯定能够发现规律：

如果将每两个相邻的考生看作线段的两个端点，新安排考生就是找最长的线段，然后让该考生在中间把这个线段"二分"，中点就是给他分配的座位。`leave(p)` 其实就是去除端点 p，使得相邻两个线段合并为一个。

核心思路很简单对吧，所以这个问题实际上是在考察你对数据结构的理解。对于上述这个逻辑，该用什么数据结构来实现呢？

5.10.1 思路分析

根据上述分析可知，首先需要把坐在教室里的学生抽象成线段，可以简单地让一个大小为 2 的数组存储线段的两个端点索引，视其为一条线段。

另外，需要我们找到"最长"的线段，还需要去除线段，增加线段。

但凡遇到在动态过程中取最值的要求，肯定要使用有序数据结构，常用的数据结构就是二叉堆和平衡二叉搜索树了。 二叉堆实现的优先级队列取最值的时间复杂度是 $O(\log N)$，但是只能删除最大值。平衡二叉树也可以取最值，也可以修改、删除任意一个值，而且时间复杂度都是 $O(\log N)$。

综上所述，二叉堆不能满足 `leave` 操作，应该使用平衡二叉树，所以这里会用到 Java 的一种数据结构 `TreeSet`，这是一种有序数据结构，底层由红黑树（一种平衡二叉搜索树）维护有序性。

这里顺便提一下，一说到集合（Set）或者映射（Map），有的读者可能就想当然地认为是哈希集合（HashSet）或者哈希表（HashMap），这样理解是有点问题的。

因为哈希集合 / 映射底层是由哈希函数和数组实现的，特性是遍历无固定顺序，但是操作效率高，时间复杂度为 $O(1)$。

而集合 / 映射还可以依赖其他底层数据结构，常见的就是红黑树，特性是自动维护其中元素的顺序，操作效率是 $O(\log N)$。这种一般称为"有序集合 / 映射"。

本节使用的 `TreeSet` 就是一个有序集合，目的就是为了保持线段长度的有序性，快速查找最大线段，快速删除和插入。

5.10.2 简化问题

首先，如果有多个可选座位，需要选择索引最小的座位对吧？**我们先简化一下问题，暂时不管这个要求，**实现上述思路。

这个问题还用到一个常用的编程技巧，就是使用一个"虚拟线段"让算法正确启动，这就和链表相关的算法需要"虚拟头节点"一个道理。

```java
// 将端点 p 映射到以 p 为左端点的线段
private Map<Integer, int[]> startMap;
// 将端点 p 映射到以 p 为右端点的线段
private Map<Integer, int[]> endMap;
// 根据线段长度从小到大存放所有线段
private TreeSet<int[]> pq;
private int N;

public ExamRoom(int N) {
    this.N = N;
    startMap = new HashMap<>();
    endMap = new HashMap<>();
    pq = new TreeSet<>((a, b) -> {
        // 算出两个线段的长度
        int distA = distance(a);
        int distB = distance(b);
        // 长度更长的更大，排后面
        return distA - distB;
    });
    // 在有序集合中先放一个虚拟线段
    addInterval(new int[] {-1, N});
}

/* 去除线段 */
private void removeInterval(int[] intv) {
    pq.remove(intv);
    startMap.remove(intv[0]);
    endMap.remove(intv[1]);
}

/* 增加线段 */
private void addInterval(int[] intv) {
    pq.add(intv);
```

```
        startMap.put(intv[0], intv);
        endMap.put(intv[1], intv);
    }

    /* 计算线段的长度 */
    private int distance(int[] intv) {
        return intv[1] - intv[0] - 1;
    }
```

"虚拟线段" 其实就是为了将所有座位表示为线段：

有了上述铺垫，主要 API `seat` 和 `leave` 就可以写出来了：

```
public int seat() {
    // 从有序集合拿出最长的线段
    int[] longest = pq.last();
    int x = longest[0];
    int y = longest[1];
    int seat;
    if (x == -1) {
        // 情况一，最左边没人的话肯定坐最左边
        seat = 0;
    } else if (y == N) {
        // 情况二，最右边没人的话肯定坐最右边
        seat = N - 1;
    } else {
        // 情况三，不是边界的话，就坐中间
        // 这是 (x + y) / 2 的防溢出写法
        seat = (y - x) / 2 + x;
    }
    // 将最长的线段分成两段
    int[] left = new int[] {x, seat};
    int[] right = new int[] {seat, y};
    removeInterval(longest);
    addInterval(left);
```

```
        addInterval(right);
        return seat;
    }

    public void leave(int p) {
        // 将 p 左右的线段找出来
        int[] right = startMap.get(p);
        int[] left = endMap.get(p);
        // 将两条线段合并为一条线段
        int[] merged = new int[] {left[0], right[1]};
        // 删除旧线段，插入新线段
        removeInterval(left);
        removeInterval(right);
        addInterval(merged);
    }
```

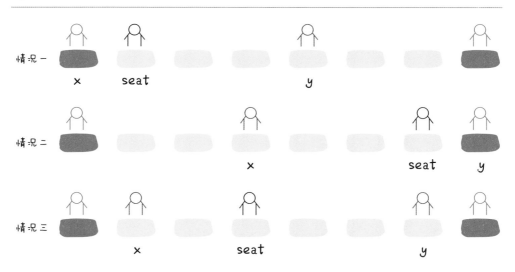

至此，算法就基本实现了，代码虽多，但思路很简单：找最长的线段，从中间分隔成两段，中点就是 `seat()` 的返回值；找 `p` 的左右线段，合并成一条线段，这就是 `leave(p)` 的逻辑。

5.10.3　进阶问题

但是，题目要求多个选择时选择索引最小的那个座位，我们刚才忽略了这个问题。比如下面这种情况会出错：

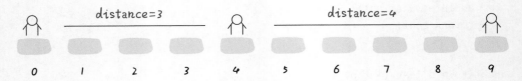

现在有序集合里有线段 `[0,4]` 和 `[4,9]`,那么最长线段 longest 就是后者,按照 seat 的逻辑,就会分割 `[4,9]`,也就是返回座位 6。但正确答案应该是座位 2,因为 2 和 6 都满足最大化相邻考生距离的条件,二者应该取较小的。

遇到题目的这种要求,解决方式就是修改有序数据结构的排序方式。具体到这个问题,就是修改 `TreeMap` 的比较函数逻辑:

```
pq = new TreeSet<>((a, b) -> {
    int distA = distance(a);
    int distB = distance(b);
    // 如果长度相同,就比较索引
    if (distA == distB)
        return b[0] - a[0];
    return distA - distB;
});
```

除此之外,还要改变 `distance` 函数,**不能简单地让它计算一条线段两个端点间的长度,而是让它计算该线段中点和端点之间的长度。**

```
private int distance(int[] intv) {
    int x = intv[0];
    int y = intv[1];
    if (x == -1) return y;
    if (y == N) return N - 1 - x;
    // 中点和端点之间的长度
    return (y - x) / 2;
}
```

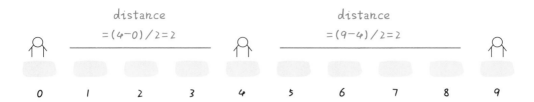

这样，`[0,4]` 和 `[4,9]` 的 `distance` 值就相等了，算法会比较二者的索引，取较小的线段进行分割。到这里，这道题目算是完全解决了。

5.10.4　最后总结

本节讲的这个问题其实并不算难，虽然看起来代码很多，核心问题就是考察有序数据结构的理解和使用，下面来梳理一下。

处理动态问题一般会用到有序数据结构，比如平衡二叉搜索树和二叉堆，二者的时间复杂度差不多，但前者支持的操作更多。

既然平衡二叉搜索树这么好用，还用二叉堆干嘛呢？因为二叉堆底层就是数组，实现简单啊，你实现个红黑树试试？内部维护比较复杂，而且消耗的空间相对来说会多一些。具体问题，还是要选择最简单有效的数据结构来解决。

5.11 Union–Find 算法详解

本节讲讲 Union-Find 算法，也就是常说的并查集算法，主要是解决图论中"动态连通性"问题的。名词很高端，其实特别好理解，稍后会解释，另外这个算法的应用都非常有趣。

废话不多说，直接上干货，先解释一下什么叫动态连通性吧。

5.11.1 问题介绍

简单来说，动态连通性其实可以抽象成给一幅图连线。比如下面这幅图，总共有 10 个节点，它们互不相连，分别用 0~9 标记：

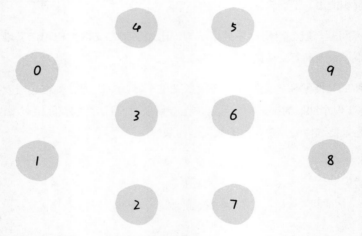

在这里 Union-Find 算法主要需要实现这两个 API：

```
class UnionFind {
    /* 将 p 和 q 连接 */
    public void union(int p, int q);
    /* 判断 p 和 q 是否连通 */
    public boolean connected(int p, int q);
    /* 返回图中有多少个连通分量 */
    public int count();
}
```

这里所说的"连通"是一种等价关系，也就是说具有如下三个性质：

1　自反性：节点 **p** 和 **p** 是连通的。

2　对称性：如果节点 **p** 和 **q** 连通，那么 **q** 和 **p** 也连通。

3　传递性：如果节点 **p** 和 **q** 连通，**q** 和 **r** 连通，那么 **p** 和 **r** 也连通。

比如上面这幅图，0 ~ 9 任意两个**不同**的点都不连通，调用 `connected` 都会返回 false，连通分量为 10 个。

如果现在调用 `union(0, 1)`，那么 0 和 1 被连通，连通分量降为 9 个。

再调用 `union(1, 2)`，这时 0, 1, 2 都被连通，调用 `connected(0, 2)` 也会返回 true，连通分量变为 8 个。

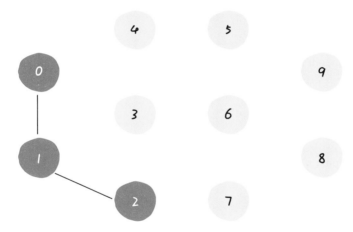

判断这种"等价关系"非常实用，比如编译器判断同一个变量的不同引用，比如社交网络中的朋友圈计算，等等。

你应该大概明白什么是动态连通性了，Union-Find 算法的关键就在于 `union` 和 `connected` 函数的效率。那么用什么模型来表示这幅图的连通状态呢？用什么数据结构来实现代码呢？

5.11.2　基本思路

注意上面把"模型"和具体的"数据结构"分开说，这是有原因的。因为我们使用森林（若干棵树）来表示图的动态连通性，用数组来具体实现这个森林。

怎么用森林来表示连通性呢？我们设定树的每个节点有一个指针指向其父节点，如果是根节点的话，这个指针指向自己。比如刚才那幅 10 个节点的图，一开始的时候没有相互连通，就是这样：

```
class UnionFind {
    // 记录连通分量
    private int count;
    // 节点 x 的父节点是 parent[x]
    private int[] parent;

    /* 构造函数，n 为图的节点总数 */
    public UnionFind(int n) {
        // 一开始互不连通
        this.count = n;
        // 父节点指针初始指向自己
        parent = new int[n];
        for (int i = 0; i < n; i++)
            parent[i] = i;
    }

    /* 其他函数 */
}
```

如果某两个节点被连通，则让其中的（任意）一个节点的根节点接到另一个节点的根节点上：

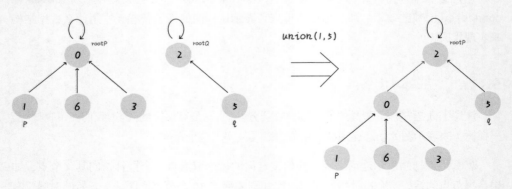

```java
public void union(int p, int q) {
    int rootP = find(p);
    int rootQ = find(q);
    if (rootP == rootQ)
        return;
    // 将两棵树合并为一棵
    // parent[rootQ] = rootP 也可以
    parent[rootP] = rootQ;
    // 两个分量合二为一
    count--;
}

/* 返回某个节点 x 的根节点 */
private int find(int x) {
    // 根节点的 parent[x] == x
    while (parent[x] != x)
        x = parent[x];
    return x;
}

/* 返回当前的连通分量个数 */
public int count() {
    return count;
}
```

这样，如果节点 p 和 q 连通的话，它们一定拥有相同的根节点：

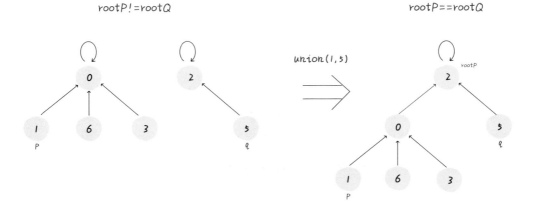

```java
public boolean connected(int p, int q) {
    int rootP = find(p);
```

```
    int rootQ = find(q);
    return rootP == rootQ;
}
```

至此，Union-Find 算法就基本完成了。是不是很神奇？竟然可以这样使用数组来模拟出一个森林，如此巧妙地解决这个比较复杂的问题！

那么这个算法的复杂度是多少呢？我们发现，主要 API `connected` 和 `union` 中的复杂度都是 `find` 函数造成的，所以说它们的复杂度和 `find` 一样。

`find` 的主要功能就是从某个节点向上遍历到树根，其时间复杂度就是树的高度。我们可能习惯性地认为树的高度就是 $\log N$，但事实上并不一定如此。$\log N$ 的高度只存在于平衡二叉树，对于一般的树可能出现极端不平衡的情况，使得"树"几乎退化成"链表"，树的高度最坏情况下可能变成 N。

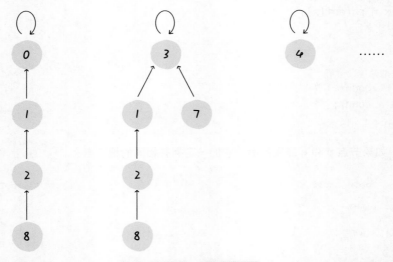

所以说上面这种解法，`find`，`union`，`connected` 的最坏时间复杂度都是 $O(N)$。这个复杂度是很不理想的，图论解决的都是诸如社交网络这样数据规模巨大的问题，对于 `union` 和 `connected` 的调用非常频繁，每次调用总是需要线性时间完全不可忍受。

问题的关键在于，如何想办法避免树的不平衡呢？略施小计即可。

5.11.3 平衡性优化

要知道哪种情况下可能出现不平衡现象，关键在于 `union` 过程：

```java
public void union(int p, int q) {
    int rootP = find(p);
    int rootQ = find(q);
    if (rootP == rootQ)
        return;
    // 将两棵树合并为一棵
    parent[rootP] = rootQ;
    count--;
}
```

前面只是简单粗暴地把 **p** 所在的树接到 **q** 所在的树的根节点下面，那么这里就可能出现"头重脚轻"的不平衡状况，比如下面这种局面：

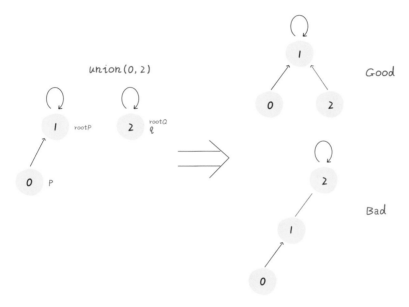

长此以往，树可能生长得很不平衡。**我们其实是希望，小一些的树接到大一些的树下面，这样就能避免头重脚轻，更平衡一些**。解决方法是额外使用一个 `size` 数组，记录每棵树包含的节点数，不妨称为"重量"：

```java
class UnionFind {
    private int count;
    private int[] parent;
    // 新增一个数组记录树的"重量"
    private int[] size;

    public UnionFind(int n) {
```

```
        this.count = n;
        parent = new int[n];
        // 最初每棵树只有一个节点
        // 重量应该初始化为 1
        size = new int[n];
        for (int i = 0; i < n; i++) {
            parent[i] = i;
            size[i] = 1;
        }
    }
    /* 其他函数 */
}
```

比如 `size[3] = 5`，表示以节点 3 为根的那棵树，总共有 5 个节点，可以修改一下 `union` 方法：

```
public void union(int p, int q) {
    int rootP = find(p);
    int rootQ = find(q);
    if (rootP == rootQ)
        return;

    // 小树接到大树下面，较平衡
    if (size[rootP] > size[rootQ]) {
        parent[rootQ] = rootP;
        size[rootP] += size[rootQ];
    } else {
        parent[rootP] = rootQ;
        size[rootQ] += size[rootP];
    }
    count--;
}
```

这样，通过比较树的重量，就可以保证树的生长相对平衡，树的高度大致在 $\log N$ 这个数量级，极大提升执行效率。

此时，`find`，`union`，`connected` 的时间复杂度都下降为 $O(\log N)$，即便数据规模上亿，所需时间也非常少。

5.11.4 路径压缩

我们能不能进一步压缩每棵树的高度，使树高始终保持为常数？

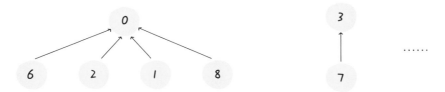

这样 `find` 就能以 $O(1)$ 的时间找到某一节点的根节点，相应的，`connected` 和 `union` 复杂度都下降为 $O(1)$。

要做到这一点，特别简单，但又非常巧妙，只需要在 `find` 中加一行代码：

```java
private int find(int x) {
    while (parent[x] != x) {
        // 进行路径压缩
        parent[x] = parent[parent[x]];
        x = parent[x];
    }
    return x;
}
```

这个操作有点匪夷所思，看个 GIF 就明白它的作用了（为清晰起见，这棵树比较极端）：

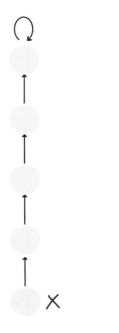

扫码看动图

可见，调用 `find` 函数每次向树根遍历的同时，顺手将树高缩短了，最终所有树高都不会超过 3（`union` 的时候树高可能达到 3）。

读者可能会问，这个 GIF 图的 `find` 过程完成之后，树高恰好等于 3 了，但是如果更高的树，压缩后高度依然会大于 3 呀？不能这么想。这个 GIF 的情景是我编出来方便大家理解路径压缩的，但是实际中，每次 `find` 都会进行路径压缩，树的高度总会保持很小，所以这种担心应该是多余的。

还有的读者可能会问，**既然有了路径压缩，`size` 数组的重量平衡还需要吗？** 这个问题很有意思，因为路径压缩保证了树高为常数（不超过 3），那么树就算不平衡，随着路径压缩的进行，最后也会把树高压缩成常数，也就没必要做重量平衡了。

我认为，论时间复杂度的话，确实不需要重量平衡也是 $O(1)$，但是如果加上 `size` 数组辅助，效率还是略微高一些，比如下面这种情况：

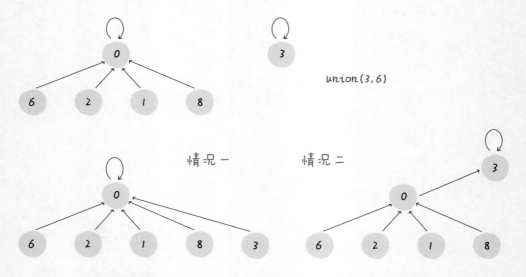

如果带有重量平衡优化，一定会得到情况一，而不带重量优化，可能出现情况二。高度为 3 时才会触发路径压缩，所以情况一根本不会触发路径压缩，而情况二会多执行很多次路径压缩，将第三层节点压缩到第二层。

也就是说，去掉重量平衡，虽然对于单个 `find` 函数调用，时间复杂度依然是 $O(1)$，但是对于 API 调用的整个过程，效率会有轻微的下降。当然，好处就是减少了一些空间，不过对于 Big O 表示法来说，时空复杂度都没变，所以路径压缩和重量平衡都用上是最好的选择。

5.11.5 最后总结

先来看一下完整代码：

```java
class UnionFind {
    // 连通分量个数
    private int count;
    // 存储每个节点的父节点
    private int[] parent;
    // 记录每棵树的"重量"
    private int[] size;

    public UnionFind(int n) {
        this.count = n;
        parent = new int[n];
        size = new int[n];
        for (int i = 0; i < n; i++) {
            parent[i] = i;
            size[i] = 1;
        }
    }

    public void union(int p, int q) {
        int rootP = find(p);
        int rootQ = find(q);
        if (rootP == rootQ)
            return;

        // 小树接到大树下面，较平衡
        if (size[rootP] > size[rootQ]) {
            parent[rootQ] = rootP;
            size[rootP] += size[rootQ];
        } else {
            parent[rootP] = rootQ;
            size[rootQ] += size[rootP];
        }
        count--;
    }

    public boolean connected(int p, int q) {
        int rootP = find(p);
```

```
        int rootQ = find(q);
        return rootP == rootQ;
    }

    private int find(int x) {
        while (parent[x] != x) {
            // 进行路径压缩
            parent[x] = parent[parent[x]];
            x = parent[x];
        }
        return x;
    }

    public int count() {
        return count;
    }
}
```

Union-Find 算法的复杂度可以这样分析：构造函数初始化数据结构需要 $O(N)$ 的时间和空间复杂度；连通两个节点 union 、判断两个节点的连通性 connected 、计算连通分量 count 所需的时间复杂度均为 $O(1)$。

5.12　Union–Find 算法应用

本节拿几道题目来讲讲 Union-Find 算法的巧妙运用。

首先复习一下，Union-Find 算法解决的是图的动态连通性问题，这个算法本身不难，能不能应用出来主要看你抽象问题的能力，是否能够把原始问题抽象成一个有关图论的问题。

算法的关键点有 3 个：

1　用 `parent` 数组记录每个节点的父节点，相当于指向父节点的指针，所以 `parent` 数组内实际存储着一个森林（若干棵多叉树）。

2　用 `size` 数组记录每棵树的重量，目的是调用 `union` 后树依然拥有平衡性，而不会退化成链表，影响操作效率。

3　在 `find` 函数中进行路径压缩，保证任意树的高度保持在常数，使得 `union` 和 `connected` API 时间复杂度为 $O(1)$。

下面来看看这个算法有什么实际应用。

5.12.1　DFS 的替代方案

很多使用 DFS 深度优先算法解决的问题，也可以用 Union-Find 算法解决，比如下面这个问题：

输入一个 $M \times N$ 的二维矩阵，其中包含字符 X 和 O，让你找到矩阵中**四面**被 X 围住的 O，并且把它们替换成 X。

函数签名如下：

```
void solve(char[][] board);
```

比如输入下面这样一个 `board` 数组，算法直接将 `board` 中符合条件的 O 替换成 X：

注意哦，必须是"四面被围"的 O 才能被换成 X，也就是说边角上的 O 一定不会被围，进一步，与边角上的 O 相连的 O 也不会被 X 围四面，也不会被替换。

这让我想起小时候玩的棋类游戏"黑白棋"，只要你用两个棋子把对方的棋子夹在中间，对方的子就被替换成你的子。可见，占据四角的棋子是无敌的，与其相连的边棋子也是无敌的（无法被夹掉）。

解决这个问题的传统方法就是 DFS 算法，先实现一个可复用的 `dfs` 函数，可以将 O 变成 #：

```
/* 从 board[i][j] 开始 DFS，将字符 O 替换成字符 # */
void dfs(char[][] board, int i, int j) {
    int m = board.length, n = board[0].length;
    // 越界则直接返回
    if (i < 0 || i >= m || j < 0 || j >= n) {
        return;
    }
    if (board[i][j] != 'O') {
        return;
    }
    // 进行替换
    board[i][j] = '#';
    // 向四周 DFS 搜索
    dfs(board, i + 1, j);
    dfs(board, i, j + 1);
    dfs(board, i - 1, j);
    dfs(board, i, j - 1);
}
```

然后用 for 循环遍历**棋盘的四边**，用 DFS 算法把那些与边界相连的 **O** 换成一个特殊字符，比如 **#**；然后再遍历整个棋盘，把剩下的 **O** 换成 **X**；最后把所有 **#** 恢复成 **O**：

```java
void solve(char[][] board) {
    if (board.length == 0) return;
    int m = board.length, n = board[0].length;
    // 把第一行和最后一行关联的 0 变成 #
    for (int i = 0; i < m; i++) {
        dfs(board, i, 0);
        dfs(board, i, n - 1);
    }
    // 把第一列和最后一列关联的 0 变成 #
    for (int j = 0; j < n; j++) {
        dfs(board, 0, j);
        dfs(board, m - 1, j);
    }
    // 剩下的 0 都是应该被替换掉的
    for (int i = 1; i < m - 1; i++) {
        for (int j = 1; j < n - 1; j++) {
            if (board[i][j] == '0') {
                board[i][j] = 'X';
            }
        }
    }
    // 把所有字符 # 恢复成 0
    for (int i = 0; i < m; i++) {
        for (int j = 0; j < n; j++) {
            if (board[i][j] == '#') {
                board[i][j] = '0';
            }
        }
    }
}
```

以上使用 DFS 算法就能完成题目的要求，时间复杂度为 $O(MN)$，其中 M 和 N 分别为 board 的长和宽。

这道题也可以用 Union-Find 算法解决，虽然实现起来复杂一些，甚至效率也略低，但这是使用 Union-Find 算法的通用思想，值得一学。

靠边的 0 都不可能被替换，与这些 0 相连的 0 也不会被替换，我们可以抽象出一个 dummy 节点，然后把这些 0 抽象成 dummy 节点的子节点。

那么，把这种关系想象成一幅图，运用 Union-Find 算法，所有和 dummy 节点"连通"

的节点都是不会被替换的，反之，则是那些需要被替换的。

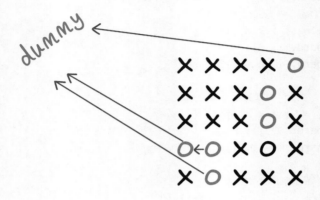

这就是 Union-Find 的核心思路，明白这个图，就很容易看懂代码了。

首先要解决的问题是，根据我们的实现，Union-Find 底层用的是一维数组，构造函数需要传入这个数组的大小，而题目给的是一个二维棋盘。

这很简单，假设 `m` 是棋盘的行数，`n` 是棋盘的列数二维坐标 `(x,y)` 可以转换成 `x * n + y` 这个数。注意，**这是将二维坐标映射到一维的常用技巧**。

其次，我们之前描述的 `dummy` 节点是虚构的，需要给它留个位置。索引 `[0.. m*n-1]` 都是二维棋盘内坐标的一维映射，那就让这个虚拟的 `dummy` 节点占据索引 `m * n` 好了。

```
void solve(char[][] board) {
    if (board.length == 0) return;

    int m = board.length;
    int n = board[0].length;
    // 给 dummy 留一个额外位置
    UF uf = new UnionFind(m * n + 1);
    int dummy = m * n;
    // 将首列和末列的 O 与 dummy 连通
    for (int i = 0; i < m; i++) {
        if (board[i][0] == 'O')
            uf.union(i * n, dummy);
        if (board[i][n - 1] == 'O')
            uf.union(i * n + n - 1, dummy);
```

```
    }
    // 将首行和末行的 0 与 dummy 连通
    for (int j = 0; j < n; j++) {
        if (board[0][j] == '0')
            uf.union(j, dummy);
        if (board[m - 1][j] == '0')
            uf.union(n * (m - 1) + j, dummy);
    }
    // 方向数组 d 是搜索上下左右四个方向的常用手法
    int[][] d = new int[][]{{1,0}, {0,1}, {0,-1}, {-1,0}};
    for (int i = 1; i < m - 1; i++) {
        for (int j = 1; j < n - 1; j++) {
            if (board[i][j] == '0') {
                // 将此 0 与上下左右的 0 连通
                for (int k = 0; k < 4; k++) {
                    int x = i + d[k][0];
                    int y = j + d[k][1];
                    if (board[x][y] == '0')
                        uf.union(x * n + y, i * n + j);
                }
            }
        }
    }
    // 现在，没有被 X 包围的 0 都和 dummy 连通了
    // 所有不和 dummy 连通的 0，都要被替换
    for (int i = 1; i < m - 1; i++)
        for (int j = 1; j < n - 1; j++)
            if (!uf.connected(dummy, i * n + j))
                board[i][j] = 'X';
}
```

这段代码很长，其实就是刚才的思路实现，只有和边界 **0** 相连的 **0** 才具有和 **dummy** 的连通性，它们不会被替换。

说实话，Union-Find 算法用来解决这个简单的问题有点杀鸡用牛刀的意思，它可以解决更复杂、更具技巧性的问题，**主要思路是适时增加虚拟节点，想办法让元素"分门别类"，建立动态连通关系**。

5.12.2 判定合法等式

判定"等式方程的可满足性"这类问题，用 Union-Find 算法来解决就显得十分优美了。题目是这样的：

给你一个数组 equations，装着若干字符串表示的算式。每个算式 equations[i] 长度都是 4，而且只有这两种情况：a==b 或者 a!=b，其中 a,b 可以是任意小写字母。你写一个算法，如果 equations 中所有算式都不会互相冲突，返回 true，否则返回 false。

比如，输入 ["a==b","b!=c","c==a"]，算法返回 false，因为这三个算式不可能同时正确。

再比如，输入 ["c==c","b==d","x!=z"]，算法返回 true，因为这三个算式并不会造成逻辑冲突，可以同时为真。

前面说过，动态连通性其实就是一种等价关系，具有"自反性""传递性""对称性"，其实 == 关系也是一种等价关系，具有这些性质，所以这个问题用 Union-Find 算法就很自然。

解决问题的核心思想是，**将 equations 中的算式根据 == 和 != 分成两部分，先处理 == 算式，使得它们通过相等关系相互"连通"；然后处理 != 算式，检查不等关系是否破坏了相等关系的连通性。**

```java
boolean equationsPossible(String[] equations) {
    // 26 个英文字母
    UF uf = new UnionFind(26);
    // 先让相等的字母形成连通分量
    for (String eq : equations) {
        if (eq.charAt(1) == '=') {
            char x = eq.charAt(0);
            char y = eq.charAt(3);
            uf.union(x - 'a', y - 'a');
        }
    }
    // 检查不等关系是否打破相等关系的连通性
    for (String eq : equations) {
        if (eq.charAt(1) == '!') {
            char x = eq.charAt(0);
            char y = eq.charAt(3);
            // 如果相等关系成立，就是逻辑冲突
```

```
            if (uf.connected(x - 'a', y - 'a'))
                return false;
        }
    }
    return true;
}
```

至此，这道判断算式合法性的问题就解决了，借助 Union-Find 算法，是不是很简单呢？

5.12.3 最后总结

使用 Union-Find 算法的关键在于如何把原问题转化成图的动态连通性问题。对于算式合法性问题，可以直接利用等价关系，对于棋盘包围问题，则是利用一个虚拟节点，营造出动态连通特性。

另外，将二维数组映射到一维数组，利用方向数组 d 来简化代码量，都是在写算法时常用的一些小技巧，如果以前没见过可以注意一下。

很多更复杂的 DFS 算法问题，都可以利用 Union-Find 算法更漂亮地解决。

5.13　一行代码就能解决的算法题

本节是我在刷题过程中总结的三道有趣的"脑筋急转弯"题目，可以使用算法编程解决，但只要稍加思考，就能找到规律，直接想出答案。

5.13.1　Nim 游戏

游戏规则是这样的：你和你的朋友面前有一堆石子，你们轮流拿，一次至少拿 1 颗，最多拿 3 颗，谁拿走最后一颗石子谁获胜。

假设你们都很聪明，由你第一个开始拿，请你写一个算法，输入一个正整数 n，返回你是否能赢（true 或 false）。

比如现在有 4 颗石子，算法应该返回 false。因为无论你拿 1 颗 2 颗还是 3 颗，对方都能一次性拿完，拿走最后一颗石子，所以你一定会输。

首先，这道题肯定可以使用动态规划，因为显然原问题存在子问题，且子问题存在重复。但是因为你们都很聪明，涉及你和对手的博弈，动态规划会比较复杂。

我们解决这种问题的思路一般都是反着思考：

如果我能赢，那么最后轮到我取石子的时候必须剩下 1~3 颗石子，这样我才能一把拿完。

如何营造这样的一个局面呢？显然，如果对手拿的时候只剩 4 颗石子，那么无论他怎么拿，总会剩下 1~3 颗石子，我就能赢。

如何逼迫对手面对 4 颗石子呢？要想办法，让我选择的时候还有 5~7 颗石子，这样的话我就有把握让对方不得不面对 4 颗石子。

如何营造 5~7 颗石子的局面呢？让对手面对 8 颗石子，无论他怎么拿，都会给我剩下 5~7 颗，我就能赢。

这样一直循环下去，我们发现，只要踩到 4 的倍数，就落入了圈套，永远逃不出 4 的倍数，而且一定会输。所以这道题的解法非常简单：

```
bool canWinNim(int n) {
    // 如果上来就踩到 4 的倍数，那就认输吧
    // 否则，可以把对方控制在 4 的倍数，必胜
    return n % 4 != 0;
}
```

5.13.2　石子游戏

"石子游戏"的规则是这样的：你和你的朋友面前有一排石子堆，用一个数组 `piles` 表示，`piles[i]` 表示第 `i` 堆有多少颗石子。你们轮流拿石子，一次拿一堆，但是只能拿走最左边或者最右边的石子堆。所有石子被拿完后，谁拥有的石子多，谁获胜。

假设你们都很聪明，由你第一个开始拿，请你写一个算法，输入一个数组 `piles`，返回你是否能赢（true 或 false）。

注意，石子堆的数量为偶数，所以你们两人拿走的堆数一定是相同的。石子的总数为奇数，也就是你们最后不可能拥有相同多的石子，一定有胜负之分。

举个例子，`piles=[2, 1, 9, 5]`，你先拿，可以拿 2 颗或者 5 颗，你选择 2 颗。

`piles=[1, 9, 5]`，轮到对手，可以拿 1 颗或 5 颗，他选择 5 颗。

`piles=[1, 9]` 轮到你拿，你拿 9 颗。

最后，你的对手只能拿 1 颗了。

这样下来，你总共拥有 **2 + 9 = 11** 颗石子，对手有 **5 + 1 = 6** 颗石子，你是可以赢的，所以算法应该返回 true。

你看到了，并不是简单地挑数字大的选，为什么第一次选择 2 而不是 5 呢？因为 5 后面是 9，你要是贪图一时的利益，就把 9 这堆石子暴露给对手了，那你就要输了。

这也是强调双方都很聪明的原因，算法也是求最优决策过程下你是否能赢。

这道题又涉及两人的博弈，也可以用动态规划算法暴力试，比较麻烦。但我们只要对规则深入思考，就会大惊失色：只要你足够聪明，你是必胜无疑的，因为你是先手。

```
boolean stoneGame(int[] piles) {
    return true;
}
```

为什么先手总是必胜的呢，因为题目有两个条件很重要：

1 石子总共有偶数堆。

2 石子的总数是奇数。

这两个看似增加游戏公平性的条件，反而使该游戏成为了一个"割韭菜"游戏。我们以 `piles=[2, 1, 9, 5]` 讲解，假设这 4 堆石子从左到右的索引分别是 1，2，3，4。

如果我们把这 4 堆石子按索引的奇偶分为两组，即第 1、3 堆和第 2、4 堆，那么这两组石子的数量一定不同，也就是说一堆多一堆少。因为石子的总数是奇数，不能被平分。

而作为第一个拿石子的人，你可以控制自己拿到所有偶数堆，或者拿到所有的奇数堆。

最开始可以选择第 1 堆或第 4 堆。如果你想要偶数堆，就拿第 4 堆，这样留给对手的选择只有第 1、3 堆，他不管怎么拿，第 2 堆都会暴露出来，你就可以拿。同理，如果你想拿奇数堆，就拿第 1 堆，留给对手的只有第 2、4 堆，他不管怎么拿，第 3 堆又给你暴露出来了。

也就是说，你可以在第一步就观察好，奇数堆的石子总数多，还是偶数堆的石子总数多，然后步步为营，就一切尽在掌控了。

知道了这个漏洞，可以"整一整"不知情的同学。

5.13.3　电灯开关问题

题目是这样描述的：有 n 盏灯，最开始时都是关着的。现在要进行 n 轮操作：

第 1 轮操作是把每一盏灯的开关按一下（全部打开）。

第 2 轮操作是把每两盏灯的开关按一下（就是按第 2，4，6……盏灯的开关，它们被关闭）。

第 3 轮操作是把每三盏灯的开关按一下（就是按第 3，6，9……盏灯的开关，有的被关闭，比如 3，有的被打开，比如 6）……

如此往复，直到第 n 轮，即只按一下第 n 盏灯的开关。

现在给你输入一个正整数 n 代表电灯的盏数，问经过 n 轮操作后，这些电灯有多少盏是亮的？

我们当然可以用一个布尔数组表示这些灯的开关情况，然后模拟这些操作过程，最后数一下就能出结果。但是这样显得没有灵性，最好的解法是这样的：

```
int bulbSwitch(int n) {
    return (int)Math.sqrt(n);
}
```

什么？这个问题和平方根有什么关系？其实这个解法很精妙，如果没人告诉你解法，还真不好想明白。

首先，因为电灯一开始都是关闭的，所以某一盏灯最后如果是点亮的，必然要被按奇数次开关。

假设只有 6 盏灯，而且只看第 6 盏灯。需要进行 6 轮操作对吧，请问对于第 6 盏灯，会被按下几次开关呢？这不难得出，第 1 轮会被按，第 2 轮，第 3 轮，第 6 轮都会被按。

为什么第 1、2、3、6 轮会被按呢？因为 6=1×6=2×3。一般情况下，因子都是成对出现的，也就是说开关被按的次数一般是偶数次。但是有特殊情况，比如说总共有 16 盏灯，那么第 16 盏灯会被按几次？

16=1×16=2×8=4×4

其中因子 4 重复出现，所以第 16 盏灯会被按 5 次，奇数次。现在你应该理解这个问题为什么和平方根有关了吧？

不过，我们不是要算最后有几盏灯亮着嘛，这样直接求平方根是啥意思呢？稍微思考一下就能理解了。

假设现在总共有 16 盏灯，求 16 的平方根，等于 4，这就说明最后会有 4 盏灯亮着，它们分别是第 1×1=1 盏、第 2×2=4 盏、第 3×3=9 盏和第 4×4=16 盏。

就算有的 n 平方根结果是小数，强转成 int 型，也相当于一个最大整数上界，比这个上界小的所有整数，平方后的索引都是最后亮着的灯的索引。所以说我们直接把平方根转成整数，就是这个问题的答案。